Hans Christ

Da lachen die Hühner!

V. F. SAMMLER

Hans Christ

Da lachen die Hühner!

Heitere Episoden aus dem Leben eines Landtierarztes

V. F. SAMMLER

Abbildungsnachweis:
Umschlaggestaltung: Thomas Hofer, Werbeagentur / Digitalstudio Rypka GmbH, 8143 Dobl/Graz
Umschlagfoto: Wolf-Dietmar Unterweger – Die Strichzeichnungen im Text wurden dem Verlag freundlicherweise vom Autor, die Faksimile der Zeitungsartikel von der Kronenzeitung zur Verfügung gestellt.

Bibliografische Information Der Deutschen Bibliothek
Die Deutsche Bibliothek verzeichnet diese Publikation in der Deutschen Nationalbibliografie; detaillierte bibliografische Daten sind im Internet über http://dnb.ddb.de abrufbar.

Hinweis:
Dieses Buch wurde auf chlorfrei gebleichtem Papier gedruckt.
Die zum Schutz vor Verschmutzung verwendete Einschweißfolie ist aus Polyethylen chlor- und schwefelfrei hergestellt. Diese umweltfreundliche Folie verhält sich grundwasserneutral, ist voll recyclingfähig und verbrennt in Müllverbrennungsanlagen völlig ungiftig.

ISBN 978-3-85365-233-6

Printed in Austria
Layout: Klaudia Aschbacher, A-8111 Judendorf-Straßengel
Gesamtherstellung: Druckerei Theiss GmbH, A-9431 St. Stefan

Inhalt

Erfrischung gefällig?

Der morgendliche und daher nicht ungetrübte Blick auf den Kalender, wo die täglichen Visiten aufgeschrieben werden, zeigte den 1. August! Ein zweiter Blick aus dem Fenster räumte die Möglichkeit ein, daß das stimmen konnte. Ein herrlicher Sommertag spannte sich über das Tal, die rosafarbenen Berggipfel leuchteten unter dem noch blaßblauen, aber wolkenlosen Himmel, und ein warmer, nach frischen Wiesen duftender Windhauch strich sanft durch die Gardinen herein.

Erster August! Plötzlich wurde mir klar, daß ich mit dem heutigen Tag bereits seit acht Jahren hier als Tierarzt tätig war (achtzehn Jahre insgesamt), seit siebzehn Jahren mit Karin verheiratet und seit gestern wußte, woher der seltsame Geruch in meinem Auto herrührte. Ich hatte komplett auf den Plastiksack mit der eingeschläferten Katze vergessen, die ich vor drei Tagen in der Tierkörperverwertungssammelstelle abliefern wollte und seither im Kofferraum mit mir herumgeführt hatte. Für all diese Erkenntnisse war ich dem Schicksal zutiefst dankbar, und ich beschloß, dieses kleine Jubiläum bei einer weiteren Tasse Kaffee noch ein bißchen zu genießen. Viel war offensichtlich heute sowieso nicht los.

Die Tapferen, die meine ersten Bücher gelesen haben, wissen an meinem Beispiel, daß nicht jeder Wiener, der nach Salzburg kommt, dies aus Urlaubsgründen tut. Ich arbeite jetzt schon achtzehn Jahre als eine Art Salzburger James Herriot mit dem lieben Vieh. Daß ich Tierarzt werden wollte, stand für mich seit meinem sechsten Lebensjahr ebenso unverrückbar fest wie die Tatsache, daß ich ab diesem Alter bereits eine Brille brauchte. Nach einem abwechslungreichen Studium noch auf der alten Tierärztlichen Hochschule im 3. Bezirk – die neue Veterinärmedizinische Universität liegt seit Jahren aus Platzgründen jenseits der Donau –, welches ich eingedenk des lustigen Studentenlebens für meinen Geschmack viel zu früh, nach Ansicht meines Vaters viel zu spät beendet hatte, wollte ich meine Karriere als Kleintierchirurg starten.

Aber wie es im Leben so ist … Die angepeilte und zugesagte Assistentenstelle an der Uni wurde erst in acht Monaten frei, bis dahin, empfahl mir der Professor, könnte ich zum Lebensunterhalt den Krankenstandsvertretungsposten an der Besamungsstation Gleisdorf in der Steiermark annehmen.

Hier kam ich das erste Mal so richtig in Kontakt mit der Großtierpraxis, ich fand die Arbeit nicht nur interessant und teilweise noch romantisch, sondern auch körperlich herausfordernd, und langsam, zuerst unbemerkt, aber dann immer schneller begann mein in leuchtenden Farben selbstgemaltes Zukunftsbild als Kleintierchirurg im Goldrahmen am Berufshorizont zu verblassen.

Ich ließ den nächsten Bewerbungstermin für die Chirurgiestelle ungenutzt vorbeiziehen, lehnte sogar das schmeichelhafte Angebot des Pathologieprofessors, der mich völlig überraschend an einem Samstagnachmittag angerufen und mir einen Posten an seinem Institut offeriert hatte, ab und besorgte mir bequemere Gummistiefel.

Ich habe es nicht bereut, obwohl die Anforderungen an einen Großtierpraktiker erheblich sind.

Achtzehn Jahre Landpraxis bedeuteten immerhin, mit kurzen Ausnahmen, achtzehn Jahre lang Rufbereitschaft Tag und Nacht, auf schlechten Almwegen oder vereisten Straßen zu fahren, kräfteraubende Arbeit unter unmöglichen Bedingungen, Dreck, Termindruck, verschiedene Blessuren durch widerspenstige Patienten und der ständige Kampf um Leben oder Tod derselben (wobei die Bilanz Gott sei Dank deutlich auf der positiven Seite liegt).

Aber sie bedeuten auch Anerkennung, schöne und (ehrlicherweise) manchmal verblüffende Erfolgserlebnisse, ständiger Kontakt zu Tieren und das alles vor und in einer landschaftlich grandiosen Kulisse mit noch intakter landwirtschaftlicher Struktur, in der das Individuum noch zählt, Originale nicht gänzlich ausgestorben sind und Tiere eine Würde besitzen.

Das ist die kurze Inhaltsangabe meiner Bücher.

In diese Gedanken versunken, starrte ich das berühmte Loch in die Wand, als meine frisch geduschte Karin im Bademantel in die Küche kam und fast erschrocken fragte: „Nanu, du bist noch da?"

Ich machte eine wegwerfende Handbewegung Richtung Visitenbuch: „Alles ruhig an der Front! Zwei lausige Besamungen, natürlich auf ziemlich entfernten Almen, eine Kuh beim Mühlbauern gibt ‚schlechte' Milch und das Schwein vom Pflegerbauern hat Rotlauf! Typische Sommerpraxis halt! Wenig Arbeit, aber weite Wege!"

„Fein! Vielleicht kommst du dann heute mittag etwas früher als üblich nach Hause! Dann könnten wir sogar Essen gehen! Ich habe eigentlich keine Lust, bei dem Prachtwetter zu kochen!"

„Abgemacht! Also auf in den Kampf, Torero!“ Ich stürzte den letzten Schluck kalten Kaffees hinunter, ohne auf dessen Schönheitswirkung wirklich vertrauend, und fuhr los.

Auf dem Weg zur Sturzalm, der sich zuerst einige Kilometer entlang des murmelnden Baches durch ein schattiges Waldtal schlängelte, ehe es plötzlich steil bergauf ging, überholte ich zahlreiche Grüppchen von Bergwanderern, die sich bereits frühzeitig auf die verschwitzten Wollsocken gemacht hatten, um der drohenden Tageshitze zu entgehen. Trotzdem ich für meine Begriffe ungewöhnlich langsam fuhr, ließ es sich nicht vermeiden, daß die Staubwolken, die von der groben Schotterstraße hochwirbelten, die Schar der frischlufthungrigen Naturfreunde in eine mehlgepuderte Geisterherde verwandelte. Regen war wirklich dringend nötig.

Die stattliche Sturzalm lag noch jungfräulich und touristenlos in der Morgensonne, die Kühe bimmelten gemächlich den Berghang entlang, und der alte Sturzbauer, den unvermeidlichen kalten Zigarrenstummel im Mund, erhob sich von der Hausbank und hinkte mir entgegen.

„Guten Morgen!“ Elastizität vortäuschend, sprang ich aus dem Auto: „Was für ein Stier soll's denn sein?“

„A Guater!“

Ich grinste: „Laut Besamungsanstalt haben wir nur gute Stiere!“

„Jaja!“ machte der Sturz gleichmütig und sagte damit eigentlich alles.

Ich suchte das Spermaröhrchen eines hübschen Salzburger Jungbullen aus den Tiefen meines mit Stickstoff gefüllten Tiefkühlcontainers heraus, von dem ich sicher war, daß er gut befruchtete und leichte Abkalbung verursachte. Schwergeburten waren mir ein Gräuel, und als Freund von Kaiserschnitten betrachtete ich mich auch nicht. „Untertags habe ich dazu keine Zeit und in der Nacht keine Lust!“ lautete mein Stehsatz, wenn ein Tierbesitzer einmal trotz meiner Bedenken auf einen Stier beharrte, der laut Katalog dieses hohe Risiko aufwies.

Dem Sturz war die Wahl recht und der Kuh, die bereits ungeduldig im großen Almstall auf ihre Schwangerschaft wartete, um endlich zu ihren Freundinnen auf der Wiese zu kommen, offensichtlich auch.

Während ich den Besamungsschein ausfüllte, zauberte der Sturz plötzlich von irgendwo ein Glas Schnaps hervor und hielt es mir erwartungsvoll vor die Nase: „Erfrischung gefällig, Herr Doktor?“

Ich schielte skeptisch auf die Uhr! Ziemlich früh noch und für die Dimension des Glases eigentlich viel zu früh! Andererseits wäre der

Bauer mit Sicherheit enttäuscht, würde ich die gutgemeinte Geste ausschlagen. Der alte Sturz vertrat nämlich die Meinung, ob Sommer oder Winter, ein echter Selbstgebrannter sei die beste Medizin. Böse Zungen behaupten sogar, er selbst handle nach dem Grundsatz, je mehr der Bauer trinke, desto gesünder sei das Vieh.

Allerdings mußte ich zugeben, am Sturzhof gab es krankheitshalber wirklich selten etwas zu tun.

Also ein Prost der Volksmedizin! Ich hob das Glas, sagte: „Gesundheit!", und trank es aus.

Ehre, wem Ehre gebührt, der Hollerschnaps war ausgezeichnet, vom Brennen verstand der alte Sturz etwas.

Die nächste Alm, wo eine weitere Besamung meiner harrte, lag in Sichtweite, ein Kilometer Luftlinie ungefähr, aber auf dem Landweg gut vierundzwanzigmal soviel. Das sind die Raffinessen einer Gebirgspraxis mit ihren dazwischengestreuten Tälern.

Danach ratterte ich zum Mühlhof, wo sich die Euterentzündung gottlob als relativ harmlose Sommermastitis entpuppte.

Schließlich mußte ich noch zum Pfleger mit dem Rotlaufschwein, ein Besuch, der diesen mittlerweile postkartenmäßig gewordenen Sommertag ziemlich eintrübte.

Der Pfleger war ein alter Raunzer, gewohnheitsmäßig mißmutig und ebenso mißtrauisch und stets bereit, die eigenen Fehler einem anderen zuzuschieben. Es ging auch gleich los, als ich ankam und ausstieg.

Unvermittelt, ohne Gruß, knurrte er: „*Spat* (spät) kommen S'!"

„Ich weiß, mein Hubschrauber ist gerade beim Service!"

Gegen Sarkasmus war der Pfleger jedoch so gut isoliert wie eine Daunenjacke gegen Schneesturm.

„Hoffentlich san Sie net zu spat!" präzisierte er den Vorwurf.

„Hoffentlich", war meine knappe Antwort, mit der ich den Stall betrat.

In seinem Kobel lag ein stattlicher Saubär auf der Seite, schnaufend, von Fliegenschwärmen bedeckt.

Die typischen Rotlaufflecken waren bereits ineinander übergeflossen, so daß die Haut so knallrot war, daß der Eber mühelos an der Spitze des 1.-Mai-Aufmarsches mitmachen hätte können.

Er grunzte nur unwillllig, als ich das Thermometer in den After schob, machte aber sonst keine Abwehrbewegung. Das Digitalthermometer, das ich seit kurzem verwendete, piepste bei 41,8 Grad!

Der Kreislauf war dementsprechend schlecht.

Ich stand auf: „Na, erst seit gestern hat er den Rotlauf mit Sicherheit nicht! Wieviele Tage, aber ich will eine ehrliche Antwort?“

Der Pfleger bekam ein unschuldiges Geschau: „Vor vier Tagen is’ es los’gangen, aber vorgestern hat’s ausg’schaut, als würd’ er es übersteh’n. Und seit gestern is’ er ganz *letz* (schlecht)!“

„Aha“, sagte ich grimmig. „Der Bauer wartet vier Tage, aber wenn der Tierarzt nach zwei Stunden eintrifft, ist es zu spät, oder?“

„I bin koa Dokta!“ verteidigte sich der Pfleger und schob sich den speckigen Hut trotzig in die Stirne.

„Ich bin zwar einer, aber kein Zauberer“, entgegnete ich. Zwar war ich ziemlich gewiß, das kranke Schwein durchzubringen, aber ein bißchen Verunsicherung konnte hier nicht schaden.

Sofort begann auch die Jammerei: „Naa! Mein schöner Zuchtbär! A so ein Schad’n, a so ein G’frett!“

Ungerührt zog ich das Antibiotikum auf, mischte etwas Entzündungshemmendes und Fiebersenkendes dazu und garnierte den Cocktail mit ein wenig Kreislaufmittel. Als ich die Spritze hinter dem Ohrgrund injizierte, quiekte der Eber nur leicht. Wahrscheinlich würde er am Abend bereits aufstehen und etwas fressen.

Während ich mir die Hände am Brunntrog wusch, ließ der Pfleger keinen Blick von dem Saubären, fast beschwörend fixierte er das kranke Tier.

Erst als ich ins Auto stieg, kam Bewegung in ihn, und er lief mir nach: „Und was is’, wann er stirbt?“

Mir lag schon auf der Zunge: „Na, dann rufen Sie das nächste Mal vielleicht früher an“, aber mir kam ein besserer Gedanke. Ich streckte den Kopf zum Fenster raus und sagte verschwörerisch: „Wenn er es nicht schafft, verrechne ich nichts!“ Ich schaltete eine kleine Kunstpause ein, die dem Pfleger Gelegenheit gab, einen freudig überraschten Ausdruck anzunehmen, um dann fortzusetzen: „Wenn er aber gesund wird, kostet es das Doppelte!“

Ich fuhr los und freute mich im Rückspiegel über das Gesicht des Pfleger, der erstens nicht wußte, ob das ernst gemeint war, und deshalb zweitens im unklaren war, was er sich wünschen sollte.

Mittlerweile war es kurz vor Mittag, und ich freute mich schon auf ein gemütliches Essen mit Karin im schattigen Garten unseres Stammwirtshauses. In Gedanken ging ich die Speisekarte, die ich bis auf die jahreszeitlichen Variationen auswendig wußte, durch und entschied mich virtuell für einen saftigen Kalbsbraten mit Reis und grünem Salat.

Während mir bereits das Wasser im Mund zusammenlief, meldete sich das Handy. Karin wollte nachfragen, wann ich etwa rechnete, heimzukommen.

Aufgekratzt trompetete ich: „Hallihalloh! Du wirst es nicht glauben, aber ich bin bereits auf dem Weg ins traute Heim!"

„Ich glaub's auch nicht!" war die trockene Antwort.

Recht hatte sie! Kaum, daß ich aufgelegt hatte, klingelte das verdammte Ding erneut!

Meine vage Hoffnung, es wäre nochmals Karin, verflog angesichts der knarrenden Männerstimme, die zweifelsfrei dem Hochleitenbauern gehörte: „Herr Dokta? Sie müass'n schnell kumman, mir hab'n a Kuah zum Kalb'n und bringen das Kaibl net füra!"

Also statt Kalbsbraten Kalbsgeburt!

Mein Stimmungsbarometer sank beträchtlich, denn wenn bei uns im Gebirge ein Hofnahme mit „Hoch" begann, konnte man sich darauf verlassen, das das die Lage des Anwesens glänzend beschrieb. Darüber hinaus war das Hochleitengut nur über einen elendslangen, naturbelassenen Serpentinenweg zu erreichen, der dem Namen Weg eigentlich hohnsprach. Zwei sandige Fahrstreifen mit einer bombierten Grasnarbe in der Mitte und so schmal, daß zwei Fahrzeuge nur an wenigen Stellen aneinander vorbeikamen. Die genügten aber, da man auf dem baumlosen Hang die gesamte Strecke einsehen konnte und so den Entgegenkommenden auf weite Entfernung wahrnahm. Es blieb somit genügend Zeit, eine dieser Verbreiterungen aufzusuchen und sich für eine halbe Stunde einzuparken, denn so lange dauerte es im Schnitt, bis das andere Fahrzeug da war. Der Hochleitenweg war nämlich zusätzlich mit Schikanen in Form von sechs *Tör'ln*, also Toren, ausgestattet, die in Gestalt und Bauart völlig variierten, aber die gemeinsame Eigenschaft besaßen, ein schnelles Fortkommen zu verhindern. Pro Tor hieß es jedesmal stoppen, Handbremse ziehen, aussteigen, Tor öffnen, einhängen oder abspreizen, damit es nicht wieder zufiel, während man sich gerade auf der Durchfahrt befand, drei Meter weiterfahren, stoppen, Handbremse, Tor schließen, einsteigen, Handbremse lösen, weiterfahren. Sechs solcher Hindernisse in einer Richtung bedeuteten hin und zurück nach Adam Riese zwölf und waren somit mit vierundzwanzigmal Aus- und Einsteigen verbunden. Der damit verbundene Lustgewinn blieb klarerweise meistens unter der Nachweisgrenze.

Dazu kam, daß der Abstand zwischen manchen Toren lediglich ein paar hundert Meter betrug und die Technik des Öffnens sich vielfach als kräfteraubend erwies. Besonders das erste Tor nach der Abzweigung von der Landstraße war ein bösartiges und gefährliches Exemplar. Seine ältesten Holzteile dürften noch aus den Bodenbrettern der Arche Noah gefertigt worden sein, und so, wie jede Generation einer anständigen Bauerndynastie danach trachtet, zum bestehenden Besitz etwas zuzuerwerben, dürfte der Ehrgeiz der Hochleitnerischen Familiensaga darin bestanden haben, sich jedes Mal in diesem Holztor zu verewigen. Es war unheimlich schwer, dabei wackelig in der Aufhängung, und ein besonderer Geist hatte diesem Ungetüm eine nutzlose Garnierung aus mittlerweile völlig verrostetem Stacheldraht verpaßt, der lose mit seinem viel zu langen Ende herumbaumelte und jedem Ankömmling ins Gesicht zu schlagen versuchte. Als ich einmal kekkerweise versucht hatte, mich nach der praktischen Bedeutung dieses Mordinstrumentes zu erkundigen, erntete ich nur ratlose Gesichter und die erschöpfende Auskunft, das wäre schon seit dem Großvater so.

Als ich schließlich schweißgebadet die letzte Kuppe genommen hatte und auf den Hof einfuhr, kam die Hochleitnerin in ihrer blauen Kleiderschürze heraus und deutete den Hang weiter aufwärts: „Griaß Gott, Herr Dokta! Sie müass'n da auffi, zum *Scherm* (das bezeichnet einen kleinen, hüttenartigen Unterstand für das Vieh), mir hab'n die Kalbin da drob'n. Da Mann und da Schwiegersohn wart'n schon!"

Meine Laune sank beängstigend. „Da auffi" führte kein Fahrweg mehr und bedeutete somit einen Fußmarsch mit der kompletten Geburtsausrüstung über vierhundert Meter steile Wiese in der Mittagssonne.

„Hätten Sie die Kalbin nicht rechtzeitig heruntertreiben können?" knurrte ich, meinen Unwillen deutlich zeigend.

„Oh mei", jammerte die Bäuerin, „in der Fruah war noch gar nix zum Kennen, und wia da Mann vor einer Stund' nachschau'n geht, schau'n hint'n schon die zwoa Füaß aussa!"

Seufzend kramte ich die nötigen Utensilien aus dem Wagen. Als ich mich eben auf den Weg machen wollte, erschien die Hochleitnerin erneut: „Nehmen S' zur Sicherheit gleich den Eimer Warmwasser mit!"

Da ich sowieso schon bepackt war wie eine Ein-Mann-Safari, starrte ich sie ungläubig an: „Und wie bitteschön soll ich den tragen?"

„I komm' eh glei nach! Lass'n Sie einfach was da, was Sie vielleicht net am Anfang brauch'n, i bring's schon!"

„Gut!" Ich deponierte die Uteruspumpe und den Plastikkanister mit dem Granulat zur Erzeugung von künstlichem Fruchtschleim auf der Fensterbank, schnappte den Eimer und marschierte los.

Die Sonne brannte, der Geburtsmantel drohte dauernd, von der Schulter zu rutschen, und eine Horde fetter blutrünstiger Rinderbremsen gab mir treuen Geleitschutz, wobei sie sich ihren Lohn dafür vornehmlich aus meinen Waden saugte.

Schnaufend kam ich im *Scherm* an. Der Hochleitner saß auf einem Holzstück und paffte eine Zigarette. Ein junger, kräftiger Mann, offensichtlich der Schwiegersohn sprang herbei und nahm mir hilfreich Ballast ab, eine nette Geste, aber unnötig, den letzten Meter im Stall hätt ich auch noch geschafft.

Dann war noch die Burgi da, die siebzehnjährige Hochleitnertochter, die, wie sie mir einmal gestanden hatte, später auch Tierärztin werden wollte.

Als mein Blick auf die Hauptperson, die Kalbin fiel, erhöhte sich meine Stimmung keineswegs. Zwei ziemlich große Füße mit dicken Klauen ragten ein Stück hinten heraus, und das vergebliche Pressen der Jungkuh war von Stöhnen begleitet.

„Wann ist denn die Fruchtblase gesprungen?" fragte ich.

Der Hochleitner zuckte bloß die Schultern.

Ich schlüpfte in den Geburtsmantel und schüttete reichlich Desinfektionsmittel in das mitgebrachte Warmwasser, mit dem ich die Scham der Kalbin akribisch zu säubern begann. Dann unterzog ich meine Arme der gleichen Prozedur und ging sachte daran, die Situation im Becken zu erkunden. Die Schultern des Kalbes befanden sich noch hinter dem Rand des knöchernen Beckens, und es würde mit Sicherheit eine enge Sache werden, aber es müßte meiner Einschätzung nach gehen. Das Zucken der Nüstern zeigte mir, daß das Kalb noch lebte, nur die Schleimhäute der Geburtswege waren bereits ziemlich ausgetrocknet. Offensichtlich war das Wasser doch schon vor längerer Zeit gebrochen. Gut, daß die Hochleitenbäuerin gleich mit dem Schleimpulver nachkommen würde.

Endlich verdunkelte ihre imponierende Silhouette die sonnige Türöffnung. Mit Genugtuung stellte ich fest, daß sie erheblich mehr keuchte als ich.

„So, los geht's! Her mit dem Fruchtschleimkanister!"

Das hochrote Gesicht der Bäuerin wurde noch röter: „Pff, was für ein, ächz, Kanister?"

Ich bekam langsam Schleier vor den Augen: „Der weiße Plastikkanister! Und die Pumpe! Die, die ich auf's Fensterbrett gelegt habe und die Sie nachbringen würden!!!" Karin saß mit knurrendem Magen daheim, von meinem wollte ich gar nicht reden.

Die Hochleiterin lehnte sich ins Eck an die Wand und pfauchte stoßweise, aber nicht vor Wut, sondern aus Sauerstoffmangel: „Des hab' i' ganz vergess'n!"

Die Burgi rettete die Situation: „I' hol's schon!", und mit Behendigkeit, die man gemeinhin den Gazellen nachsagt, hüpfte sie die steile *Leiten* hinunter, während ich die Geburtsstricke an den Kälberbeinen befestigte und Querhölzer zwecks besseren Griffes daran band. In bewundernswert kurzer Zeit war die Burgi wieder retour und strahlte mich, heftig atmend, an: „Da, bitt'schön, Herr Dokta!"

Nachdem es schon einige Zeit her war, daß mich eine Siebzehnjährige, wenn auch nur beruflich, angestrahlt hatte, strahlte ich zurück: „Besten Dank!", und schüttete das körnige Pulver in einen Eimer mit zirka zwei Litern Wasser, wo es sich unter ständigem Rühren in eine schlüpfrige Masse verwandelte.

Die Uteruspumpe, einer Fahrradpumpe nicht unähnlich, wurde in den Kübel gestellt, und während ich den Gummischlauch in die Gebärmutter der Kalbin führte, wies ich den Hochleitner an, kräftig zu pumpen. Der künstliche Fruchtschleim strömte stoßartig in den Beckenraum und machte das Kalb samt Umgebung genügend glitschig.

Dann zog ich den Schlauch heraus, legte die Pumpe ab und kommandierte die versammelte Geburtshilfegruppe: „So, jetzt jeder einen Strick in die Hand und abwechselnd ziehen, aber langsam! Ja nicht reißen! So ist's richtig! Zuerst der linke Fuß, jetzt halt, gespannt halten, jetzt der rechte Fuß! Gut so!" Ich spürte, wie das Kalb in Bewegung geriet und die Schultergelenke über den Knochenrand des Beckens glitten. Die Kalbin stöhnte gottserbärmlich, aber es geschah nur zu ihrem Besten. Der Kopf erschien allmählich im Vulvaausschnitt, und während ich mit den Händen den Dammschutz bewerkstelligte, befahl ich lautstark: „Linker Fuß, rechter, zum Kuckuck, nicht gleichzeitig, ja jetzt wieder links ...!" Zentimeter für Zentimeter erschien ein prächtiges Kalb auf der Bildfläche, zuerst der Kopf, dann die Schultern, der Brustkorb, der Bauch, beim Becken gab es noch eine leichte Verzögerung, die Hochleitnerfamilie zog keuchend und schwitzend mit aller Kraft, und plötzlich flutschte auch der Hinterkörper des Neugeborenen heraus. Sofort war ich über dem Kalb, das leblos dalag, und begann mit der Reanimation! Akupunkturnadel in den Nasennotfallpunkt, Ausstreifen des eingeatmeten Fruchtwassers aus dem Maul, Kreislaufspritze, Herzmassage! Verdammt, das Tier sprach schlecht an. Natürlich war diese Geburt eine schwere gewesen, und die Lufttemperatur im Raum, nicht zuletzt durch die Anstrengung mehrerer Leute, hatte mittlerweile saunaähnlichen Charakter angenommen – ich selbst troff vor Schweiß! „Kaltes Wasser über den Kopf, schnell!“ brüllte ich. Zugegeben, ich hatte mich in der Eile unpräzise ausgedrückt. Die Burgi ergriff den Eimer, überlegte kurz und entschied sich dann für den offensichtlich Erbarmungswürdigeren von uns beiden, denn sie kippte mir das eiskalte Naß schwungvoll über den Schädel.

„Nicht mir, dem Kalb!“ brüllte ich, aber da machte das Neugeborene die ersten Atemzüge.

Ein weiterer Guß, diesmal an den richtigen Adressaten holte das Tier endgültig in die rauhe Wirklichkeit zurück. Schweratmend, noch ein bißchen röchelnd lag es da und schaute verwundert im Kreis umher.

Ich nahm klatschnaß die Gratulationen entgegen und verabschiedete mich. Kleinere Wasserpfützen hinter mir lassend, stiefelte ich den Hang hinunter, wo mein Auto stand. Na, während der Fahrt mit all den Toren würde ich schon wieder trocken werden.

Bei der Abfahrt vom Hof wiederholte sich die endlose Prozedur des Gatteröffnens und -schließens, bis ich genervt dem letzten Tor, dem mit dem morschen Stacheldraht, einen ordentlichen Tritt versetzte, daß es mindestens drei Mal hin- und herschwang. Daß sich dabei ein Stück dieses Drahtes gelöst hatte, merkte ich erst, als bei der Durchfahrt vom linken Hinterreifen her ein scharfes Zischen zu hören war. Ich stieg aus und betrachtete verbittert den Patschen, ehe ich das Werkzeug hervorkramte. Die Halteschrauben des Reserverades, das sich intelligenterweise unter dem Wagen in einem Gitterkorb befand, waren natürlich durch Dreck ziemlich festgefressen und ließen sich auch mit Korrosionsspray nur mühsam herausdrehen.

Inzwischen kam der Hochleitner auf seinem Traktor gemächlich den Hang heruntergerattert, wobei ihm die mitfahrende Burgi beflissen die Tore öffnete und schloß. Als er auf meiner Höhe angelangt war, hielt er quietschend an, musterte kritisch meine ölverschmierten Hände und rief vorwurfsvoll durch den Motorlärm: „Die Gatter hätt'n S'net alle wieder zuamach'n brauch'n, san eh koane Viecher auf'n Hang, und mi hat das jetzt Zeit g'kost, no' dazua bei dera Hitz!“

In dem Moment hätte ich viel für einen Kübel Schmutzwasser gegeben, den ich ihm hätte aufsetzen können, nach dem Motto: „Erfrischung gefällig?“

Selbst ist der Mann, wenn er der Tierarzt ist

Jedesmal, wenn der Schartnerbauer anruft, bekomme ich ein Zucken des linken Augenlids, denn das bedeutet mit schöner Regelmäßigkeit Ärger.

Der Schartner ist ein breitschultriger Mann mittleren Alters und mit einer Bierruhe ausgestattet, die andere glatt in den Wahnsinn treiben konnte.

Schon die erste Begegnung bald nach meiner Praxiseröffnung verlief auf äußerst skurrile Art. Ich war noch unterwegs, als um halb acht Uhr abends das Telefon brummte, eine Uhrzeit, die, wie ich später leidvoll erfahren mußte, für den Schartner absoluten Frührekord bedeutete (wahrscheinlich sein Einstandsgeschenk): „Ja Herr Dokta! I bin's! Der Schartner! Bei mir is' a Kaibl krank! Wann S' so liab san und no auffaschau'n! Aber bittschön net vor Neune, weil i' bin no net dahoam!“ Im Hintergrund waren Gläserklirren und Stimmen zu hören, also eine typische Wirtshauskulisse.

Ich versuchte den Tadel mit Ironie zu würzen: „Da brauchen Sie keine Angst zu haben, ich hab' noch eine schöne Liste vor mir, nachdem heute noch andere auf den Gedanken gekommen sind, erst so spät anzurufen!“

Die einzige Reaktion des Schartner war ein befriedigtes Schnaufen und ein „Dankschön!“, mit dem er auflegte.

Da es bereits Herbst war, näherte ich mich um Viertel nach neun dem Schartnergut in völliger Dunkelheit. Ein leichter Nieselregen machte die Windschutzscheibe schmierig und den Weg rutschig.

Plötzlich tauchte vor mir das alte Bauernhaus auf. Zuerst glaubte ich, ich wäre an der falschen Adresse gelandet, denn alle Fenster waren stockfinster, aber nach der Wegbeschreibung konnte ich mich nicht geirrt haben. Ich rollte langsam durch die schmale Einfahrt zwischen Hauswand und Böschung und blieb etwas ratlos vor dem ebenso finsteren Stallgebäude stehen. Es war vollkommen still, nur das leise Trommeln des Regens auf dem Autodach war zu hören. Auch auf mein Hupen änderte sich nichts an der Situation. Da ich hier schlecht bis zum Frühstück sitzen konnte, mußte ich wohl oder übel versuchen, irgend jemanden aufzutreiben. Ich ließ die Schweinwerfer brennen, um Licht zu haben, und stiefelte über den Platz. Oberhalb der Haustüre hing in leichter Schieflage ein Schild mit den eingeschnitzten Worten SCHARTNERGUT, ERBHOF.

Kein Zweifel, ich befand mich, im Gegensatz zum Bauern, an der verabredeten Stelle.

Da es keine Glocke gab, klopfte ich heftig gegen die massive Holztür, aber außer meinen Fingerknöcheln reagierte niemand darauf. Ich drückte die Klinke runter, und die Türe öffnete sich knarrend in ein stockdunkles Vorhaus. „Hallooo!“ rief ich in die Nacht, „hallooo, der Tierarzt ist hier! Sonst auch noch jemand?“

Ich lauschte. Stille! Irgendwo knackte ein Holzbalken. „Heeeeeeh!“ brüllte ich aus Leibeskräften. Der Ruf verhallte.

Wütend schlug ich die Haustüre zu und machte mich auf den Retourweg zum Auto. Na dem Schartner werde ich morgen etwas erzählen! Als ich ein paar Schritte weit gekommen war, vernahm ich das Knarren in meinem Rücken, das anzeigte, daß die Türe soeben wieder geöffnet wurde. Wie in einem Gruselfilm! Ich drehte mich um. Wenn jetzt ein Skelett herauskommen würde, wäre mir das im Moment auch recht gewesen, Hauptsache ein Ansprechpartner! Aber niemand erschien. Statt dessen ertönte aus der Finsternis ein krächzendes Komando: „Faß!“, und eine kurzbeinige Promenadenmischung schoß knurrend mit gebleckten Zähnen heraus und auf mich zu. Ich gestehe, daß dies das erste Mal in meinem Leben gewesen war, daß jemand seinen Hund auf mich gehetzt hatte, nicht einmal mein Bankdirektor hat angesichts des letzten Kontostandes zu dieser Maßnahme gegriffen. Reglos verharrte ich, die beste Methode gegenüber einem angreifenden Hund, leider nicht immer die zielführende. Der Kläffer stürmte auf mein Hosenbein zu, stutzte, schnupperte daran und begann, mich freundlich wedelnd zu umkreisen. Offensichtlich reinster Theaterdonner. Erleichtert hockte ich mich nieder, worauf er sich sofort auf den Rücken warf und sich den Bauch kraulen ließ: „Na, du gehst wohl auch im Fasching als Pitbull verkleidet, was?“ Zur Bestätigung klopfte er mit dem Schweif auf den Boden.

Ich lief nochmals zum Hauseingang, riß die Türe auf und schrie hinein: „Sie sind wohl deppert, was?“

Wieder blieb alles still. Der Zombie, der offensichtlich der Ansicht war, sein Kampfdackel würde mich sowieso auslösen wie eine Schweinsschulter, und daher auf eine Fortsetzung des Besuches nicht gefaßt schien, hatte sich wieder in die Anonymität zurückgezogen. Da ich nicht die geringste Lust verspürte, in einem fremden und stockdunklen Haus einem Psychopathen nachzuspüren, warf ich krachend das Haustor zu.

Obwohl es eigentlich total verrückt war, beschloß ich, noch einen Blick in den Stall zu riskieren, vielleicht fand ich das kranke Kalb von selbst. Der Hund wuselte noch immer um mich herum, und die einzige Gefahr, die von ihm ausging, bestand darin, über ihn zu stolpern. Nach längerem Umhertasten fand ich den Lichtschalter und drehte auf. Fünf Kühe lagen auf ihrem Strohbett und blinzelten mich verschlafen an. Ich ging durch die Stallgasse und schaute in den Verschlag an ihrem Ende, wo ein einsames Pinzgauerkalb neugierig herausglotzte. Es machte einen überaus gesunden Eindruck. Andere Kälber konnte ich nicht entdecken, auch nicht im Nebenraum, wo ich ein fettes Schwein aus dessen süßen Träumen von einer vegetarischen Menschheit riß, was es mit unwilligem Grunzen quittierte.

Offensichtlich war heute nichts mehr auszurichten, daher verabschiedete ich mich von meinem neuen Freund, dem „Killerköter", mittels Pfotenschütteln und fuhr nach Hause.

Da am nächsten Tag beim Schartner niemand zu erreichen war, erkundigte ich mich bei einem Nachbarn über die seltsamen Verhältnisse auf diesem Hof. Der grinste und sagte: „Ojeh, da is' er wieder im Wirtshaus hängengeblieben!"

„Und wer hat versucht, mir den Hund auf den Hals zu hetzen?"

„Das war der Vater! Der hat sein Wirtshaus dahoam!" Dabei ahmte der die globalisierte Handbewegung des Trinkens nach.

Eine Woche später, ich wollte gerade aus der Garage fahren, kletterte ein Mann in grauer Lodenknickerbocker aus einem dreckbespritztem Pickup und baute sich vor mir auf: „I' möchte zahl'n!"

„Dann umso herzlicher willkommen", sagte ich, „aber wer sind Sie und was wollen Sie bezahlen?"

„I' bin der Schartner und möcht' mei Kaibl zahl'n, des tuat wieder guat!"

„Na prima, daß ich Sie einmal kennenlerne, nachdem Sie mich damals am Abend schön versetzt haben und Ihr Vater den Hund auf mich gehetzt hat!" Meine Verärgerung brach sich Bahn.

„Ah der Lumpi! Der is' harmlos!" Der Schartner konnte ein leichtes Lächeln nicht unterdrücken: „Da Vater moant immer, der Hund is' scharf, weil er einmal nach eam selbst im Reflex g'schnappt hat, nachdem er eam auf'n Schwoaf g'stieg'n is'! Was bin i' jetzt für's Kaibl schuldig?"

„Nix", antwortete ich, „ich hab' kein Kalb behandelt, weil kein krankes da war!"

„Ah so", sagte der Schartner, „da hat mir der Vater wieder was Falsches derzählt! Nachher Dankschön, Herr Dokta!" Er stieg ein und fuhr weg. Ich starrte ihm nach. Der Gedanke, daß ich ihm die Visite schon verrechnen hätte können, kam mir zu spät.

Ein Jahr darauf starb der Vater, und der Schartner hauste danach allein und weiterhin unbeweibt auf dem Hof. Da ich ihn mittlerweile gut kannte, darf ich allen Frauen dieser Welt meine Solidarität versichern. Obwohl an und für sich ein netter Kerl, war er der unzuverlässigste Mensch, den man sich vorstellen konnte.

Schon allein die Besamungen, die ich ohne seine Hilfe, da er ja, trotz Versprechen, nie da war, an den Kühen durchführen mußte, glichen jedes Mal einem Rodeo. Seine Rindviecher erwiesen sich als menschenscheu und daher wesentlich gefährlicher als der arme Lumpi. Sie hüpften natürlich hin und her, schlugen mit den Schwänzen, traten mit den Füßen.

Obwohl ich ihn jedes Mal gebeten hatte, mir wenigstens vorher die jeweilige Ohrmarkennummer, die ich für den Besamungsschein brauchte, auf einem Zettel zu deponieren, mußte ich hinterher regelmäßig die dreckigen Ohrmarken mühsam mit den Fingernägeln unter heftigen, schüttelnden Abwehrbewegungen der beleidigten Kuh abkratzen und dabei den spitzen Hörnern ausweichen.

Jedesmal, wenn ich ihn darauf bei seinem nächsten Anruf zusammenstauchte, gab er sich zerknirscht und gelobte Besserung. „Das nächstemal, Herr Dokta, ganz g'wiß!“ Aber egal, ob ich schimpfte, drohte, ja sogar bettelte und an sein menschliches Mitleid appellierte, er war nie anwesend und die Ohrmarkennummern ebenfalls nicht. Gegen die Beharrlichkeit des Schartner erschien ein Flakturm formbar wie ein Plastilinstangerl.

Vor einigen Wochen teilte er mir, selbstverständlich am Abend, mit, daß er einen Notfall habe, weil ein Kalb schon seit Tagen an Durchfall leide, den er mittels Heidelbeertee und Edelweißabsud, sonst bewährte Hausmittel, nicht in den Griff bekomme. Da Kälberdurchfälle, vor allem wenn sie länger bestehen, lebensbedrohlich sein konnten, beschloß ich, trotz der fortgeschrittenen Stunde, den Besuch nicht auf morgen zu verschieben.

Dem Schartner schien dies tatsächlich zu beeindrucken: „Dank' vielmals, daß Sie heut' noch kommen, i' bin zwar net dahoam, aber des Kaibl is' eh alloan in der Box!“

Als ich den Stall betrat, traute ich meinen Augen nicht! Von Notfall keine Spur! Das „Kaibl“ erwies sich als mindestens halbjährige, etwas struppige Kalbin, die in einem Metallgehege stand, das mich in seinen Ausmaßen an eine Kindergehschule erinnerte. Die Seitengitter gingen mir bis zur Hüfte. Die Szenerie erinnerte stark an einen Pottwal im Goldfischteich.

Offensichtlich war das Jungrind stark verwurmt, da genügte eine Spritze. Aber wie an das Tier herankommen? Es war ja nicht blöd, denn in dem Moment, als ich mühelos mit gezückter Nadel die niedere Umzäunung überstieg, hüpfte es auf der anderen Seite heraus und floh quer durch den Kuhstall.

Gut, daß war's dann für heute! Ich würde heimfahren und dem Schartner eine Nachricht hinterlassen, er möge mich wieder rufen, wenn das Kalb fixiert war. Im Geiste überschlug ich bereits, was ich ihm für den abendlichen Einsatz berechnen sollte, als ich bemerkte, wie die umherlaufende Kalbin fünf große Papiersäcke mit Kraftfutter entdeckt hatte, die in einer leeren Schweinebox aneinander gelehnt standen und an denen sie sich jetzt zu schaffen machte.

Kruzitürken, noch einmal, wenn das Vieh davon unbehelligt frißt, ist es morgen tot! Natürlich hätte ich den Standpunkt einnehmen können, die Schlamperei im Stall ging mich nichts an. Aber als Tierarzt, der die unausweichlichen Folgen kannte, durfte ich mich nicht so einfach russisch aus dem Staub machen. Ich verscheuchte die Kalbin und begann, die schweren Säcke nacheinander in den Nebenraum zu schleppen, wo sie eigentlich hingehörten. Dabei mußte ich mich gehörig beeilen, denn jedes Mal, wenn ich unterwegs war, fraß das Vieh bereits aus dem nächsten Sack.

Als ich endlich den letzten in der Kammer verstaut und die Tür verriegelt hatte, traute ich meinen Augen nicht. Die Kalbin stand wieder brav in ihrem Gehege, da es außerhalb offenbar nichts mehr Interessantes für sie gab, und glotzte mich an, ob wir das Spielchen nicht wiederholen könnten.

Ich knurrte aber nur „Mistvieh!", bog mein schmerzendes Kreuz durch und drehte das Licht ab.

Zwei Tage später rief der Schartner an. Er wollte wissen, wo denn die Futtersäcke geblieben waren.

Mit deutlichem Ärger brachte ich zuerst mein Anliegen vor: „Herr Laubichler, wenn Sie mir schon ein altersmäßig überwuzeltes Rindvieh als Kalb unterjubeln, hätten Sie dann vielleicht die Güte, nächstes Mal dafür zu sorgen, daß es sich nicht nur symbolisch eingesperrt fühlt?"

Stille im Hörer! Nach einer halben Minute fragte ich: „Hallo! Sind Sie noch dran?"

„Aber sicher, Herr Doktor!" Dann folgte wieder Schweigen!

Obwohl ich nicht erkennen konnte, ob sich diese Bestätigung darauf bezog, daß er anwesend war oder daß er meinen Vorwurf zur Kenntnis genommen hatte, beschloß ich großzügigerweise, letzteres anzunehmen und sagte ihm, wo er die verdammten Futtersäcke finden könnte.

„Also, das nächste Mal bitte das Tier anhängen!"

„Aber sicher!"

Es war Samstag nachmittag, vier Uhr, und ich bereitete mich seelisch bereits auf mein bevorstehendes kurzes Wochenende vor, da ich heute nur noch drei läppische Visiten zu absolvieren hatte und dann nach einer langen Woche Dauerdienst den Anrufbeantworter einschalten konnte und für Sonntag das Schicksal meiner Patienten vertrauungsvoll der Verantwortung des Vertretungskollegen überantworten durfte.

Ich war eben im Begriff, den Fahrersitz zu erklimmen, als mir Karin mit dem Telefon in die Garage nachgelaufen kam: „Der Schartner ist am Apparat, er möchte, daß du heute noch eine Kuh mit Panaritium auf der Alm behandelst!" Damit streckte sie mir das Gerät entgegen.

Das hatte noch gefehlt! Die Schartneralm war eine von den ganz obersten, und der Weg hinauf eine Marter für Mensch und Auto. Da man wegen der schlechten Wegbeschaffung nur äußerst langsam fahren konnte, war jedes Mal mit einer Visite ein beträchtlicher Zeitaufwand verbunden.

„Ist die Kuh wenigstens im Stall?" bellte ich ins Telefon.

„Aber sicher, Herr Doktor", kam die seelenruhige Stimme des Bauern, als wäre das das Selbstverständlichste auf der Welt.

„Ich kann mich also darauf verlassen?"

„Sicher!"

Ich nahm also die Schartneralm in Angriff! Die Straße war auf weiten Strecken ausgewaschen, mit tiefen Schlaglöchern, teilweise lagen große Steinbrocken im Weg, um die man vorsichtig herumkurven mußte, dabei aber aufzupassen hatte, daß man mit den Rädern nicht über den Böschungsrand hinausgeriet. In der Mitte der Strecke führte eine höllisch schmale, altersschwache Holzbrücke über einen vom Berg herabschießenden Gebirgsbach, und an manchen Stellen hatten die Büsche die Fahrbahn bereits ziemlich überwuchert. Wenn der Schartner nicht bald etwas unternahm, würde die Alm in ein, zwei Jahren nur mehr zu Fuß zu erreichen sein.

Endlich kam das geduckte Dach der Almhütte hinter einer Wiesenkuppe in Sicht. Der Anblick, der sich mir bot, war kein erfreulicher: das große Flügeltor in den Stall gähnte weit offen und ließ deutlich erkennen, daß sich keine Kuh darinnen befand. In mir kroch die Wut hoch. Ich brachte den Wagen in einer hohen Staubwolke zum Stehen, stieg aus und ging um den Stall herum. Im geräumigen eingezäunten Vorgarten zwischen Kuhstall und eigentlicher Almhütte lag eine helle Fleckviehkuh im Gras und gab sich gelangweilt der Beschäftigung des Wiederkauens hin. Das war sie! Deutlich konnte ich ihren linken Hinterfuß sehen, den sie weit von sich gestreckt hatte und der doppelt so dick war wie normal. Ein Panaritium ist mit einer Nagelbetteiterung beim Menschen vergleichbar, kommt auf den Almwiesen durch Bodenbakterien sehr häufig vor, bereitet dem betroffenen Tier außerordentliche Schmerzen sowie Lahmheit und kann, unbehandelt, zu größeren und langwierigen Komplikationen führen.

Die Kuh bemerkte mit gespitzten Ohren mein Auftauchen und hüpfte wie von der Tarantel gestochen hoch, wobei sie das kranke Bein merklich schonte.

An sich war die Sache einfach. Ich müßte ihr nur eine Injektion mit einem bestimmten Antibiotikum verpassen, und die Schwellung samt dem Schmerz würde innerhalb von zwei Tagen verschwunden sein.

Das Problem hier war lediglich, daß das Medikament streng subcutan, also unter eine Hautfalte, zu spritzen war, und ich bezweifelte, daß die Kuh mir so lange Zeit lassen würde. Aber vielleicht konnte ich sie zurück in den Stall treiben?

Leider ist auch im Grünen alle Theorie grau!

Ich hatte bisher nicht gewußt, daß der Schartner Rennkühe züchtet. Trotz ihrer Behinderung raste das Rind in Bocksprüngen quer durch den Garten, immer sorgsam die Richtung offenes Stalltor meidend. Ich hinterher, aber als einzelner kann man schwer eine wilde Kuh einkreisen. Manchmal galoppierte sie nur auf drei Beinen, und als ich schon glaubte, sie zwischen Stallwand und Brunntrog in die Enge kanalisiert zu haben, warf sie sich ungestüm herum, rutschte aus und krachte in einen danebenstehenden Stapel häßlicher weißer Plastiksessel, die der sonntäglichen Almwanderer harrten. Die meisten Sessel gingen krachend zu Bruch, und einige flogen durch die Gegend, leider auch derjenige, über den ich fluchend stolperte. Die Kuh war ein paar Augenblicke früher als ich auf den Beinen, und der Status quo war wieder hergestellt, bloß mit einem Haufen Plastiktrümmern garniert.

Jetzt wäre der Zeitpunkt gekommen, die Aktion abzubrechen und nach Hause zu fahren, aber die Vorstellung, den ganzen Sauweg herauf am Montag nochmals wegen derselben Geschichte auf mich zu nehmen, ließ mich davon Abstand nehmen.

„Dich krieg ich schon!“ rief ich dem ebenfalls leicht echauffierten Rindvieh drohend zu und machte kehrt, um vom Auto das Abschleppseil zu holen. Ein anderer Strick von ausreichender Länge war auf der Schartneralm mit Sicherheit nicht zu erwarten.

Ich bastelte mir einen Lasso und kehrte in die Arena zurück. Die Kuh schaute gespannt zu mir herüber, und hätte sie zufällig einmal einen John-Wayne-Film gesehen, wäre sie angesichts meiner nun folgenden Einfangversuche vor Lachen zusammengebrochen.

Aber steter Tropfen höhlt den Stein. Plötzlich, nach sicher zwanzig erfolglosen Anläufen, bei denen die Schlinge entweder überhaupt nicht oder wenn, dann nur ein Horn traf, hatte sie das Seil plötzlich um den Hals.

Keine Ahnung, wer überraschter war!

Dann preschte sie los, ich im Laufschritt hinterher, das Seilende krampfhaft umklammernd. Ich wußte, wenn sie mir diesmal auskam, würde ich weder die physische noch die psychische Kraft aufbringen, es nochmals zu versuchen. Sie keuchte hörbar, denn die Schlinge schnürte ihr den wild schüttelnden Hals zusammen, aber für ein paar Extrarunden hatte sie noch genügend Luft.

Auf einer der letzten Runden schleifte sie mich erneut durch den wüsten Sesselfriedhof, aber mit der olympiareifen Eleganz eines Hürdenspringers meisterte ich auch dieses Hindernis. Endlich wurde ihr Schritt gebremster und schwankend, und als wir gerade beim Gartentor vorbeitrabten, schlang ich blitzschnell das Seilende mehrmals um einen Torpfosten.

So, jetzt hatte ich sie, vorausgesetzt, der Pfosten hielt besser als die Versprechungen des Schartner.

Es schien so! Unter Aufbietung der letzten Kräfte zog ich das pumpende Tier langsam näher an den Zaun heran, immer das Seil verkürzend, bis sie schließlich keuchend und pfeifend den Kopf ganz dicht am Holz hatte.

Ich verknotete den Strick und betrachtete traurig meine Handflächen. Viel Haut war nicht mehr übrig.

Da die Kuh mit ihrem gesamten Gewicht am Tor hing, ließ es sich nicht öffnen, und ich mußte, fertig und zittrig, wie ich war, um die Spritze aus dem Auto zu holen, über den spitzen Zaun klettern. Retour ebenfalls!

Während ich ihr endlich die Injektion mit tatterigen Händen und steifen Fingern unter die Halshaut gab, revanchierte sie sich mit einem saftigen Tritt ihres gesunden Fußes gegen mein Schienbein.

Ich band sie los, und wir trennten uns im synchronen körperlichen Zustand: keuchend und hinkend!

Na, dem Schartner werde ich was erzählen, nächste Woche!

Leider Fehlanzeige! Obwohl ich meine Wut, damit sie ja nicht verauchte, den Sonntag über sorgsam gehegt und gepflegt hatte wie ein Schrebergärtner seinen Zierrasen, hatte ich keine Gelegenheit, sie loszuwerden. Während der ganzen Woche ging der Schartner nicht ans Telefon, offenbar besaß er genügend Vorstellungskraft.

Aber meine zart keimende Hoffnung, daß ihn womöglich, zwecks höherer Gerechtigkeit, der Schlag getroffen haben könnte, zerstob in dem Augenblick, als mir Karin eines Morgens, als ich soeben aus dem Bad kam, mit unheilvoller Miene mitteilte, daß der Schartner angerufen habe, er hätte ein Stierkalb erworben, das unbedingt heute noch kastriert werden müsse, damit er es baldigst auf die Alm nachliefern könne.

„Der soll mir doch den Buckel runterrutschen!" knurrte ich. „Und sich einen anderen Trottel suchen, der bei seinen Viechern Alleinunterhalter spielt!"

Karin schüttelte den Kopf: „Nein, ich habe ihm diesmal klipp und klar mitgeteilt, daß es nicht angeht, daß entgegen der Abmachung nie wer zum Helfen da ist und die Tiere frei herumlaufen! Er hat es ziemlich zerknirscht eingesehen und mich gebeten, dir auszurichten, er wäre heute am Vormittag garantiert zu Hause und würde auf dich warten!"

Mein höhnisches Lachen übertönte sogar das Mahlwerk der Espressomaschine: „Und das glaubst du? Was hat er denn gesagt? Vielleicht: aber sicher?"

Sie sah mich überlegen lächelnd an und nickte: „Er hat es mir hoch und heilig versprochen! Frauen üben bekanntlich in solchen Dingen einen anderen Einfluß aus, was dir offenbar bisher entgangen ist! Einige Kolleginnen haben das schon in Problemklassen, wo bisher alle männlichen Lehrer gescheitert waren, eindrucksvoll bewiesen! Das letzte pädagogische Seminar hatte diese Tatsache zum Thema!"

An sich hätte ich jetzt beeindruckt sein sollen, aber ich schlürfte den heißen Schwarzen in mich hinein und behielt die skeptische Linie bei: „Ob Frau oder Mann. Ich glaube, die seifenblasenartigen Versprechungen vom Schartner sind geschlechtsneutral!"

„Vertrau einfach der weiblichen Intuition!"

Als ich gegen halb elf am Schartnerhof eintraf, wurde ich tatsächlich bereits ungeduldig erwartet!

Allerdings nur vom grauen Hauskater, der mir um die Beine strich und sich etwas Milch erhoffte. Sonst war keiner da, außer einem schmierigen Zettel an der Stalltür. „Hab' leider dringend weg müssen! Stierkalb ist in der Box!"

Voll böser Vorahnung stieß ich die Tür auf. Als einziges Vieh stand in der Gehschule ein Jungstier, gute fünf Monate alt, mit Muskelsträngen, vor denen sogar Muhammad Ali Respekt gehabt hätte!

Ich ging diesmal keinen Strick organisieren, nicht einmal, um mich selbst daran aufzuknüpfen oder gar den Glauben an die weibliche Intuition. Ich würde einfach Karin anrufen, sie solle mir den Stier halten und könne dazu ein paar bewährte Kolleginnen vom Seminar mitbringen. Am besten zwanzig!

Der Schartner und sich ändern! Ha! Da lachen ja die Hühner!

Appetitzügler

„Va bene, Carlo?"

Die Körpersprache des armen Geschöpfes auf meinem Ordinationstisch sagte jedoch etwas ganz anderes, und vor allem die großen verzweifelten Augen in dem mageren Gesichtchen gaben zu verstehen: „Nein, mir geht es ganz schlecht, ich habe Schmerzen und vor allem Hunger!"

Das skelettartige Hundebaby war vielleicht sechs Wochen alt, aber das ist in so einem erbarmungswürdigem Zustand schwer zu schätzen, und über und über mit Geschwüren in der faltigen Haut bedeckt, in denen sogar vereinzelt Maden herumbohrten. Von Fell konnte nicht viel die Rede sein. Alles, was an einem Hund innerlich und äußerlich entzündet sein konnte, war es in diesem Fall auch. Die Bindehäute, die Ohren, die Pfoten und ein bißchen die Lunge. Der Durchfall war nur noch das Tüpfelchen auf dem I.

Die Besitzerin, Frau Höger, eine gut genährte Blondine ab Vierzig, der im Gegensatz zu Carlo die sonnengebräunte Haut an manchen Stellen beängstigend eng wurde, war den Tränen nah.

„Wissen'S, Herr Dokta, wie er da unt'n in Jesolo, auf dem Campingplatz in der Nacht zu uns ins Zelt 'krochn kommen is', der Arme, da hab'n wir nimmer anders 'können, wir hab'n den Urlaub ab'broch'n und sind wieder nach Österreich z'ruckg'fahr'n!"

„Und wie haben Sie ihn über die Grenze gebracht?"

„Na g'schmuggelt natürlich!"

Ich sah mir das schwach wedelnde Schmuggelgut an und wußte nicht so recht, wo anzufangen. Also dann schön der Reihe nach: ein Antibiotikum gegen die Lungenentzündung, ein Pulver für den Durchfall, eine Salbe für die Augen, ein Antiparasitikum gegen sämtliche Würmer und gegen die höchstwahrscheinliche Räude und zum Abschluß, nachdem ich die Maden mit der Pinzette herausgestochert hatte, wobei Carlo ein wenig winselte, ein Hautgel zur Wundheilung, das gleichzeitig Pilze bekämpfte. Als Prüfungspatient auf der Uni hätte der gute Carlo eine ganze Studentengruppe in Atem gehalten.

„So!" Befriedigt betrachtete ich mein Werk, gab noch einige gute Ratschläge bezüglich Ernährung und drückte einen beleidigten Carlo einer befriedigten Frau Höger an die Brust, worin er fast verschwand.

„In ein paar Tagen möchte ich ihn wieder sehen!"

Frau Höger nickte und trug ihr Urlaubssouvenir vorsichtig wie eine Nippesfigur zum Auto.

Während ich die Maden entsorgte, sah ich den beiden durchs Fenster nach und war mir sicher: Carlo hatte das große Los gezogen!

Es ging ihm bei der Nachbehandlung tatsächlich schon bedeutend besser, seine Augen hatten bereits einen neugierig-kecken Junghundeglanz, die geröteten und verschorften Hautstellen hatten sich reduziert, die Lunge rasselte nicht mehr, und auch der Kot hatte sich normalisiert, was er mir durch ein beachtliches Häufchen auf den Ordinationsboden demonstrierte.

„Das macht doch nichts", wehrte ich die Entschuldigung von Frau Höger ab, „ich bin froh, daß ich was Festes aufwischen kann!"

Im Laufe der nächsten Wochen entwickelte sich Carlo zum allseitigen Entzücken zu einem Welpen von normalem Gewicht und Aussehen, wobei allerdings beim besten Willen nicht festzustellen war, zu welcher Rasse er auch nur ansatzweise hin tendieren könnte. Aber auch das war schließlich egal. Er war zum Mittelpunkt der Familie geworden, wenn nicht sogar zum Oberhaupt.

Als er zu seiner ersten Impfung erschien, die aufgrund der schweren Krankheit erst im Alter von vier Monaten stattfand, sprang mir ein fröhlicher pelziger und ziemlich runder Rüde entgegen, der mich kläffend aufforderte: „*Buongiorno! Fa rapido,* ich habe heute noch eine Menge zu tun!"

Während ich die Nadel in seine Nackenfalte stach, quietschte er ein bißchen, beruhigte sich aber sofort, als Frau Höger einen Leckerbissen aus ihrer Handtasche hervorzauberte und ihm ins Maul stopfte. Dabei strahlte sie vor überschwänglicher Freude: „Na, haben wir nicht einen prächtigen Kerl aus ihm gemacht?" Unterdessen folgten drei weitere Kekse für Carlo.

„Jaja!" bestätigte ich. „Aber Sie sollten ihm vielleicht etwas weniger zum Naschen geben! Carlo hat mittlerweile sein Gewichtsdefizit Gott sei Dank nicht nur völlig kompensiert, er scheint mir jetzt sogar etwas pummelig zu werden!"

Frau Höger strahlte mich an: „Aber ja, Herr Doktor, aber er hat ja soo viel gutzumachen. Wissen Sie noch, wie er ausgeschaut hat?"

„Naja schon", wandte ich zögernd ein, „nur, offensichtlich ist sein Stoffwechsel daran gewöhnt, keine Kalorie ungenutzt zu lassen, und das sieht man bereits!"

„Seien Sie nicht so streng, Herr Doktor! Ein bißchen Übergewicht haben wir doch alle!"

Mit schlechtem Gewissen antwortete ich: „Leider ja, aber zumindest nicht als Teenager!"

„Babyspeck", strahlte Frau Höger, „was man von uns leider nicht mehr sagen kann!" Sie zahlte, schulterte den noch immer mampfenden Carlo und verließ wogend die Praxis.

Als Carlo nach weiteren acht Wochen zur Wiederholungsimpfung erschien, erschrak ich. Der mittlerweile halbjährige Hund schleppte bereits dicke Speckwülste mit sich herum. Trotzdem, oder vielleicht gerade deshalb, hüpfte er wie ein ausgelassener Gummiball an einem italienischen Sandstrand um mich herum und schien sich direkt zu freuen, nach der Injektion, die er mit opernhaften Heulklagen über sich ergehen ließ, etwas Freßbares zur Belohnung einzustreifen. Der Kerl erinnerte mich langsam an einen vierbeinigen Pavarotti!

„Frau Höger", mahnte ich mit erhobenem Zeigefinger, „der Hund wird zu dick!"

„Er kriegt eh nicht viel!"

„Viel vielleicht nicht, aber zu oft!"

„Schau'n Sie, Herr Doktor, der arme Kerl hat doch so viel aufzuholen!" Das alte Argument! Carlo schien der gleichen Meinung zu sein, denn er drängte sich schweifwedelnd an seine mitleidsvolle Besitzerin, die erneut ein Keks zückte.

„Nach meinen Begriffen hat er das aber schon hinlänglich getan! Wenn er weiter so ‚aufholt', kann er als erster vierbeiniger Sumo-Ringer im Land auftreten. Frau Höger, seien Sie vernünftig! Sie haben sich damals unten in Italien in berechtigter und dankenswerter Weise um sein Leben und seine Gesundheit Sorgen gemacht, bitte machen Sie sich diese auch nun daheim!"

Der Moment schien gekommen, an das Verantwortungsgefühl der spendierfreudigen Dame zu appellieren.

Frau Höger senkte tatsächlich schuldbewußt die Augen und seufzte: „Das Problem ist, daß wir eine große Familie zu Hause sind und Carlo genau weiß, wie er jeden von uns zu nehmen hat, inklusive der Großmutter!"

„Dann wäre es das Beste, Sie würden einmal den Anfang machen und mit gutem Beispiel vorangehen", antwortete ich unbarmherzig.

„Wahrscheinlich haben Sie recht!" Frau Höger zog ihre Hand leer aus der Tasche zurück und tätschelte Carlo, der das bekannte Rascheln des Kekssäckchens natürlich gehört hatte und nun enttäuscht dreinschaute, als hätte die italienische Fußballmannschaft das WM-Endspiel verloren, den wuscheligen Kopf.

Geknickt zogen beide von dannen.

„Ich weiß nicht, warum es manchen Leuten so schwer fällt, zu erkennen, daß ihr Liebling nicht aus Hunger, sondern aus reiner Gier frißt!" beschwerte ich mich während des Mittagessens bei Karin.

„Ganz genau!" erwiderte sie und zog die Schüssel mit den köstlichen Fischspaghetti, von der ich mich eben nochmals bedienen wollte, aus meiner Reichweite.

„Na, hör mal!" protestierte ich. „Du willst mich doch nicht im Ernst mit einer ausgefressenen Promenadenmischung vergleichen!"

„Nie im Leben, Gott sei Dank", lachte sie, „aber ich wollte dem gestrengen Mediziner nur beweisen, daß Hunger und Gusto zwei völlig verschiedene Dinge sind, denn meiner Einschätzung nach müßtest du bereits satt sein!"

„Das stimmt, aber es schmeckt so gut", gestand ich, „außerdem kann ich mir, im Gegensatz zu Carlo, ein Kilo mehr ohne weiteres leisten!"

„Das ist deine Ansicht, aber nicht die deiner Hosen! Möchtest du jetzt noch ein bißchen?" fragte sie hinterhältig.

„Danke!" knurrte ich und stand auf. „Ich habe vollauf genug!"

In der Nacht befiel mich der fürchterliche Albtraum, ich befände mich mit dem fetten Carlo in der Arena des vollbesetzten Kolosseums in Rom, und unter dem tosenden Anfeuerungsgeschrei von den Publikumsrängen balgten wir uns um fischmayonnaisegefüllte Hundekekse, die Frau Höger, in eine wallende Tunica gehüllt, unaufhörlich von der Prozeniumsloge in den Ring warf. Neben ihr stand Karin in einer kurzen Toga, sehr sexy, und notierte höhnisch lächelnd den Kalorienstand zwischen Carlo und mir auf einer Tontafel. Es stand soeben achtzehntausendsiebenhundert zu achtzehntausendvierhundert für mich, als sich Carlo beim Versuch, den nächsten dicken Keks im Fluge zu ergattern, hechelnd auf mich warf und dort plötzlich an Herzversagen starb. Ich war der Sieger in diesem traurigen Wettkampf geblieben, konnte mich dessen aber nicht freuen, denn der massige Körper meines soeben verschiedenen Kontrahenten ließ sich nicht mehr bewegen, lastete schwer auf mir und schnürte mir langsam den Atem ab. Vor meinen Augen kreisten bunte Sterne, und in meinen Ohren klingelte es …

Ich fuhr hoch und merkte, daß das Klingeln vom Telefon neben meinem Bett stammte – beim Unterwiesbauern konnte eine Kuh nicht kalben. Schweißgebadet schaute ich auf die Uhr: Dreiviertel zwei! Noch nie bin ich in der Nacht so gern aufgestanden wie diesmal!

Ungefähr fünf Monate später erhielt ich den untrüglichen Beweis, daß es sich nur um einen Traum gehandelt hatte und sich sowohl Carlo persönlich als auch sein Appetit höchst lebendig zeigten. Er war wieder ein bißchen runder geworden, aber sonst von ungebrochener Freundlichkeit und Lebensfreude.

Und wegen letzterer war Frau Höger da: „Herr Doktor!" jammerte sie, „mit unser'm Carlo ist's nicht mehr auszuhalten! Ständig werden jetzt Hündinnen in unserer Siedlung läufig, und das ist für uns alle eine Qual. Dauernd will er raus und kratzt an der Tür, fragen Sie mich nicht, wie die ausschaut, und wenn er merkt, das hilft nichts, beginnt er zu jaulen und zu winseln, sogar während der Nacht. Die einzigen Momente, wo er sein Liebesleid kurz vergißt, sind die Augenblicke, in denen er zu fressen bekommt. Jetzt wird er von allen natürlich noch mehr gefüttert! Außerdem," Frau Höger errötete schamhaft, „hat er mich zu seinem bevorzugten Sexualobjekt erkoren und versucht ununterbrochen, aufzureiten. Das ist mir ja so peinlich!" Wie zum Beweis startete Carlo sofort zu einem neuen Aufstiegsversuch und, als ich Frau Höger behilflich war, ihn von ihrem stattlichen Bein herunterzuzerren, probierte er es spontan bei mir. Da kam er aber an den Falschen. Beleidigt verzog er sich unter den Schreibtisch.

„Naja, den Italienern wird ja in dieser Hinsicht einiges nachgesagt, und offensichtlich kommt jetzt Carlos Naturell zum Vorschein", versuchte ich leichthin zu scherzen.

Frau Höger war aber in dieser Situation nicht nach Humor zumute: „Ich möchte bitte, daß Sie ihn kastrieren!"

„Kastrieren? Aber Frau Höger, kastrierte Rüden neigen sowieso zur Gewichtszunahme, und ich befürchte wirklich, daß der gute Carlo nachher explodiert. Ich schlage vor, wir versuchen es doch zuerst lieber mit Tropfen, die bei Hypersexualität oft ganz gute Erfolge zeigen …!"

„Nein, keine Experimente! Ich ertrage diese ständigen Annäherungsversuche nicht mehr. Immerhin wohnen wir nur wenige Häuser neben einer Schule!" Frau Höger zeigte sich sichtlich genervt und anscheinend wild entschlossen.

„Ich habe wirklich Bedenken bezüglich weiterer Gewichtszunahme …", versuchte ich nochmals die Kurve zu den Tropfen zu kratzen.

„Nun, können Sie ihm dann nicht einfach so ein Diätfutter verschreiben, von dem ich neulich gelesen habe, so eines, das man bei Fettsucht anwendet?"

„Natürlich gibt es eine Diätnahrung gegen Adipositas! Ich bezweifle nur, daß sie wirkt, wenn Carlo darüber hinaus den ganzen Tag über mit Keksen, Süßigkeiten und Wurst vollgestopft wird!"

„Mein Entschluß steht fest, Herr Doktor! Ich möchte wieder beide Füße normal benützen und mich nicht ununterbrochen vor anderen Leuten genieren. Neulich in der Konditorei hat er das Bein der mit einem Tortentablett vorbeikommenden Kellnerin besprungen und sie zu Fall gebracht. Während er die am Boden liegende und schreiende Frau mit einem Ende weiterbearbeitet hat, hat er mit dem anderen Ende seelenruhig die am Boden verstreuten Kuchenreste aufgeschleckt! Es war furchtbar!" Sie brach ab und verbarg ihr Gesicht kopfschüttelnd hinter den Händen.

Also gut. Ich forschte nicht nach, welche Orgien sich Carlo noch geleistet hatte, sondern zog den sich wiederstrebenden schwergewichtigen Casanova unter dem Schreibtisch hervor. „Andiamo, amico!"

Carlo schien die Situation mit dem Instinkt des notorischen Triebtäters erfaßt zu haben, denn er begann plötzlich zu zittern und starrte mich mit angstgeweiteten Augen an, als wollte er fragen:

„Che cosa significa? (Was soll das bedeuten?) Nix mehr *amore*?"

Ich entgegnete grimmig: „Ganz recht, du Verführer junger Bediensteter. Du hast *capito! Basta!* Nix mehr *amore*!"

Ächzend wuchtete ich den übergewichtigen Sexualprotz, der heftig strampelte, auf den Operationstisch und verpaßte ihm die Narkosespritze.

Nach zehn Minuten lag er reglos auf seinem breiten Rücken, den ich nicht einmal abzustützen brauchte, denn Umfallen war aufgrund der Statur nicht möglich. Ich band ihm die Hinterbeine aus, rasierte und desinfizierte das Operationsfeld und setzte mit dem Skalpell zwei kurze Schnitte in das Skrotum, durch die ich die Hoden herausdrückte. Mit einem mittelstarken Catgutfaden band ich die Gefäße und die Samenleiter ab und schnitt sie durch. Nachdem ich reichlich flüssiges Antibiotikum in die Wundöffnungen geträufelt hatte, verschloß ich diese mit Stahldraht.

Ich ziehe Stahldraht einem weichen, unresorbierbaren Nahtmaterial vor, weil er, meiner Ansicht nach, weniger zu Eiterungen der Stichkanäle führt und mit seinen spitzen, stachelartigen Enden verhindert, daß die Tiere die Wunde belecken. Das erspart ihnen in fast allen Fällen den trichterförmigen Halskragen, dessen unkritische und routinemäßige Anwendung seitens mancher Kollegen mich immer wieder ärgert.

Schließlich übergab ich den tief schlafenden Carlo wieder der Obhut seiner Besitzerin, indem ich ihn schnaufend zu ihrem Auto schleppte, denn durch den Eingriff war er nur unwesentlich leichter geworden, so als würde man in einem Jumbo-Jet den Papierkorb ausleeren.

Vermutlich wäre eine Magenverkleinerung ebenso angezeigt gewesen wie die Kastration.

Nach zehn Tagen entfernte ich die Nähte und schärfte Frau Höger nochmals in aller Deutlichkeit ein, im Interesse von Carlo die Nahrungsversorgung zu reduzieren. Sie versprach es hoch und heilig und nahm den Sack mit dem kalorienreduzierten Alleinfutter entgegen, woran Carlo bereits interessiert schnüffelte.

Etwas skeptisch schaute ich den beiden nach.

Leider mußte ich bald feststellen, daß meine Befürchtung nicht grundlos gewesen war. Ich fand heraus, daß das Diätfutter für Carlo eine willkommene Zwischenmahlzeit darstellte, denn er war, als er nach einem Jahr zur Auffrischungsimpfung erschien, noch dicker geworden und hatte bereits leichte Atemprobleme.

„Eine Schande!" schimpfte ich. „Ein Hund, knapp zwei Jahre alt, mit einer Kondition eines zwölfjährigen. Sie haben mir doch versprochen, aufzupassen!"

„Wissen Sie, das Problem ist, daß er das Geräusch der Kühlschranktür kennt, sobald jemand diese öffnet, sitzt er da und schaut einen mit solchen Augen an. Da kann man nicht nein sagen!"

Zur Illustration zeichnete sie imaginäre Wagenräder in die Luft.

„Na, dann schauen Sie ihm gefälligst nicht in die Augen!" herrschte ich schon etwas genervt.

„Haben Sie noch nie einen Hundeblick in Ihrem Rücken brennen gespürt, schmeckt es Ihnen da etwa?" Frau Höger konterte ebenso vorwurfsvoll.

Ich seufzte! Ich hätte jetzt sagen können, jawohl, ich hatte im Verlauf meiner Jugend zwei Spaniel, die undiszipliniertesten Freßmaschinen auf vier Pfoten, ich hätte sagen können, die Einsicht unterscheidet den Menschen vom Tier, und ich hätte berechtigt hinzufügen können, es würde nicht schaden, wenn es auch Frau Höger nicht immer schmecken würde.

Aber ich bin nicht Don Quichote und gab den Kampf gegen die Windmühlen daher vorzeitig auf.

Einige Wochen später hatte ich auf dem Gemeindeamt etwas zu erledigen und ertappte beim Herauskommen Frau Höger vor der gegenüberliegenden Kur-Konditorei, wie sie gerade, ein lecker aussehendes Eisstanitzel in der einen Hand, ein zweites ihrem Carlo hinhielt, der genüßlich daran schleckte. Als sie mich sah, erstarrte sie und versuchte krampfhaft, so zu tun, als wäre es ihres, während sie das andere hinter ihrem Rücken zu verbergen suchte. Carlo funkelte mich ob der Unterbrechung mit einem Ausdruck an, der wohl besagen sollte: schon wieder der! Zuerst nix *amore* und jetzt nix *gelati*!

Ich nickte den beiden nur resigniert zu und überließ sie der Völlerei. Der Mohr hat seine Schuldigkeit getan.

Es kam, wie es kommen mußte. Eines schönen Tages erschien Frau Höger mit einem aus allen Nähten platzenden Carlo, einem Bild des Jammers. Er ließ jede Lebhaftigkeit vermissen, keuchte schwer und legte sich sofort auf den Boden.

„Seit einiger Zeit trinkt er so viel, und manchmal erbricht er! Seit vorgestern hat sich sein Zustand verschlechtert! Was kann er bloß haben?“ Frau Höger war den Tränen nahe.

Ich hegte bereits einen bestimmten Verdacht, der mittels Blutuntersuchung bestätigt wurde.

Carlo litt an durch Freßsucht erworbenem Diabetes!

Meine Vorwürfe konnte ich mir sparen, denn Frau Höger machte sich selbst die schlimmsten, allerdings zu spät.

Der lethargische Carlo wurde auf Insulin eingestellt und einer strikten Diät unterworfen. Ich demonstrierte, wie die Insulinspritze zu verabreichen war, und gab Frau Höger die Ampullen mit.

Während der folgenden Monate stellte ich mit Genugtuung fest, daß die Therapie gut anschlug, Carlo entwickelte wieder ein normales Verhalten, wie es einem vierjährigen Hund entsprach, jetzt mußte nur noch die Gewichtsreduktion von Dauer sein.

Ein halbes Jahr später erschien eine strahlende Frau Höger mit einem fast schlanken Hund in der Ordination, der eine verblüffende Ähnlichkeit mit Carlo besaß: „Schau'n S', Herr Doktor, was wir zustande gebracht haben!“

Ich war ehrlich überrascht über das Ausmaß der Abmagerungskur und während ich Carlo über den Rücken streichelte, fragte ich die stolze Besitzerin: „Also ich hab' schon viel erlebt, aber so eine gewaltige Abnahme in relativ kurzer Zeit ist bemerkenswert! Wie, in aller Welt haben Sie denn das geschafft?“

„Oh“, wehrte Frau Höger bescheiden ab, „den Hauptteil daran hat Carlo selbst beigesteuert! Wissen Sie, wir lagern das Insulin nämlich im Kühlschrank, und jedes Mal, wenn jetzt die Türe geöffnet wird, ergreift Carlo die Flucht und versteckt sich im Garten, manchmal tagelang, ohne zu fressen! So geht es ganz leicht!"

Lachend verabschiedeten wir uns voneinander.

Am Abend auf dem Sofa erzählte ich Karin, wie simpel die Konditionierung von Carlo umgedreht worden war.

Sie lachte ebenfalls, tätschelte aber bedeutungsvoll meine Nabelgegend: „Schade, daß wir für dich nicht ebenfalls so einen Appetitzügler im Kühlschrank aufbewahren!" Dabei küßte sie mich sanft auf die Stirne.

Ich runzelte die Augenbrauen und sog heftig an meiner Pfeife. Daß sie mich schon wieder mit Carlo verglich, war direkt kränkend!

Aber wenigstens hat sie nicht gesagt: „Nix mehr *amore*!"

Die Heiratsvermittlung

Der Herbst streckte bereits die ersten Fühler ins Tal, und die Wälder der Berghänge begannen sich zu verfärben. Der Tau der kühler werdenden Nächte blieb schon länger auf den Wiesen liegen als Frühnebel, dessen milchige Undurchdringlichkeit nur das monotone Bimmeln der Kuhglocken durchbrach und anzeigte, daß der Almsommer endgültig zu Ende gegangen war.

Aber als ich so gegen zehn Uhr vormittags auf den Sonnbergerhof einfuhr, spannte sich bereits wieder ein strahlendblauer Himmel über mir, und in der Ferne glänzte das Kalksteinmassiv des Hochkönig in ansichtskartenwürdiger Pracht.

Allerdings paßte das Gesicht des Sonnbergers weder zu diesem strahlenden Tag noch zu seinem Hofnamen. Wortlos führte er mich in den Roßstall und öffnete die Schiebetür zur Box seiner Lieblingsstute Fanni, die ihm auf diversen Schauen schon eine Menge erster Preise beschert hatte.

Neben der Fanni gab es auf dem Sonnbergerhof noch drei weitere prachtvolle Fuchsstuten, denn als Großbauer stand es dem Sonnberger zu, anläßlich hoher Festtage vierspännig auszufahren, das war schon unter seinem Vater so und unter dessen Vater.

Aber die Fanni blieb die unangefochtene Königin unter diesen Pferdeprinzessinnen, und daher konnte ich die Gemütsverdüsterung des Bauern ohne weiteres verstehen, als er anklagend auf das Tier deutete: „Da, schau'n S' Ihnen die Schweinerei an!"

Die Stute stand zitternd in der Box und rollte angstvoll die Augen. Ihre Hinterbeine hatte sie weit unter den Bauch nach vorne gestellt, so daß sie den Eindruck erweckte, gleich auf den Hintern zu plumpsen.

„Ojeh!" Das war alles, was mir einfiel

„Ja", brummte der Sonnberger, „eine schöne Hufrehe, was?"

Unter Hufrehe versteht man eine hochgradig schmerzhafte allergisch-toxische Entzündung der hornbildenden Gewebe im Pferdefuß, welche durch Fütterungsfehler, Gebärmutterentzündung nach der Geburt oder starke mechanische Belastung der Hufe, vor allem bei Fiakerpferden, ausgelöst wird. Wird die Rehe nicht sofort und gründlich behandelt, droht sie chronisch zu werden, was einen weiteren Gebrauch des Pferdes weitgehend ausschließt. In schwerstwiegenden Fällen kann sie sogar zum „Ausschuhen", also zum gänzlichen Verlust der Hornkapsel, führen, was natürlich das Todesurteil des Tieres bedeutet.

Hier bestand also dringender Handlungsbedarf.

„Einen leeren Eimer und ein rundes Holzscheit, bitte! Ich mache ihr zur Vorsicht zuerst einen Aderlaß! Und vielleicht kann uns der Lois helfen, die Stute ruhig zu halten!“ Bei Lois handelte es sich um den ältesten Sohn des Sonnberger, ein netter, tüchtiger und kraftstrotzender Bursche, der ganze Stolz des Vaters. Umso mehr erstaunte mich die Reaktion des Alten: „Der Hundling traut sich mir heut net unter die Aug'n, und recht hat er!“

Ich fiel aus allen Wolken. „Was ist denn mit ihm?“

„Was mit eam is'? Nix is' mit eam! Schuld is' er, daß die Fanni krump i'! Hat s' auf d' Wiesn 'lassn und net g'schaut, daß da a Siloball'n g'leg'n is', und 's Roß hat den natürlich auf'bissn und an Silo g'fress'n!“

Mir wurde der Ärger des Bauern klar! Silo ist für Norikerpferde absolut ungeeignet wegen des hohen Eiweißgehaltes und hat schon viele Fälle von Koliken und Hufrehe verursacht. Inzwischen hatte der Sonnberger einen blitzblanken Blecheimer und ein starkes Stück Haselnußholz herbeigeschafft. Mürrisch faßte er die Fanni beidseits des Halfters und sah zu, wie ich ihr die Staukette um den Hals legte, wartete, bis die Vene daumendick hervortrat und dann mit kurzem, entschlossenem Ruck die dicke Aderlaßnadel in das Blutgefäß stach. Die Stute hatte nur leicht gezuckt, als die rautenförmige Nadelspitze die Haut durchdrang, und jetzt prasselte mit scharfem Geräusch ein starker Blutstrom auf den Boden des Eimers. Es ist wichtig, das Blut aufzufangen, damit man die Übersicht behält, wieviel Blut man bereits abgezapft hat. Nach einigen Litern begann der Blutstrom zu stocken, und der Sonnberger schob nun dem Pferd den Haselstecken in den Mund, worauf es sofort darauf herumkaute und das Blut wieder schön zu fließen begann. Während wir zuschauten, wie sich der Eimer immer mehr füllte, ging mir der schweigsame Bauer auf die Nerven, und ich versuchte etwas beruhigende Konversation: „Also, ich bin mir sicher, wir kriegen die Fanni ohne bleibende Schäden wieder hin, schließlich haben Sie nicht lang gewartet und sofort angerufen!“ (Ein bißchen Lob, dachte ich, konnte nicht schaden.) „Frische Fälle von Hufrehe sind mit den heutigen Medikamenten prognostisch eher günstig!“

Der Sonnberger knurrte unversöhnlich: „'s hätt überhaupt koa Hufrehe braucht, wenn der Saubua sein' Kopf bei der Arbeit hätt!“

„Und wo hat er ihn, wenn ich fragen darf?“ Wenn er schon damit anfing, dann bitteschön alles auf den Tisch!

„Heirat'n möchte er!“ schnappte der Alte.

„Na, das ist doch nichts Schlimmes! Außerdem haben Sie mir schon öfters anvertraut, daß, sobald der Lois die Richtige gefunden hat, Sie sofort übergeben würden, um sich in Ruhe Ihren Hobbys, den Pferden und der Jagd zu widmen. Außerdem, sind S' doch froh, daß der Lois schon eine Bäuerin an der Angel hat. Viele Jungbauern heutzutage suchen und suchen und kriegen keine!“

Ich selbst war schon dutzende Male von besorgten Altbauern im teilweisen Ernst gefragt worden: „Herr Dokta, Sie kommen doch vüü herum. Wissen S' denn koa Bäuerin für unsern Buam, ha?“ Ich winkte dann stets lachend ab und antwortete: „Tut mir leid, aber uns Tierärzten ist nach den standesrechtlichen Statuten der Bundestierärztekammer Vieh- und vor allem Menschenhandel streng verboten! Außerdem kenn' ich Euch! Nacher paßt's Euch net, und ich steh' dann da mit der Dame, so wie neulich der Viehändler, dem Ihr die Kuh z'ruckgeb'n habts!“

Der Alte grinste schelmisch: „Bei oana Kuh kunnt's leicht sein, aber a Bäuerin nemmat mir un'gschaut ...!“

So verliefen manche Gespräche wirklich.

Dem Sonnberger war das Schicksal anderer heute wurst. Er platzte heraus: „Ja, wenn er a Bäuerin hätt, sagert i' eh nix! Aber sie is' koa Bäuerin, sie is' a Verkäuferin, versteh'n S'! A Verkäuferin in oana Boutique!“ Das Wort Boutique spuckte er verächtlich aus wie einen falschen Goldzahn.

Ich hatte inzwischen den Aderlaß beendet und die Nadel herausgezogen. Während ich mit einem Desinfektionstupfer die Stichwunde komprimierte, um eine Nachblutung zu verhindern, schüttelte ich verständnislos den Kopf: „Eine Verkäuferin, na und? Wenn sie ein anständiger Mensch ist? In der Steiermark hatte ich eine Jungbäuerin gekannt, die war gelernte Friseuse! Ihr Mann war bei einer Baufirma beschäftigt und wochenlang auf Auslandseinsatz, und sie hat den kleinen, heruntergewirtschafteten Hof von den Schwiegereltern übernommen und daraus einen Stier- und Schweinemastbetrieb aufgebaut, daß alle gestandenen Bauern der Umgebung, die sich vorher das Maul zerrissen haben, vor lauter Neid nicht mehr schlafen konnten. Besser eine Verkäuferin, die mit Herz an die Sache rangeht, lernen läßt sich schließlich alles, als eine, die aus einer Landwirtschaft kommt und bereits genug von der Arbeit hat! Solche kenn' ich nämlich auch!“

Der Sonnberger offensichtlich ebenfalls, denn er brachte kein triftiges Gegenargument, sondern knurrte nur stur: „A Verkäuferin wird da nie Bäuerin, des garantier' i' Eana! Und überhaupt, hab i' Sie g'holt, daß Sie mei Pferd behandl'n oder daß Sie mein' depperten Buam die Stang' halten?"

Ich verpaßte der Fanni soeben eine letzte entzündungshemmende Spritze und meinte lakonisch: „Wie Sie feststellen, kann ich beides gleichzeitig!" Grobheit ist keine Einbahnstraße! „Jetzt halten Sie strenge Diät, nur trockenes Heu, und wenn Sie mir trotzdem noch gütig gesinnt sind, komme ich morgen zur Nachbehandlung!"

„Morgen bin i' net da, da muaß i' mit'n Förster zum Holzmess'n in den Wald! Muaß halt der Lois dableib'n", grantelte er.

„Auch gut! Dann bis morgen also!"

Der nächste Tag brachte einiges an Arbeit mit sich, so daß ich erst gegen Mittag nach der Fanni schauen konnte. Der Hof lag menschenleer da, sogar die paar Hühner, die sonst herumgackerten, hatten es vorgezogen, im Schatten der alten Linde ein kühlendes Sandbad zu nehmen. Mein erster Weg führte mich in den Roßstall. Aus dem Halbdunkel der Box tönte mir erfreulicherweise ein munteres Wiehern entgegen. Offensichtlich war Fanni heute wieder zu einer Begrüßung aufgelegt.

Ich trat an das Eisengitter heran, und sofort war ihr großer Kopf da und tastete mit den Lippen hoffnungsfroh nach einem kulinarischen Mitbringsel.

„Nana, Alte, soo schnell geht's nicht wieder mit der Völlerei! Aber scheinbar hat dir die gestrige Behandlung gut getan, was?" Befriedigt nahm ich zur Kenntnis, daß der schmerzhaft gequälte Ausdruck aus Fannis Augen verschwunden war und auch die Hinterhufe setzte sie wieder ziemlich gerade auf die dicke weiche Bodeneinstreu, die der Sonnberger getreu meiner Anweisung eingebracht hatte. „Aber spritzen muß ich dich heute leider noch einmal!"

Dazu brauchte ich jemanden, der mir das Pferd hielt. Anscheinend hatte mich der Lois nicht bemerkt, also machte ich mich auf die Suche nach ihm. Die Haustür, die der Sonnberger seinerzeit wegen seines Mulis Wichtl, das sämtliche Türschnallen öffnen konnte, mit einem Drehknauf versehen hatte, war versperrt. Ich versuchte es beim Hintereingang, der durch den Schistall für die Wintergäste führte, und richtig, die Pforte gehorchte ohne „Sesam, öffne Dich". Der Hausflötz lag verlassen, mein Rufen verhallte. In der geräumigen Küche schwirrte eine einsame Schmeißfliege auf der vergeblichen Suche nach Eßbarem durch die Gegend, kein Wunder, die Sonnbergbäuerin war, wie ich wußte, für zwei Wochen zu ihrer Schwester nach Tirol gefahren.

Aber der Lois mußte da sein, sein Auto stand unter dem breiten Vordach der Remise.

Ich stieß die Tür zur Wohnstube auf: „Oh Verzeihung!“, und schlug sie sofort wieder zu. Es waren sogar zwei Personen drinnen und zwar in einer äußerst zwischenmenschlichen Betätigung.

Ich ging zurück zum Auto und zog inzwischen die Injektion für die Fanni auf. Gleich danach kam Lois mit hochrotem Kopf herangekeucht, daß ich mich wunderte, wie er so schnell in seine Unterhose zurückgefunden hatte. Wortlos faßte er die Stute am Halfter. Während ich die Nadel einstach, sagte ich, um die peinliche Situation zu überspielen: „Es geht ihr Gott sei Dank schon wieder ganz gut, was?“

„Jaja“, murmelte der Lois und vermied krampfhaft jeden Blickkontakt.

„Ein herrliches Herbstwetter, fast zu schade zum Arbeiten.“ quälte ich den Monolog weiter.

„Jaja“, war die Antwort.

„So,“ ich zog die Spritze wieder heraus, „jetzt lasse ich Ihnen noch für ein paar Tage Pulver da, dann müßte die Sache erledigt sein, und nächste Woche können Sie die Fanni wieder austreiben!“

„Herr Dokta!“ platzte der Lois hervor. „Sie sag’n doch eh nix dem Vata?“

„Was denn?“ fragte ich mit burgtheaterreifer Unschuldsmiene.

Der Lois streckte mir enthusiastisch seine kräftige Pratze entgegen: „Vielen Dank, Herr Dokta!“

Bisher hatte ich es immer abgelehnt, nach dem Beispiel anderer Kollegen beim Eintreffen auf einem Bauernhof wie verrückt zu hupen. Dies schien mir äußerst unhöflich. Aber in Zukunft, das schwor ich mir, würde ich jedesmal hupen wie ein neapolitanischer Taxifahrer!

Aus diesen Gedanken riß mich der Anruf von Karin: „Hallo, du sollst dringend ins Jasmin kommen, ein Hund ist verletzt!“

Jasmin? Jasmin? Wer zum Teufel ist Jasmin?

„Die Jasminbar! Du weißt schon, dieser Nachtclub!“ half sie mir auf die Sprünge.

„Oh“, sagte ich, „das ist doch ein Puff! Können die den Hund nicht in die Ordination bringen?“

„Können sie nicht, er veträgt kein Autofahren! Aber du sollst dich beeilen, dem Hund geht es ziemlich schlecht!"

Na, das wird ein schönes Getratsche geben, wenn irgendwer mein Auto dort entdeckt. Ich schaltete das Blaulicht ein und trat das Gaspedal durch.

Vor dem Jasmin suchte ich mir den diskretesten Parkplatz, den es gab, nahm meine Tasche und drückte auf den vergoldeten Klingelknopf. Das Signalauge der Videokamera über meinem Kopf begann zu leuchten, bis die rosa lackierte Eingangstür aufschwang. Eine zierliche hübsche Frau um die zwanzig, mit braunem Wuschelkopf und in einen beigen Bademantel gehüllt, öffnete und sagte mit unverkennbarem ungarischen Akzent in ihrem gebrochenen Deutsch: „Wir haben noch geschlossen!"

„Fein", antwortete ich, „ich bin nämlich der Tierarzt!"

„Oh, Entschuldigung!" Sie gab den Eingang frei. „Wissen Sie, unserem Hund ganz schlecht! Ich leider sprechen nix so gut Deutsch!"

„Aber zweifellos besser als ich Ungarisch!"

Sie lachte: „Ich glauben das gern!"

Während wir durch einen süßlich riechenden Gang mit Gipsstatuen antiker Nacktmodelle marschierten, fragte ich: „Was hat denn der Hund!"

„Oh, heute früh ein Gast Ärger gemacht! Chef hat Hund geholt, aber Gast mit, wie sagt man, mit Pfefferspray, ja, gewehrt! Seither Hund immer schlechter!"

Wir ließen einen ebenso kitschigen Barraum links liegen und bogen ums Eck, wo es nüchterner zuging. In einem großen Zimmer, offensichtlich die Personalabteilung, standen mehrere Fauteuils und Couchtische herum, und unter einem von ihnen lag auf der Seite und schwer atmend ein ungeheurer Hund, ein schwarzer Mastino.

Hoppla, bei solchen Rassen ist etwas Vorsicht angebracht! Das Mädchen bemerkte mein Zögern und sagte: „Keine Angst, er ganz brav, wenn man ihn nicht anschafft! Nix tun!"

Ich ging neben dem Hund in die Hocke: „Wie heißt er denn?"

„Atto!"

Der Mastino hörte seinen Namen und versuchte keuchend, den Kopf zu heben.

„Ruhig, Atto, ganz ruhig!" Ich streichelte ihm über den Kopf, seine gewaltigen Lefzen zuckten, und bei jedem der krampfhaften Atemzuge entblößte sich ein imposantes Gebiß. Die Schleimhäute leuchteten knallrot. Seine Augen waren zugeschwollen, und ein dicker Ausfluß quoll gelb und klebrig heraus.

Am ärgsten hörte sich die Lunge an! Das Rasseln war mit freiem Ohr zu vernehmen, und die Perkussion rechts ergab eine ausgedehnte Dämpfung.

Normalerweise läßt die Reizwirkung solcher Pfeffersprays innerhalb von 45 Minuten nach, aber der gute Atto dürfte auf einen der Inhaltsstoffe allergisch reagiert und ein Lungenödem entwickelt haben.

Der Hund würde in Kürze ersticken, es war tatsächlich keine Zeit zu verlieren.

Ich packte das gute alte Cortison aus, staute die Unterarmvene und injizierte das Medikament zusammen mit einem Kreislaufmittel. Dann drückte ich eine Entwässerungstablette aus der Folie und schob sie dem Tier weit nach hinten in den entzündeten Schlund, damit er sie schlucken mußte. Dabei berührte mein Arm bis fast zum Ellenbogen die mächtigen Zähne, und mir wurde unangenehm bewußt, sollte Atto jetzt zuschnappen, bräuchte ich in Zukunft meine Handschuhe nicht mehr paarweise kaufen. Aber das Mädchen hatte recht. Der Hund war absolut friedlich!

„Darf ich fragen, wie Sie heißen?" wandte ich mich an sie, die besorgt neben mir auf dem Teppich kniete.

„Theresza!"

„Schön, Theresza! Atto hat Wasser in der Lunge! Ich habe ihm alles gegeben, damit die Entzündung zurückgeht und die Lunge wieder frei wird. Ich hoffe, er hält solange durch, aber es steht kritisch! Ich werde morgen nochmals nach ihm sehen, außer er stirbt in der Nacht, dann bitte ich Sie, mich zu verständigen, klar?"

Sie nickte und hatte Tränen in den Augen. Wahrscheinlich war der Hund der einzige selbstlose Freund der Mädchen in diesem Haus, der sie nicht ausnutzte.

Ich beobachtete, wie sie zärtlich dem Mastino über den athletischen Brustkorb strich, der sich pumpend auf und ab bewegte.

Nachdenklich und ohne rechte Freude verließ ich das Freudenhaus.

Zu meiner großen Erleichterung war unter allen zahlreichen Anrufen am nächsten Morgen keiner aus dem Jasmin. Das bedeutete folglich, daß Atto die Nacht überlebt hatte! Beschwingt von dem Erfolg stürzte ich mich in die Tagesarbeit. Da ich in der Nähe zu tun hatte, schaute ich nochmals am Sonnbergerhof vorbei, wo Lois diesmal auf mein lautes Hupen, wie aus dem Boden gewachsen, neben mir stand. Offenbar war er heute solo!

Er rief: „Der Fanni geht's ganz prima, der Vata is' a wieder sehr z'fried'n!", dann verdüsterte sich seine Miene, als er murmelnd hinzufügte: „Zumindest mit Ihnen!"

Wir gingen zur Stute in die Box. Sie wieherte und kam locker die paar Schritte auf uns zugetrabt. Ihre Hufe griffen sich kühl an, von irgendeiner Bewegungsstörung war keine Spur zurückgeblieben.

Ich nickte zufrieden: „Vielleicht sollten Sie die Fanni während der nächsten Tage öfters auf einem weichen Boden draußen laufen lassen, das fördert die Durchblutung. Aber aufpassen, sie darf ja kein fettes Gras erwischen!"

Lois, dankbar, daß sein Fehler keinen Dauerschaden verursacht hatte, packte die Stute sofort am Halfter und führte das gewaltsam ins Freie drängende Pferd hinaus, wobei es mir fast auf die Zehen getrampelt wäre.

„Ist der Vater nicht hier?" fragte ich, während ich ins Auto stieg.

„Na", gab Lois über die Schulter zurück, „der is' wieder mit'n Förster unterwegs!"

Ich wunderte mich zwar, daß der Sonnberger nicht regelmäßiger den Genesungszustand seiner Lieblingstute verfolgte, aber offenbar vetraute er uns beiden.

Weitere Gedanken machte ich mir nicht darüber, denn die Arbeit schwebte durch die klare Herbstluft, zahlreich wie die glitzernden Altweiberfäden. Ständig gab mir Karin neue, dringende Visiten durch, beim Arbesberger war der Zuchtstier mit akuter Aufblähung auf der Weide zusammengebrochen, als ich hinkam, war er bereits tot, am Enzinghof hatte sich eine Kuh am Stacheldrahtzaun eine Zitze abgerissen, und schließlich ließ mir der Mühlbauer ausrichten, eine seiner Kalbinnen läge in Geburtswehen auf der Weide.

Das Mittagessen mußte somit auf den nächsten Tag verschoben werden, denn als wir die Kalbin im Stall hatten, stellte sich heraus, daß ein Kaiserschnitt notwendig sein würde, das Kalb war viel zu groß!

Ziemlich müde machte ich mich somit erst am späteren Nachmittag auf den Weg zum Jasmin.

Diesmal standen bereits zwei Autos auf dem Parkplatz, anscheinend hatte die Geschäftszeit begonnen.

Auch Theresza, die mir auf mein Läuten hin öffnete, trug keinen Bademantel mehr, sondern einen fliederfarbenen Baby-Doll und war dezent geschminkt. Aber sie lachte: „Ah Doktor! Kommen Sie rein. Atto wieder sehr gut!"

Im Aufenthaltsraum saßen noch zwei Mädchen in bunter Reizwäsche und streichelten den Mastino, der zwischen ihnen lag und bei meinem Eintreten wachsam den Riesenschädel hob. Aber er wedelte und stand auf. Seine Atmung war zwar noch etwas beschleunigt, aber kein Vergleich zu gestern. Auch die Augen hatte er wieder offen und schaute mich freundlich an.

„Das ist Doktor, der Atto wieder gesund gemacht!" stellte mich Theresza vor. Die Damen sprangen hoch und bestanden darauf, mir einige Küßchen zu verpassen, während Atto, angesteckt von der Begeisterung, mich mit seinem schwänzelnden Hinterteil fast umwarf.

„Kaffee, Doktor?" fragte Theresza.

„Aber ja doch!" Ich ließ mich zufrieden in einen Sessel sinken und von Atto abschlecken. Das war wirklich der freundlichste Zuhälterhund, den man sich vorstellen konnte. Kein Wunder, daß er gegen den rabiaten Gast den kürzeren gezogen hatte. Offensichtlich falsche Berufswahl!

Ich konnte nur hoffen, daß die sonstigen Leistungen des Etablissements die Qualität des Kaffees übertrafen, denn als mir Theresza eine weitere Tasse anbot, blies ich entschlossen zum Aufbruch.

„Ich find' schon allein raus", verabschiedete ich mich.

Ich schritt durch den Flur, bog um die Ecke und prallte gegen einen kräftigen Mann, der soeben mit einem Mädchen in pistazienfarbenem Baby-Doll die Treppe herunterkam.

„Verzeihung!"

Der Sonnberger wurde blaß: „Herr, Herr Doktor! Was mach'n Sie denn da?"

„Ich für meine Person bin dienstlich hier!" antwortete ich, wobei ich das Wort „dienstlich" vielleicht etwas zu anzüglich betonte. „Hübscher Förster übrigens", setzte ich hinzu und deutete auf die Pistaziendame.

Der Sonnberger ließ seine Begleitung stehen, packte mich am Ärmel und zerrte mich durch den Korridor Richtung Ausgang. Dabei flüsterte er beschwörend: „Herr Doktor, Sie werden doch nix meiner Frau erzähl'n?"

Mir kam eine Idee. Ich hatte ähnliche Worte erst gestern gehört!

„Keine Angst", sagte ich und befreite meinen Arm, „Ihre Frau erfährt von mir nichts und auch sonst keiner. Nur einem werde ich die Information nicht vorenthalten, und was der damit tut, ist seine Sache! Wenn alle klug sind, geht die Geschichte gut aus!"

Ich schaute dem Sonnberger dabei bedeutungsvoll in die Augen.

Als ich heimkam, war es schon dunkel. Karin empfing mich mit einem schelmischen Lächeln: „Auf dem Land kann man wirklich nichts verbergen! Heute in der Schule hat mir eine Kollegin brühwarm anvertraut, daß sie gestern dein Auto vor dem Jasmin gesehen hätte. ‚Ich weiß', habe ich geantwortet, ‚ich hatte dich selbst hingeschickt!' Die hat vielleicht Augen gemacht, die Ziege!"

Ich mußte grinsen. An sich lag mir auf der Zunge, die hätte erst sehen sollen, wer heute wirklich dort zu Gast war, doch mein Versprechen dem Sonnberger gegenüber hielt eisern.

Sechs Wochen später heiratete der Lois seine Verkäuferin! Auch ich hatte selbstverständlich eine Einladung erhalten. Normalerweise kann ich einer solchen keine Folge leisten, erstens aus Zeitmangel, zweitens aus Prinzip. Würde ich das eine Fest meines Klienten besuchen, wäre der nächste mit Recht beleidigt, wäre ich bei seinem verhindert.

Diesmal aber erlaubte ich mir eine Ausnahme und schaute am Abend auf einen kurzen Sprung vorbei.

Immerhin war ich einer der Hauptschuldigen, neben dem Lois und dem alten Sonnberger, daß dieses Ereignis überhaupt stattfinden konnte.

Die Stimmung im großen Saal des Postwirtes war ausgezeichnet, ich küßte der alten Sonnbergbäuerin die Hand, tanzte mit der neuen Sonnbergbäuerin, sie heißt übrigens Veronika und wurde noch lange Zeit danach rot, wenn wir miteinander zu tun hatten, einen Ehrentanz und gratulierte dem Lois herzlich, der mich wissen ließ, daß ich mich darauf verlassen konnte, auf Lebzeit sein Leibtierarzt zu sein. Nächste Woche wäre die Hofübergabe angesetzt.

Das war auch dringend notwendig, denn als ich dem frischgebackenen Schwiegervater zuprostete, platzte er fast vor Ärger.

Wenn die Ehe der beiden so lange halten wird, wie das vom Zorn des alten Sonnberger zu erwarten war, würden sie mühelos die diamantene Hochzeit erreichen.

Und das war ihnen von ganzem Herzen zu gönnen!

Der „Schlangenflüsterer“

Mißmutig schielte ich, den Kopf noch halb unter dem Kopfkissen vergraben, auf Karin, die gerade beim morgendlichen Anziehen war, üblicherweise ein äußerst erfreulicher Anblick.

An diesem Morgen aber nicht, denn heute war „Tante Klara Tag“!

Karin knipste den BH zu, schlüpfte in die Bluse, dann drehte sie sich zu mir und lächelte. „Hallo! Na willst du überhaupt nicht aufstehen?“

„Von *Wollen* ist gar keine Rede“, knurrte ich und vergrub mich wieder in den Polster.

„Jetzt komm' schon, Drückeberger! In dreißig Minuten müssen wir fahren, nach Baden sind es im Sommerverkehr viereinhalb Stunden!“

„Nichts gegen die acht Stunden Tortur bei Tante Klara“, stöhnte ich.

Karin setzte sich neben mich auf das Bett. Ein leichter Parfümduft begleitete ihre tröstliche Handbewegung, mit der sie mir über die Stirn strich: „Schau“, sagte sie sanft, „Tante Klara feiert heute ihren zweiundachtzigsten Geburtstag!“

„Na und?“ grummelte ich. „Der Kommunismus ist genauso alt geworden, und schließlich waren alle froh, ihn los zu sein!“

Die streichelnde Handbewegung verwandelte sich in einen vorwurfsvollen Klaps: „Du bist gemein! Los, aufstehen!“

Um diesen zugegebenermaßen herzlosen Vergleich zu rechtfertigen, muß ich etwas ausholen!

Ich weiß nicht, ob Tante Klara als Erbtante zu bezeichnen ist, jedenfalls bewohnte sie eine stattliche Jahrhundertwende-Villa im Nobelkurort Baden bei Wien und war die Taufpatin meiner lieben Frau und auch deren Bruders Herbert. Ihr Mann, Onkel Franz-Josef, war irgendein hohes Tier, Sektionschef oder gar Ministerialrat in irgendeinem Ministerium gewesen, bevor er sich nach kurzer, wohlverdienter Pension in den ewigen Ruhestand verabschiedete, den er ohne seine Frau sicher mehr genießen konnte. Tante Klara lebte seither mit dem ererbten Vermögen wie eine Patriarchin des neunzehnten Jahrhunderts, tyrannisierte ihre brave und langjährige Haushälterin, Frau Helfrich, und bei Gelegenheit auch die Verwandtschaft. Sogar meine liebe Schwiegermutter, ihre Schwester, hatte Respekt vor ihr gehabt, und das hieß etwas!

Der Mensch fing für Tante Klaras Wahrnehmung erst beim Akademiker an, wobei hier Juristen, Onkel Franz-Josef entstammte einer langen Dynastie honoriger und bekannter Rechtsgelehrter, darunter auch zwei Universitätsprofessoren, natürlich an erster Stelle rangierten. Mein Schwager Herbert hatte als Rechtsanwalt somit einen beträchtlichen Vorsprung gegenüber uns anderen. Seine Frau Ilse hatte ebenfalls Jus studiert, aber nie ausgeübt, und Karin ging als Lehrerin gesellschaftlich gerade noch so durch, obwohl es für die Tante unverständlich war, sich in der heutigen, „gänzlich autoritätslosen“ Zeit einer Meute Jugendlicher auszusetzen.

Mit mir konnte sie jedoch keinesfalls zufrieden sein! Zwar besaß ich ebenfalls einen akademischen Grad und sogar den Doktortitel, etwas, was der gute Herbert bis heute nicht geschafft hatte, aber ein Veterinär war in ihren dünkelhaften Augen bloß jemand, der zu unhygienisch war, richtig Medizin zu studieren.

Sie nannte mich im Gespräch gegenüber Dritten stets den „angeheirateten Neffen, der Tiermediziner“, wobei sie das Wort „angeheiratet“ extra betonte.

Anfangs fragte sie mich immer, ehe sie meine Hand zögernd zur Begrüßung nahm, mit pikiertem Gesichtsausdruck: „Hast du sie dir eh gut gewaschen?“, als argwöhnte sie, ich trüge noch unappetitliche Spuren meiner Arbeit unter den Fingernägeln. Dieses Ritual gewöhnte sie sich erst ab, als mir nach dem zweiten oder dritten Mal die Geduld riß und ich ebenso unverschämt antwortete: „Nein, das hebe ich mir immer erst für nach den Begrüßungen auf!“

Tantchen hatte ihre Abneigung gegen alles Tierische, seit sie als Kind von einem Hund gebissen worden war, und gegen alles Veterinäre, seit dem Erlebnis ihrer besten Freundin.

Dieser, einer Hofratswitwe, hatte der Hausarzt einen mehrwöchigen Kuraufenthalt im Reizklima des schönen, aber einsamen Waldviertels verordnet. Pipsi mußte selbstverständlich mit. Pipsi war der Methusalem aller Kanarienvögel.

Jedoch, sei es durch die Reisestrapazen und die ungewohnte Umgebung, sei es, daß einfach die biologische Uhr abgelaufen war, während die Freundin sich zunehmend wohler zu fühlen begann, kam es beim Vogel zum gegenteiligen Effekt. Er wurde täglich schwächer, fraß nicht mehr, und nachdem er an einem Vormittag das dritte Mal vergeblich die Sitzstange zu erreichen suchte, kauerte er nur mehr apathisch mit gesträubtem Gefieder und hängenden Flügeln auf dem Käfigboden.

Schweren Herzens entschloß sich die Freundin, ihrem Liebling den Gnadentod zu gewähren.

Der Pensionswirt rief den örtlichen Tierarzt, der, ein schon älterer Kollege mit wetter- und weingerötetem Gesicht, in Gummistiefeln und Stallgeruch alsbald erschien und sichtlich verärgert war, daß der Notfall, dessentwegen er einen Haufen Arbeit stehen und liegen gelassen hatte, sich als lebensüberdrüssiger Kanari entpuppte.

„Bitte, würden Sie meinen Pipsi einschläfern?" schluchzte die alte Dame und hielt ihm in behutsam gebogener, feingliederiger Hand den armen alten Lebensbegleiter entgegen.

Der Herr Kollege, rauh wie das Klima seiner engeren Heimat und von keinem Kleintier-Schnickschnack angekränkelt, packte unter grunzendem Geräusch den moribunden Patienten, drehte ihm den Kragen um, ließ den Kadaver wieder in die schreckensstarre Hand der Besitzerin zurückplumpsen und hielt nun seinerseits die etwas schwielige Pranke auf. „Fünfzig Schilling krieg' ich!"

Der eilends herbeigerufene Notarzt verpaßte der Freundin von Tante Klara einige herzstärkende Medikamente und murmelte verächtlich: „Viechbader!"

So gesehen, kann man es Tante Klara nicht einmal verdenken, daß sie dem veterinärmedizinischen Stand einen Hang zur Barbarei unterstellte und in jedem von uns eine Art akademischen Dschingis-Kahn erblickte.

Ich wälzte mich also fluchend wie ein solcher aus dem Bett, und eine halbe Stunde später rollten wir im Auto Richtung Baden. Karin chauffierte, da ich privat nur höchst selten fuhr, außer ich habe es wirklich eilig, und ich saß daneben und paffte grimmig schweigsam Rauchwolken aus der Pfeife wie ein alter Transatlantikdampfer nach der Kesselexplosion.

Karin probierte es mit Konversation: „Na, komm schon! Hab dich nicht so! Es ist ja schließlich nur für einen Tag im Jahr!"

Knurrig antwortete ich: „Wenn ich ein dreihundertfünfundsechzigstel von unserem Vorderreifen herausschneide, haben wir auch einen Patschen!"

Sie seufzte, blieb aber geduldig: „Schau, der Geburtstag von Tante Klara ist schon immer in unserer Familie Tradition gewesen. Sie wäre tödlich beleidigt, wenn ich nicht kommen würde!"

„Eben", schnappte ich, „wenn es in deiner Familie Tradition ist, dann sollte es doch reichen, wenn du allein kommst! Noch dazu, wo sie mich sowieso nicht leiden kann!"

Karin lachte: „Daß sie dich nicht leiden kann, ist Unsinn! Aber selbst wenn das so wäre, du gehörst jetzt nun einmal auch zur Familie, und daher wäre sie ebenfalls tödlich beleidigt! Außerdem“, fügte sie boshaft hinzu, „sollten wir durch einen Soloauftritt von mir nicht ihre Hoffnung nähren, ich würde dich endlich gegen einen passablen Juristen eintauschen!“

Das war allerdings ein Argument, denn diese Vorfreude wollte ich ihr nicht einmal zum Jubelfest gönnen!

Als wir Linz erreicht hatten, stoppten wir kurz an der Raststätte, denn Karin mußte aufs Klo. Das gab mir Gelegenheit, etwas für meinen Wurstigkeitsfaktor zu tun, und ich kippte an der Bar drei schnelle und dreifache Cognacs.

Auf Höhe von St. Pölten gab es einen längeren Stau, und Karin mußte erneut die Raststätte bemühen. Ich wiederholte meine Beruhigungstherapie und darf gestehen, auf nüchternen Magen wirkte sie hervorragend.

Als wir vor dem schmiedeeisernen Gittertor, das Eingang in den fast parkähnlichen Garten von Tante Klaras Villa gewährte, ausrollten, sahen wir bereits Herberts Wagen stehen. Kunststück! Er hatte bloß die halbe Anfahrtsstrecke. Karin holte die Blumen für das reife Geburtstagskind aus dem Kofferraum, ich nochmals tief Luft, und dann schritten wir über den weichen Rasen auf das Haus zu.

Frau Helfrich öffnete die Tür: „Ah, gut, daß Sie schon da sind! Die Tante war bereits unruhig!“

Sie führte uns durch das Haus zur Terrassenseite, wo Tante Klara thronte, anders kann man es nicht nennen, in einem altrosafarbenen Kleid auf einem hohen weißlackierten Korbstuhl, flankiert von Schwager Herbert und Schwägerin Ilse.

„Tante Karin! Onkel Hans!“ Unsere siebenjährige Nichte Heidi stürmte uns begeistert entgegen und ließ sich von uns umarmen. Ich darf mir ohne Übertreibung schmeicheln, ihr Lieblingsonkel zu sein, allerdings hat sie auch keine große Auswahl. Aber sie war eine kleine Tiernärrin und hatte mich schon ein paar Mal auf Visiten begleitet. Beim vorjährigen Geburtstagsfest wollte sie unbedingt ihre Meerschweinchen und die Schildkröte mitbringen, aber ihr Vater, der die Abneigung der Hausherrin gegen alles Vierfüßige kannte, wußte aus seinem Berufsalltag her, wie schnell man enterbt werden konnte, und somit war das Thema auch schon gestorben.

Seither besaß ich mit Heidi in meinen Vorbehalten gegen Tante Klara eine verläßliche Mitstreiterin.

„Na, du Rackerchen“, grinste ich, „wie geht's dir denn? Hat der alte Drachen heute schon Feuer gespuckt?“

Bevor Heidi antworten und Karin mir empört zu verstehen geben konnte, daß man so mit einer Minderjährigen nicht über die Verwandtschaft spricht, lieferte Tante Klara selbst den Beweis dafür:

„Vielleicht wollt Ihr gefälligst zuerst die Erwachsenen begrüßen, wie es in Mitteleuropa noch immer üblich war!“

Karin überreichte sofort pflichtbewußt die Rosen, die nur halb so prächtig waren wie die ringsherum im Garten, und ich deutete eine ironische Verbeugung an: „Das Beste immer zuletzt, liebe Tante!“

Sie beäugte mich mißtrauisch und wandte sich dann an Herbert: „Möchtest du vielleicht als Aperitiv einen Sherry?“

Das war typisch! Zuerst wurde Herbert gefragt, und wenn er zusagte, bekamen wir anderen ebenfalls das gleiche, ohne daß man sich nach unseren Wünschen erkundigte. Natürlich traute sich Herbert nie „nein“ zu sagen, obwohl ich wußte, daß er Sherry verabscheute: „Viel zu labberig, dieses Zeug!“

Ich hingegen trinke ihn gern, und Tante Klara servierte immer einen vorzüglichen Sherry, wenn auch für meinen Geschmack um einiges zu warm.

„Frau Helfrich, würden Sie uns bitte den Sherry bringen?“ forderte Tante Klara ihre Haushälterin auf.

Die aber, weil sie das Ritual mit meinem feigen Schwager längst durchschaut hatte, zauberte augenblicklich das längst vorbereitete Silbertablett mit den gefüllten Gläsern hervor. Kein Wunder, daß der Wein immer warm war.

Herbert fühlte sich zu einem Toast bemüßigt! Er hob das Glas: „Alles Gute zum Geburtstag, liebe Tante, und recht viel Gesundheit!“ Ein gnädiges Kopfnicken dankte ihm.

Meine Karin, die sonst keineswegs gewillt war, sich bevormunden zu lassen, zeigte sich in Baden komischerweise stets schaumgebremst.

Also hielt ich es für angebracht, meinerseits etwas zu sagen: „Auch von uns die besten Glückwünsche, und ich darf dir versichern, daß man dir deine dreiundachtzig überhaupt nicht ansieht!“

„Das will ich doch hoffen, weil ich bin erst zweiundachtzig“, zischte sie und bedachte mich mit einem eisigen Blick, daß beinahe sogar der Sherry kalt wurde.

Oh verflixt! Offensichtlich ein paar Cognacs zuviel!

Herbert sah mich an, als überlegte er, ob sich bei mir ein Entmündigungsverfahren bereits lohnen würde.

Klein-Heidi kam mir zu Hilfe. Sie nahm meine Hand und fragte: „Geh'n wir ein bißchen spielen, Onkel Hans?"

„Nichts da!" tönte Tante Klara. „Wir essen gleich! Geh dir die Hände waschen, Kind", sagte sie zu Heidi und sah mich dabei an.

Das Essen war ganz annehmbar, wenn man von der Atmosphäre absah. Ich hatte mittlerweile ziemlichen Durst und mir bei Frau Helfrich statt des Weins und Champagners ein ordentliches Bier bestellt. Tante Klara sagte nichts, aber ihre Mißbilligung war körperlich spürbar. Ordinäres Bier an ihrem Festtag!

Danach ging es wieder auf die Terrasse, wo Frau Helfrich inzwischen zu Kaffee und Kuchen gedeckt hatte.

Eine grau-getigerte Nachbarskatze schlich über den Rasen. Heidi lief auf sie zu, um sie zu streicheln.

„Laß das, Heidi!" rief Herbert. „Die Katze hat Würmer!"

Ich sah ihn herausfordernd an: „Woher willst du das denn wissen?"

Er schniefte verächtlich: „Alle Katzen haben Würmer! Das ist doch bekannt!"

„Vielen Dank für diese medizinische Erkenntnis! Solltest du einmal von mir einen juristischen Ratschlag brauchen, ich stehe ebenfalls jederzeit zur Verfügung!"

Aber die Katze hatte sich bereits getrollt, offenbar beleidigt wegen der Unterstellung von Würmern!

Heidi kam mit zwei Federballschlägern daher und fragte sehnsüchtig : „Onkel Ha-ans?"

Nichts lieber als das. Ich entschuldigte mich also formvollendet von der Gesellschaft und jagte scherzhaft hinter der vergnügt quietschenden Heidi in den Garten hinunter.

Karin hatte auch sehnsüchtig dreingeschaut, aber leider: Federball ist bekanntlich ein Spiel für zwei.

Für gewöhnlich auch ein Spiel, das unangenehm vom Wind gestört wird. An diesem strahlenden Sonntag jedoch regte sich kaum ein Lüftchen, und so war es das reinste Vergnügen. Natürlich ließ ich Heidi meist gewinnen und stellte mich dazu absichtlich äußerst tölpelhaft an, was sie immer mit quiekendem Lachen quittierte. Wir hatten im Gegensatz zur Kaffeegesellschaft großen Spaß.

Na, wenn ich schon für Tante Klara den Kasperl spielen konnte, warum nicht auch für die kleine Nichte.

Irgendwann wurde die Rolle aber dann doch zu schweißtreibend, und ich schlug schnaufend vor: „Machen wir mal eine Pause, der Onkel braucht dringend Luft und was zu trinken!"

Wir schlenderten zurück auf die Terrasse. Dort war die Jause inzwischen beendet.

„Kind, wie siehst denn du wieder aus?“ Tante Klara musterte mißbilligend die verschwitzte Heidi und vorwurfsvoll anschließend mich.

„Wie jemand, der sich hier gerade amüsiert hat“, gab ich anzüglich zur Antwort und marschierte hinter Frau Helfrich in die Küche, um mir ein weiteres Bier zu genehmigen.

Als ich gestärkt zurückkehrte, war Herbert eben dabei, die Gruppe zu einem Erinnerungsgruppenfoto zu drapieren. Dazu hatte er extra ein Stativ mitgeschleppt, auf dem er jetzt bemüht war, den Apparat einzurichten.

Völlig unnötig, dachte ich, was soll an dieser steifen Gesellschaft denn um Himmels willen verwackeln?

Endlich war er zufrieden. Er drehte sich zu mir herum: „Hans, würdest du freundlicherweise die erste Aufnahme machen. Ich lös' dich dann gleich ab, damit du auch auf's Bild kommst!“

„Ich glaube nicht, daß andernfalls Tante Klara untröstlich wäre!“

„Also bitte! Was soll diese Bemerkung? Mach dich doch nicht lächerlich!“ Ihre Ohren funktionierten noch immer großartig.

„Schon gut!“ Aber ich wußte, wovon ich sprach. Unser Hochzeitsfoto, das ihr Karin seinerzeit geschenkt hatte, prangte auf der Anrichte in einem schweren Silberrahmen, aber zuvor hatte die gute Tante mich herausgeschnitten. Man sah nur meine Frau als entzückende Braut, die strahlend an einem unmotiviert ins Bild ragenden Anzugarm eingehängt daherschritt, als ob sie soeben bei einem mittleren Autounfall aufgeräumt hätte.

„So freundlich wie möglich!“ kommandierte ich und versuchte, alle in den Sucher hineinzubekommen.

Plötzlich erschallte ein allgemeines Aufkreischen, Herbert ließ das Weinglas, das er ölig grinsend in der Hand gehalten hatte, klirrend auf den Terrassenmarmor fallen, alle sprangen panikartig zur Seite, fort von der Tante, so daß ich nur mehr die Jubilarin im Visier hatte. Ich dachte einen kurzen Moment, es wäre ihr etwas Unanständiges passiert, aber ihr Gesichtsausdruck ließ auf Schlimmeres schließen. Sie war kreidebleich, starrte mit verzerrter Grimasse vor sich auf den Boden, ihre mageren Hände umklammerten die Armlehnen derart krampfhaft, daß die Fingerknöchel weiß hervortraten! Dazu kam ein gurgelnder Laut aus ihrem halboffenen Mund.

Verwirrt tauchte ich hinter der Kamera auf: „Was zum Teufel ist jetzt wieder los?“

Jedoch die Tante hatte sich in Lots Weib verwandelt, unfähig, einen Muskel zu rühren.

Herbert war mir auch keine Hilfe, er fuchtelte nur mit zitternden Händen herum, Ilse wimmerte, nur Karin und Heidi, ebenfalls etwas fahl, riefen: „Eine Schlange!"

„Wo?" Tatsächlich, nur zwei Meter vor Tante Klaras Füßen lag, in der Sonne schwarz glänzend, eine beachtliche Ringelnatter auf dem Marmor.

„Aber das ist doch nur eine Ringelnatter!" lachte ich. „Die ist völlig harmlos!"

Herbert keuchte: „Woher willst du das wissen? Du bist doch kein Schlangenexperte!"

„Jeder, der in Biologie aufgepaßt hat, weiß das." versetzte ich trocken. „Und einem großen Katzenwurmexperten müßte das sowieso bekannt sein!"

„Tut doch was!" Die Worte kamen fast lautlos aus Tante Klaras Mund.

Der gute Herbert schaute blöd ob dieser Aufforderung. Hier half ihm seine Juristerei vorerst nichts, er konnte schwerlich die Natter auf Hausfriedensbruch verklagen.

„Tja, was machen wir da?" fragte ich scheinheilig.

Heidi machte neugierig einen Schritt nach vorn, um das Tier näher zu betrachten.

„Bleib da!" kreischte Herbert. Das hysterische Wimmern von Ilse war nicht mehr auszuhalten, und die Tante sah langsam aus, als bekäme sie einen Herzanfall. Das konnte ich auch nicht riskieren!

Ich stampfte kräftig mit dem Fuß auf den Boden, um sie zu verscheuchen, da Schlangen als Fluchttiere äußerst erschütterungsempfindlich sind.

Sie bewegte sich auch, aber statt sich zu entfernen, glitt sie noch ein Stück auf Tante Klara zu, bis sie fast deren Schuhe berührte, und züngelte neugierig mit der geruchsempfindlichen Zunge, was ich an ihrer Stelle so nah an fremden Zehen unterlassen hätte. Vielleicht war sie krank?

Die Tante, die noch immer vollkommen ihre starre Haltung, gegen die sich eine Salzsäule wie ein Boogietänzer ausnahm, beibehielt, wagte nicht einmal, die Füße zurückzuziehen: „So tut doch was!" stöhnte sie.

Also entschloß ich mich zu handeln. Ich sprang vor und erwischte mit blitzschnellem Griff das Reptil am schuppigen Körper. Jetzt kam

Bewegung in das Tier. Wild ringelte es sich als schwarze Reifen in der Luft und um meinen Unterarm, begleitet von den Entsetzensschreien meiner geschockten Verwandtschaft. Aber da hatte ich die Natter schon mit der anderen Hand hinter dem Kopf gefaßt und fixierte sie durch leichte Streckung. Ihre schwarzen Augen glänzten, und die gespaltene Zunge, eben das Riechorgan, fuhr hektisch hin und her.

„Komm Heidi, schau sie dir in Ruhe an, eine lebende Ringelnatter aus nächster Nähe zu betrachten, hat man nur selten Gelegenheit", forderte ich meine Nichte auf.

„Du bleibst da!" schrieen Herbert und Ilse im Chor.

„Seid doch um Himmels Willen nicht so blöd!" pfauchte ich.

Heidi aber kümmerte sich nicht um das Gezeter ihrer Eltern und fragte fasziniert: „Darf ich sie einmal streicheln?"

„Natürlich, aber nur kurz! Wir müssen sie gleich freilassen, weil sie Angst hat."

Behutsam strichen ihre Finger über den Schlangenkörper: „Sie ist gar nicht glitschig!"

„Selbstverständlich nicht! Das ist nur ein Märchen! Schlangen haben eine absolut weiche, trockene Haut! Siehst du die Schuppen? Damit krallt sie sich im Boden fest und arbeitet sich in Schlangenlinien vorwärts! Am besten tragen wir sie jetzt ins Gebüsch!"

Wir brachten sie zu einer großen Buchsbaumhecke, und kaum hatte ich sie ins Gras gesetzt, verschwand sie raschelnd darunter.

Triumphal kehrten wir auf die Terrasse zurück, wo Frau Helfrich die Scherben von Herberts Glas zusammenklaubte.

Tante Klara saß noch immer bleich in ihrem Stuhl, aber plötzlich sprang sie auf und kam mir entgegen. Sie packte meine Hand, unbekümmert, daß ich noch keine Gelegenheit hatte, diese zu waschen, und rief mit Inbrunst aus: „Es ist doch gut, einen Tierarzt im Haus zu haben! Verzeih' mir bitte!"

Ich grinste aus den Augenwinkeln Herbert an, der sich auf die noch immer blassen Lippen biß, während Ilse herbeigestürzt kam, um Heidi gründlich mit Alkoholtüchern zu desinfizieren.

Der Wind hatte sich gedreht!

Seit diesem Tag fährt der Schlangenflüsterer gern mit seiner Karin zu Tante Klara und trinkt seinen Sherry als erster, natürlich kalt!

Auch ein Tierarzt braucht mal Hilfe

Wem Gott ein Amt schenkt, dem schenkt er auch den Verstand dazu! Behauptet jedenfalls der Volksmund! Ob das auch umgekehrt zutrifft, bezweifle ich.

Jedenfalls kam irgendein Amt eines Tages auf den Gedanken, daß die altehrwürdige **B**ovine **V**irus **D**iarrhoe, kurz BVD genannt, plötzlich eine ausrottungswürdige Tierseuche sei, die eben aus diesem Grund auszurotten sei!

Nachdem Behörden bekanntlich mit Ausnahme von Einzahlungsfristen über kein Zeitgefühl verfügen, fand ich eines schönen Frühlingstages die amtliche Mitteilung in der Post, daß sämtliche Almtiere bis zum Auftrieb in ein paar Wochen einer Einzelblutuntersuchung zu unterziehen seien.

Jetzt, in der Hauptarbeitszeit, wo noch dazu die Pferdesaison mit Geburten und Sterilitätsbehandlungen auf dem Höhepunkt war und auch sämtliche Schafbestände vor der Alpung noch rechtzeitig gegen Räude behandelt werden mußten!

Entnervt, weil ich die beiden vergangenen Nächte größtenteils außerhalb des Bettes zugebracht hatte, brüllte ich: „Ja haben sie denen in's Hirn geschissen?“

„Wohin?“ fragte Karin.

Auch ein berechtigter Einwand!

In purer Verzweiflung fuchtelte ich mit dem Mitteilungsblatt in der Luft herum: „Ich glaub', die spinnen! Das fällt ihnen nicht früher ein. Was soll ich bloß tun? Ich kann mich doch nicht in einen achtarmigen Hubschrauber verwandeln, um überall zugleich zu sein!“

„Nimm dir doch für die paar Wochen eine Hilfe, einen Assistenten!“

„Sehr witzig“, schnappte ich, „wo soll ich denn auf die Schnelle einen Assistenten herzaubern, noch dazu einen, der flotte Blutproben nehmen kann?“

„Versuchen statt fluchen!“ mahnte Karin.

Ich schluckte einen dreifachen Cognac hinunter und beruhigte mich langsam. Sie hatte, wie alle Ehefrauen, wieder einmal recht.

Grummelnd nahm ich die aktuelle Tierärztezeitung zur Hand und überflog die Stellengesuche.

Unter sechzehn Anfragen fand ich drei männliche Bewerber, und daß es ein Mann sein mußte, stand für mich fest! Reihenblutuntersuchungen unter Termindruck, vor allem im Laufstall, können Knochenarbeit sein.

Ohne viel Hoffnung stopfte ich abends auf dem Weg zu einer Geburt die drei Briefumschläge in den Briefkasten.

Äußerst positiv überrascht erhielt ich vier Tage später Antwort: Renee Millemann wäre sofort verfügbar! Prima.

Am selben Abend rief ich die angegebene Nummer in Wien an. Es meldete sich eine sehr sympathisch klingende Mädchenstimme.

„Guten Abend, hier ist Dr. Christ, wäre vielleicht der Kollege Millemann zu sprechen?"

Sie zögerte kurz, dann sagte sie: „Mein Bruder ist im Moment nicht zu Hause."

„Macht nichts! Würden Sie ihm bitte ausrichten, da er sich als erster gemeldet hat, ist er engagiert. Am liebsten wär' mir, er würde bereits am Sonntag kommen, so gegen Mittag, dann könnte ich ihn noch ein bißchen einweisen, bevor es dann Montag früh los geht! Äh, noch etwas! Kommt Ihr Bruder mit dem eigenen Auto?"

„Nein, mit der Bahn, er hat keinen Wagen!"

„In Ordnung! Um elf Uhr vierzig kommt ein Zug aus Wien bei uns an, wäre schön, wenn er den nehmen würde! Ich hole ihn ab!"

„Ich werd's ihm ausrichten! Das geht sicher klar!"

„Fein, dann vielen Dank, auf Wiederhören!"

Ich rieb mir zufrieden die Hände. Jetzt mußte ich bis übermorgen nur noch ein brauchbares Gefährt für meinen, hoffentlich kräftigen Assistenten besorgen.

Herr Haimberger, der Autohändler, zeigte sich ein wenig überrascht, als ich ihm auseinandersetzte, daß ich lediglich einen günstigen Gebrauchtwagen, möglichst mit Allradantrieb, nur für ein paar Wochen bräuchte. „Naja", begann er gedehnt und kratzte sich mit beiden Händen synchron dort, wo man gemeinhin zu denken beziehungsweise zu sitzen pflegt, „da hätt' ich momentan nur den da!" Er deutete weit nach hinten, wo am Zaun ein winziges Auto stand.

„Ist der rot oder rostig?" fragte ich skeptisch.

„Beides", grinste er, „aber nur äußerlich, die wichtigen Teile sind tipptopp, mein Wort darauf!"

Er streckte mir zur Bekräftigung die Hand entgegen, und nachdem es Gott sei Dank diejenige war, mit der er sich den Kopf gekratzt hatte, schüttelte ich sie.

Er öffnete die Haube von dem kleinen Panda, und ich tat so, als verstünde ich etwas von alten Autos. Immerhin, stellte ich fachmännisch fest, Motor, Räder und Lenkrad waren vorhanden, für den Rest konnte ich mich auf Herrn Haimberger verlassen.

„Soll ich ihn einpacken?“ fragte dieser scherzhaft, als er mir Papiere und Schlüssel aushändigte.

Auf der Heimfahrt spürte ich einen Anflug von nostalgischer Wehmut. Mein allererster Praxiswagen war ein Panda gewesen, allerdings in Grün, und der hatte mich brav und zuverlässig über Berg und Tal gerattert. Wer weiß, vom Alter her hätte es derselbe sein können, nur roch dieser innen penetrant rasierwasserartig nach dem Duftbaum am Armaturenbrett.

Hoffentlich war Kollege Millemann nicht sehr viel größer als ich, denn bei Bodenwellen streifte mein Scheitel leicht den Stoffplafond, und das war ein bedenkliches Zeichen angesichts meines Haarwuchses, den man vegetationsmäßig als bereits oberhalb der Baumgrenze bezeichnen würde.

Am Sonntag stand ich pünktlich am Bahnsteig, ein wenig nervös und gespannt auf den Kollegen. Neben mir schritt ein herrischer Mann im unverkennbaren Wanderergewand ungeduldig auf und ab und drehte sein rotes Gesicht andauernd nach der großen Uhr über dem Eingang: „Verfluchte Bahn“, brummte er, „dauernd Verspätung!“

Weiter hinten schimpfte eine sichtlich entnervte junge Mutter mit ihrem zirka vierjährigen schokoladeverschmierten Töchterlein, weil ihr der weiche Eislutscher in den Kinderwagen gefallen war, woraufhin der kleine Bruder ob dieser plötzlichen und klebrigen Abkühlung prompt zu schreien begonnen hatte.

Glücklicherweise kam der Zug! Ich trat etwas zurück und spähte neugierig über die Köpfe der Ein- und Aussteigenden nach jemandem, der wie ein Millemann aussehen könnte. Vergeblich.

Nach drei Minuten war der Zug wieder abgefahren und der Perron leer. Bloß ganz am Ende stand ein zierliches Mädchen mit dunklen kurzen Haaren neben einer immensen Reisetasche.

Verärgert machte ich kehrt, durchquerte die Bahnhofshalle und stieg in den Wagen. „Mistkerl!“ fluchte ich und schlug mit der Faust auf das Lenkrad: „Hat mich glatt versetzt! Na, sollte der vielleicht später noch eintreffen, braucht er gar nicht erst auszusteigen!“ Unzuverlässige Menschen sind mir nämlich ein Gräuel.

Plötzlich fiel mir ein, daß ich ziemlich in der Patsche saß! Den anderen Bewerbern hatte ich natürlich korrekterweise abgesagt, und neue zu suchen, erforderte Zeit, die ich ab morgen nicht mehr haben würde!

Wütend ließ ich den Motor an. Da klopfte jemand gegen das Seitenfenster! Es war das dunkelhaarige Mädchen!

„Ja, Sie wünschen?" Wahrscheinlich wollte es in den Ort mitgenommen werden!

„Dr. Christ?" fragte sie.

„Persönlich! … Moment, woher kennen Sie meinen Namen?"

Sie streckte mir die Hand entgegen: „Renee Millemann!"

„Aber, Sie, ich meine, Sie sind ja eine Frau …!" stotterte ich wenig geistreich, da ihr dieser Umstand wahrscheinlich schon seit einigen Jahren selbst aufgefallen sein dürfte.

„Ja, Sie haben sich durch meinen Namen täuschen lassen, das ist mir schon oft passiert! Aber als Sie am Telefon ausdrücklich meinen Bruder verlangten, hat mich das ein bißchen geärgert, drum habe ich die Komödie mitgespielt und entschuldige mich dafür! Darf ich trotzdem einsteigen, oder soll ich auf den nächsten Gegenzug warten?"

Beschämt sprang ich aus dem Auto und öffnete die Beifahrertür: „Aber natürlich, ich muß mich entschuldigen für mein maskulinchauvinistisches Benehmen, welches sonst wirklich nicht meine Art ist! Wissen Sie, es ist nur so, daß die Arbeit ziemlich anstrengend werden wird, und da dachte ich, schon ein männlicher Neuling, der das nicht gewohnt ist, wird ganz schön ins Schwitzen kommen."

„Ich bin zäh", sagte sie unbekümmert.

„Na schön!"

Während der Fahrt musterte ich sie unauffällig. „Ziemlich ungewöhnlicher Name – Renee – in unseren Breiten! Französische Abstammung?"

„Elsaß! Mein Vater hätte lieber einen Sohn gehabt! Und da Renee sowohl weiblich als auch männlich ist, heiße ich Renee Charlotte Millemann! Wenn es Ihnen leichter fällt, können Sie mich auch Lotte nennen!"

„Da Sie arbeiten werden müssen wie Ihr Bruder, bleiben wir lieber bei Renee!" lachte ich.

Karin hatte sich als Willkommensessen für Ente mit Apfel-Rotkraut entschieden, und die gute Renee verputzte zu ihrer Freude drei Portionen.

Am Abend saßen wir nach einer mehrstündigen Instruktion noch beim Wein zusammen, ich paffte genußvoll meine Pfeife und begann mit der Inquisition: „Sie sprechen fast akzentfrei? Haben Sie lange in Wien studiert?"

„Von Anfang an! Mein Vater, der übrigens auch Tierarzt war, ist kurz zuvor gestorben, und meine Mutter hatte bald darauf einen neuen Lebensgefährten, mit dem ich nicht auskam. Daher bin ich im gegenseitigen Einverständnis nach Österreich gegangen. Zuerst wollte ich Medizin belegen, aber dann hat mich eine Freundin einmal auf die Veterinärmedizinische Universität mitgenommen, und ab da war die Entscheidung klar: ich werde Tierärztin."

Ich nickte: „Kann ich gut nachfühlen! Und, wie war das Studium so?"

„Alles planmäßig, bis auf die Patho!" Sie lachte.

„Jaja, die Pathologie!" Ich schaute versonnen einem Rauchkringel nach: „Ganz schöner Hammer, was?"

„Ja, aber nicht so, wie Sie denken! Ich habe die Prüfung aus Zeitgründen parallel zur Internen gemacht, und da war ich natürlich nicht ganz so perfekt vorbereitet wie üblich. Da dem Professor nachgesagt wurde, daß er für weibliche Reize durchaus empfänglich ist, hatte ich mir extra ein Kleid mit gewagtem Dekolleté gekauft. Ich weiß, das ist etwas unfair, aber ich habe meine Strafe für diese sexistische Aktion bekommen, das können Sie mir glauben!"

„Wieso, war der Alte vielleicht plötzlich impotent?"

„Nein, die Sache hat sich so zugetragen: Der letzte Termin fand am Sommersemesterende statt, und dadurch gab es wesentlich mehr Kandidaten als vorgesehen. Die Assistenten waren daher seit Tagen auf der hektischen Suche nach brauchbaren Tierleichen für den praktischen Prüfungsteil, die Sektion.

Unglücklicherweise blieb für mich nur noch ein Schäfermischling, der an einer Magendrehung gestorben war und schon in der Kadavertonne gelegen hatte. Und das bei der Sommerhitze!

Der Körper war schon komplett aufgebläht. Kaum hatte ich das Messer zum ersten Einschnitt angesetzt, spritzte unter ziemlich unanständigem Geräusch der gärende, aufgestaute Mageninhalt in hohem Bogen heraus und mir in den Ausschnitt, ins Gesicht, in die Haare, einfach überallhin!"

Ich verschluckte mich vor Lachen an der Pfeife: „Na, da war wenigstens die Diagnose nicht mehr schwer!"

Karin hingegen starrte fassungslos vor innerem Ekel über die Vorstellung die adrette Erzählerin an. Ihr als Schöngeist war schleierhaft, wie man, besonders als Frau, so ein Erlebnis überstehen konnte, ohne hysterisch schreiend das Studium oder sogar die Universität zu wechseln!

Renee wußte nichts von der diesbezüglichen Empfindlichkeit meiner Frau und fuhr kichernd fort:

„Gewiß, der Prüfungsassistent gab mir auch sofort ein ‚Sehr Gut' und führte mich, reichlich Abstand haltend, in den Personalwaschraum. Hinterher bekam ich von einem Laboranten einen gräulichen, viel zu großen Kittel, der nach Formalin stank, aber sicher noch gesellschaftlich verträglicher war als mein reizvolles Prüfungskleid. Ich hab' es nachher sofort weggeschmissen!"

„Und der theoretische Teil?"

„Entweder wußte ich doch einiges, oder der Professor hatte einfach Mitleid mit mir, denn mein Äußeres war an diesem Tag sicher kein Trumpf mehr!"

Karin schüttelte den Kopf: „Also ich hätte nie Tierärztin werden können!"

Renee zuckte die Schultern und sagte freundlich: „Ach, wissen Sie, das ist reine Gewohnheit, aber es stimmt: man wird nicht süchtig danach!"

Neue Besen kehren gut

Morgens pünktlich um halb acht stand Kollegin Millemann mit deprimierend wirkender Frische in der Ordination. Ich hatte sie am gestrigen Nachmittag noch eingewiesen, ihr eine selbstverfertigte Wegskizze mit den einzelnen Bauern überreicht, sie mit den nötigen Utensilien, darunter einer nagelneuen Automatik-Blutentnahmespritze, versehen und sie danach im Panda zum Quartier in einer benachbarten Pension entlassen.

„Also, dann hinein in's Vergnügen!“ Ich händigte ihr die Liste mit dem Tagespensum aus: „Übertreiben Sie es aber nicht! Hundert Blutproben reichen für den Anfang! Toi, toi, toi – keine Angst, ich spucke nicht.“

Als ich am Abend ziemlich geschlaucht nach Hause kam, standen fünf Schachteln mit sage und schreibe 233 wohlgefüllten Röhrchen im Kühlschrank.

„Ist die wahnsinnig?“ fragte ich Karin, die mir einen für ihre laienhaften Begriffe großen Cognac zur Begrüßung einschenkte, „die will wohl nach zwei Wochen wieder weg!“

„Die Listen hat sie auch schon ausgefüllt“, deutete meine Frau auf einen kleinen Stoß säuberlich ausgefüllter Einsendeformulare auf dem Schreibtisch.

„Warum bin ich immer bloß von perfekten Frauen umgeben?“ seufzte ich und sank ächzend in den Sessel.

„Das kommt dir nur wegen deiner eigenen Schlamperei so vor“, lachte die mir angetraute Hyäne grausam.

Aber Renee erwies sich wirklich als Volltreffer: sie war überaus fleißig, geschickt, dazu von netter freundlicher Art und sogar bei den größten und mißtrauischsten Kritikastern unter meinen Bauern bald gerne gesehen. Daher kam es, daß ich ihr vertrauensvoll zusätzlich einen Teil der leichteren Visitentätigkeit übertrug, eine enorme Entlastung für mich, wenn diese auch mit dem etwas deprimierenden Verdacht, manchen Bauern wäre das Erscheinen von Renee sogar lieber, erkauft wurde.

Daher erstaunte es mich auch nicht sonderlich, als Karin eines Tages in die Ordination kam und sagte: „Der junge Dirlingbauer hat angerufen!“

Ah da schau her, der Dirlinger! Bis vor ungefähr drei Jahren war ich auf dem Dirlinghof gar nicht so selten beschäftigt gewesen, als plötzlich von einem Tag auf den anderen nur mehr der Nachbarkollege geholt wurde!

Ich war, wie man in Tierärztekreisen so schön sagt, vom Hof geflogen! Weiß der Kuckuck, warum! Mir war kein Grund bewußt, es hatte keinerlei Unstimmigkeit oder Mißerfolge gegeben, und im Laufe der Zeit konnte ich sogar einige äußerst knifflige Fälle zur gegenseitigen Befriedigung lösen, so zum Beispiel ein wertvolles Stutfohlen mit multipler Unterhauteiterung und Abszeßbildung.

Aber, hatte mir einmal ein alter erfahrener Tierarzt anvertraut, Können allein ist in unserem Beruf nicht ausschlaggebend, Sympathie schon eher, und die Launen vieler Bauern sind sowieso so logisch wie die sonntäglichen Lottozahlen!

„Und? Worum geht's denn?"

„Er sagt, er hat ein Kalb mit haarlosen Stellen."

„Ts, zu meiner Zeit hätte der Dirlinger höchstens angerufen, wenn dem Kalb ein paar Haxen ausgefallen wären, nicht ein paar Haare! Na schön, ich fahr' am Nachmittag hin!"

Karin sah mich durchdringend an: „Er will aber, daß Renee kommt."

Hoppla, daher weht der Wind! Es wird wieder etwas Neues ausprobiert! Der gute Ruf von Kollegin Millemann hatte offenbar auch die stickige Wohnstube des Dirlinghofes erreicht.

Na, soll nichts Schlimmeres passieren!

Ich gab Renee einige Ratschläge mit auf den Weg und schickte sie los.

Am Abend, als ich von den Visiten zurückkam, war sie gerade emsig beschäftigt, neue Blutröhrchen zu beschriften und in die Transportschachteln zu schlichten. Natürlich fragte ich sofort neugierig: „Hallo, was war bei Freund Dirlinger?"

Sie strich eine Haarsträhne aus der Stirn: „Trichophytie! Glatzflechte! Ganz wie Sie vermutet haben! Ihn selbst hat's übrigens auch schon erwischt!"

Ich grinste: „Jaja, der gute alte Kälbergrind!"

Kälbergrind wird durch einen Pilz, eben dem *Trichophyton* verursacht, ist manchmal ziemlich ansteckend, heftig und langwierig, vor allem auch auf den Menschen übertragbar.

Mir sind genug Bauern bekannt, die früher nach einigen vergeblichen Behandlungen durch ihren Hausarzt zum Tierarzt um eine

Grindsalbe gepilgert sind, weil diese eine Substanz enthalten hatte, die den Pilz wirklich beseitigte.

Heute gibt es eine sehr wirksame Injektion dagegen, so daß die Bedeutung der Salben nicht mehr so groß ist wie ehedem. Trotzdem lasse ich sie mir noch von einer Apotheke zusammenmischen und verwende sie noch gern als Alternative.

„Und? Haben Sie ihn auch gleich eingeschmiert?"

Renee lächelte selbstgefällig: „Nein, obwohl ich glaube, daß er nichts dagegen gehabt hätte!"

Das glaube ich auch. Am Mittwoch mußte Renee auf den Dirlinghof, um ein zart hustendes Kalb zu behandeln, am Freitag lahmte eines der Pferde leicht, am Montag hatte der Stier eine geringgradige Augenentzündung, und am Donnerstag fragte der Jungbauer, nachdem sie den dreizehnjährigen Hofhund Wamperl zum ersten Mal in seinem Leben gegen Tollwut geimpft hatte, ob sie mit ihm abends in die Disco tanzen gehen möchte.

Mir ging ein Licht auf. Der Dirlinger stolzierte auf Freiersfüßen! Wahrscheinlich dachte er sich ganz richtig, die Tierärztin im Haus erspart den Tierarzt.

Als Renee eines Tages mit zwei prallen Plastiksäcken vor der Ordination aus dem Auto krabbelte, pflanzte ich: „Was ist denn da drinnen? Die Hochzeitsglocken?"

Sie lachte: „Soweit ist es noch nicht! Der Sepp (aha!) hat mir geraten, mir nicht soviel Arbeit von Ihnen aufhalsen zu lassen und mehr zu essen, damit ich nicht vom Fleisch falle! Da drinnen sind Eier, Butter, ein Ziegel Almkäse, Geselchtes und ein Mordstrumm von einem Speck! Wollen Sie ein Stück, Sie Ausbeuter?"

In der nächsten Woche waren wir gemeinsam in meinem Wagen unterwegs. Ich hatte vereinbart, am Winkelgut bei einer Kuh eine Zitzenverengung operativ zu beseitigen, und wollte Renee die Methode demonstrieren. Unterwegs mußte sie noch schnell auf dem Dirlinghof eine Trächtigkeitsuntersuchung an einer Kalbin vornehmen, weil sich für morgen der Händler angesagt hatte.

Ich blieb im Auto sitzen, und während ich nach langer Zeit wieder den hocherfreuten Hofhund Wamperl am Rücken kratzte, beobachtete ich durch die offene Stalltür, wie der Dirlinger um meine Assistentin herumscharwenzelte.

Als sie sich wieder neben mich setzte, mußte ich grinsen: „Na, Frau Dirlinger, alles trächtig, alles prächtig?"

Im kleinen Stall vom Winkelgut wartete schon die *Kersch*, eine große Pinzgauer-Fleckviehmischlingskuh auf uns.

„Da hats vor ungefähr zwoa Woch'n an *Pletzn* (Wundschorf) g'habt, und seit dem geht's nurmehr ganz *zach* zum melk'n!" Der Winkler deutete auf das rechte Vorderviertel.

Nach einer kleinen Allgemeinnarkose, bei der die Kersch stehenblieb, ließ ich ihr die Hinterbeine locker zusammenbinden, damit, sollte sie doch ausschlagen, das Bein nicht solche Wucht haben würde. Danach band ich den oberen Teil der Zitze mit einem Gummiring ab und spritzte vorsichtig ein wenig Lokalanästhetikum durch den engen Schließmuskel.

Ich wartete zwei Minuten ab, dann entnahm ich die Hugsche Lanzette, eine Art Federmesser, aus dem Metalletui, wo ich sie nach dem Sterilisator aufbewahrte, und führte sie behutsam in den Strichkanal der Zitze.

„So, jetzt ganz vorsichtig vier Schnitte in allen Himmelsrichtungen, genau innerhalb der derben Bindegewebsspange, die sich durch die Quetschung in den letzten Wochen gebildet hat", erklärte ich Renee, „man spürt das harte Gewebe direkt durch die Zitzenwand auf der Fingerkuppe. Nur aufpassen, daß man nicht in die gesunde Schleimhaut gerät! Das gäbe eine Mordsblutung und mit Sicherheit eine erneute Verengung! Vergessen Sie daher alle Arten von sogenannten Zitzenräumern, diesen regenschirmähnlich aufzuspannenden Instrumenten, die man mit einem Ruck durch die Zitze herunterzieht. Die machen keinen Unterschied zwischen verändertem und normalem Gewebe und verursachen riesige Schälwunden im Strichkanal, die erst recht wieder verwachsen. Das einzige Werkzeug, das was taugt, ist die Lanzette." dozierte ich. „Vorausgesetzt, man kann mit ihr umgehen! Man darf nämlich nicht zu wenig weit aufmachen, sonst schließt sich die Zitzenöffnung durch den Narbenzug wieder, und nicht zu weit, sonst rinnt der Kuh nachher die Milch aus! Das ist die Kunst!"

Ich war der Ansicht, genau dieses Mittelmaß gefunden zu haben, und griff nach einer kleinen Spritze voll Kresolsulfonsäure, ein ausgezeichnet koagulierendes Schleimhautmedikament (stoppt leichte Blutungen).

„So", sagte ich zum Winkler, „jetzt drücken Sie ja schön fest die Zitze ganz oben an der Basis zusammen, daß bloß nichts von dem Zeug ins Viertel gerät. Sonst ist die Drüse nämlich hin und unsere ganze Arbeit für den Hugo!"

Ich weiß nicht, ob das wirklich so wäre, aber durch die Drastizität der Warnung pressen die Bauern die Zitze immer verläßlich ab, bis die Finger weiß werden.

Sechzig Sekunden beließ ich das Mittel in der Zitze, um allfällige Blutungen zu stoppen, dann rief ich: „So Winkler, jetzt kräftig nach unten ausmelken und mit der anderen Hand gleich noch mal, damit alles wieder rauskommt!“

Befriedigt sah ich, daß unter den strippenden Fingern des Bauern dicke weiße Strahlen auf den Boden prasselten.

„Das genügt! So wie sie sich in vier, fünf Tagen melken läßt, so bleibt sie auch!“

Ächzend stand ich auf. Diese kauernden Arbeiten sind auf Dauer Gift für Tierärzterücken.

„Jetzt hätt’ ich noch ein Problem!“ sagte der Winkler. „Der Anton is’ seit Tagen verstopft, er kriegt nix raus, und fress’n und saufen tut er natürlich auch nimmer! Was ich schon alles probiert hab’! Seifeneinlauf, Petroleumeinlauf, alles umsonst!“

„Glaubersalz?“ fragte ich.

„Bringen Sie einmal einem alten Saubär’n, der überhaupt nix mehr zu sich nimmt, a halb’s Kilo Glaubersalz rein!“

Tja, das war ein Problem! Bei Anton handelte es sich zwar um einen der friedfertigsten Eber, die ich kannte, aber eine Magensondenbehandlung würde er sicher übel nehmen.

Wir gingen hinüber in den Schweineverschlag. Anton hatte seine dreihundert Kilo in Seitenlage geparkt und gab schnaufend-quiekende Geräusche von sich, als er unser Kommen hörte. Ab und zu durchlief ein leichtes Zittern den massigen Körper.

Ich stieß auf den festen Widerstand harter, bröckeliger Kotmassen, als ich versuchte, das Thermometer in das fettig glänzende Rektum zu schieben. Der gesamte Hintern roch nach Petroleum wie ein alter Dieselmotor mit Zylinderkopfriß. Trotzdem betrug die Körpertemperatur 40 Grad!

Während ich gemeinsam mit dem Winkler auf das kranke Schwein starrte und krampfhaft überlegte, obwohl ich sicher war, daß mir nichts einfiel, hörte ich von hinten Renees ruhige Stimme: „Bier mit Pflaumen!“

Wir drehten uns zu ihr um: „Wie bitte?“

„Bier mit Pflaumen“, wiederholte sie, „ein altes Elsässer Hausmittel gegen Verstopfung! Und da Schweine bekanntlich Pflaumen über alles lieben und Bier ebenso und da Anton wahrscheinlich großen

Durst haben wird …!“

„Pflaumen?“ fragte der Winkler.

„Zwetschgen“, übersetzte ich.

„I’ woaß, was Pflaumen sind“, knurrte der Winkler, „aber woher zum Teufl soll i’ jetzt Zwetschg’n hernehmen?“

„Aber Matthias“, ließ sich plötzlich die Winklerin vernehmen, die uns unbemerkt in den Stall nachgefolgt war, da es sich um ihren geliebten Saubären handelte, „wir hab’n doch noch die ein’gfrorenen Zwetschgen in der G’friertruch’n, woaßt eh, de füar’n Strud’l!“

Derweil ich dem leidgeprüften Anton ein fiebersenkendes Spasmolytikum injizierte, tauten die Damen die Pflaumen in heißem Wasser auf und pürierten sie. Der Winkler opferte widerwillig, weil skeptisch, vier seiner kostbaren Bierflaschen, ein ordentlicher Schuß Glaubersalz dazu, und die unappetitlich aussehende Suppe wurde dem Patienten in einer Blechschüssel vor die Nase gesetzt. Die dicke Rüsselscheibe zuckte anfangs etwas zögerlich, aber dann schien Antons Interesse geweckt, er erhob sich grunzend mit einem Ruck und soff das Zeug mit langen Zügen aus. Er schob sogar den leeren Napf noch mit der Nase ein Stück über den Boden, dann ließ er sich schwer atmend wieder zu Boden sinken.

„So, mehr können wir im Moment nicht tun!“ entschied ich, und wir verabschiedeten uns.

Auf der Rückfahrt fragte ich Renee: „Der Kerl hat das tatsächlich getrunken! Wie sind Sie bloß auf Pflaumen in Kombination mit Bier gekommen?“

Sie lachte: „Rezept von meinem Vater! Als ich noch ein kleines Mädchen war, hatte ich auch einmal eine schwere Verstopfung. Unser Kinderarzt wollte mich, weil überhaupt nichts geholfen hat, schon ins Krankenhaus überweisen. Da hat mein Vater zu ihm gesagt: ‚Vorher probiere ich noch was!‘, und hat mir gegen den ausdrücklichen Protest vom Doktor und meiner Mutter Pflaumen mit etwas Bier eingeflößt. Ob Glaubersalz auch dabei war, kann ich heute nicht mehr sagen! Es hat jedenfalls abscheulich geschmeckt, und ich habe geschrieen wie am Spieß!

Aber was soll ich Ihnen sagen? Nach ein paar Stunden bin ich am Klo gesessen und dort für eine Weile nicht mehr heruntergekommen. Allerdings mußte mich mein Vater wegen des Bieres dort festhalten!“

Ich grinste bei der Vorstellung: „Na, dann hoffen wir, daß der gute Anton auch bald am Topf hockt!“

Der alte Millemann sollte recht behalten! Zwei Tage meldete sich der Winkelbauer am Telefon: „Herr Doktor, des Mittel von Ihrer Assistentin is' prima! Noch am Abend is' beim Anton los'gangen, jetzt frißt er wieder, aber er hört net auf zum … Sie wiss'n schon, und es is' schon ganz flüssig!"

„Da müssen wir wohl den Schalter wieder in die andere Richtung legen!"

Ich rief Renee an, die unterwegs war: „Frau Kollegin, Gratulation an Ihren Herrn Vater, aber es war eine Pflaume zuviel! Ihr Patient hat seit gestern Durchfall! Am besten, Sie fahren gleich hinüber und verpassen ihm ein Antidiarrhoikum und lassen ihm getrocknete Schwarzbeeren verfüttern. Das ist nämlich ein altes Hausmittel gegen Durchmarsch!"

Eine halbe Stunde später läutete mein Handy. Renees Stimme klang irgendwie anders, aber das konnte auch am schlechten Empfang liegen, ich verstand vor lauter Rauschen nur Bruchstücke. Soviel hatte ich mir zusammengereimt, daß ich sie so schnell wie möglich abholen und ihr etwas zum … mitnehmen sollte.

Das klang irgendwie beunruhigend, und ich fuhr etwas schneller, als die Polizei erlaubt, zum Winkelgut. Renees kleiner Panda stand friedlich rostend vor der Stalltür, auch sonst herrschte Ruhe, das Wohnhaus war abgeschlossen, die Winklers nicht daheim. Eine Idylle, mit der gewöhnlich gute Horrorfilme anzufangen pflegen.

Ich betrat den Stall und spähte in das Halbdunkel. Drei Paar Kuhaugen glotzten zurück.

„Hallo, Frau Kollegin, da bin ich!"

„Ich bin auch da“, kam es aus dem hintersten Eck hinter der Tür des Milchkammerls hervor, „ich hab’ aber nichts an! Haben Sie mir was zum Anziehen mitgebracht?“

Ach das war’s, worum sie mich gebeten hatte!

„Soll das heißen, Sie sind splitterfasernackt?“

„Ja natürlich“, tönte es etwas ungeduldig zurück, „was ist jetzt mit dem Gewand, mir ist saukalt!“

Ja natürlich ist gut! Eigentlich hatte ich sie lediglich ersucht, Anton eine Spritze zu verabreichen und sich nicht in eine Orgie zu stürzen!

„Tut mir leid, ich habe das mit den Kleidern nicht verstanden und bin sofort hergefahren!“ rief ich.

„Oh Mist!“

„Warten Sie, ich schau’ im Auto nach! Irgendwas zum Überziehen finde ich sicher!“ Ich lief hinaus, merkte aber, daß ich soeben ein kühnes Versprechen abgegeben hatte. Den Stallmantel mit seiner Patina konnte man sicher nicht auf blanker Haut tragen, der weiße Fleischbeschaumantel drehte sich zur Zeit gerade daheim in der Waschmaschine … das einzig Saubere war der gummierte Geburtsmantel.

„Hier ich häng’ Ihnen meinen Geburtsmantel über den Wasserhahn. Was Besseres hab’ ich leider nicht mit, aber ich denke, zur Not geht es!“

Ich zog mich wieder diskret nach draußen zurück und mußte nicht lange warten, da huschte Renee aus dem Stall. Wer es nicht besser wüßte, würde denken, sie käme geradewegs von der Geburtshilfe.

„Huh, ist das kalt auf der Haut!“ schnatterte sie.

„Fesch schauen Sie aus“, bemerkte ich sarkastisch, „aber jetzt erzählen Sie mir, warum Sie da am Winkelgut FKK betreiben, noch dazu, wo keiner da ist, der zuschaut!“

„Haha“, sagte sie, „eben weil keiner da ist! Ich habe mir gedacht, dann geb’ ich dem Anton eben allein die Spritze, vorgestern war er ja auch ganz friedlich …!“

„Weil er krank war!“ unterbrach ich sie.

„Ja, das ist mir jetzt auch klar! Kaum hatte ich die Nadel drinnen, hat er mich einfach über den Haufen gerannt. Ich bin in die frischgelegte Brühe geflogen und bis zur Nasenspitze auf dem Rücken drinnen gelegen. Zum Glück hatte ich ihm während des Fluges die volle Ladung noch reingedrückt! So konnte ich natürlich nicht ins Auto steigen, drum hab’ ich mich ausgezogen und die Kleider samt mir mit dem Kaltwasserschlauch abgespritzt.

Leider ist die Aprilsonne noch nicht besonders warm, und wie ich Ihren Wagen gehört habe, bin ich in den Stall geflüchtet!"

Ich unterdrückte ein Lachen: „Sie haben großes Glück gehabt, daß es sich um den sehr gutmütigen Anton gehandelt hat. Zu einem Eber geht man nie allein in die Box, noch dazu, um ihn zu behandeln! Jetzt fahren Sie schleunigst nach Haus, nehmen sich für heute frei, trinken ein paar große Cognacs und bleiben mir gesund, verstanden?"

„Ay, ay Sir!" bibberte Renee. Sie bückte sich rasch, um ihre auf der Wiese zum Trocknen ausgebreiteten Kleidungsstücke aufzusammeln, dabei klaffte der Geburtsmantel am unteren Rücken ein wenig auf und der kurze Einblick verschaffte mir die Gewißheit, daß Kollegin Millemann von hinten mindestens genauso attraktiv war wie von vorne!

Während sie in den Panda sprang, nahm ich mir schmunzelnd vor, Anton, sobald seine Gedärme wieder in Ordnung wären, zum Dank noch einmal auf eine Flasche Bier einzuladen!

Der Mai war fast vorüber, und die Vorboten der Almsaison warfen die kürzer werdenden Schatten voraus. Ich hatte laut Plan Wochenenddienst und saß an einem Samstagabend mit Renee gemeinsam in der Ordination und füllte Anlaß zur Verzweiflung gebende Stöße von Listen aus, während sie säuberlich nicht enden wollende Ströme von verschmierten Blutröhrchen nummerierte und in die dafür bereitstehenden Schachteln verstaute.

In einer Woche würden wir mit der Gewaltanstrengung der BVD-Untersuchung fertig sein, und das würde somit auch für unser Arbeitsverhältnis gelten. Ich hatte mir schon seit geraumer Zeit Gedanken darüber gemacht, ob sie wohl bereit wäre, für längere Zeit meine Assistentin zu bleiben, und wieviel ich ihr zahlen konnte, um das Angebot verlockend zu machen.

Da läutete das Telefon! Karin, die dankenswerterweise, wenn sie nicht Schule hatte, immer sämtliche Anrufe entgegennahm, kam herüber und sagte mit unheilschwangerer Stimme: „Beim Wasserbauern ist eine Geburt! Ganz dringend!"

Ich brach über den Papierstapeln zusammen, vergrub den Kopf unter den Armen und stöhnte: „Hab' ich in einem früheren Leben was verbrochen? Samstag abend und ausgerechnet der Wasserbauer!"

Renee starrte mich erschrocken an: „Was ist denn los mit Ihnen?"

Ich blinzelte unter der Achsel hervor: „Der Wasserbauer, dieser Hundling! Der ruft immer nur an, wenn ich Notdienst habe, weil er nicht zu meinem Rayon gehört.

Dreimal war ich bis jetzt bei ihm, und jedes Mal hat er von meiner Rechnung hinterher selbständig fünfzehn Prozent abgezogen, mit dem Hinweis, es hätte sich eh nicht um so gravierende Dinge gehandelt. Dabei war es eine ausgewachsene Kolik, ein Gebärmuttervorfall und eine septische Euterentzündung. Meine Mahnungen hat er ignoriert und meine Drohung, nicht mehr zu kommen, mit der Gegendrohung beantwortet, dann würde er mich, da an Feiertagen keine anderen Veterinäre erreichbar seien, anzeigen wegen unterlassener Hilfeleistung im Notfall, zu der wir Tierärzte verpflichtet sind."

„Warum klagen Sie die Resthonorare nicht ein?" fragte Renee.

„Die Summen sind nicht so hoch, daß das den Aufwand wert ist!"

„Wissen Sie was? Wenn es Ihnen nichts ausmacht, übernehme ich die Visite!"

„Kommt nicht in Frage! Sie haben den Abend frei, und außerdem glauben Sie ja nicht, der Mensch läßt sich davon beeindrucken, daß Sie eine Frau sind!"

„Hören Sie endlich auf mit diesen ewigen Rollenspielen Mann-Frau!" Renee stampfte resolut mit dem Fuß auf: „Außerdem habe ich gar nicht vor, ihn mit meiner Oberweite zu beeindrucken, noch dazu, weil es da gar nichts Eindrucksvolles gibt!" setzte sie etwas resigniert nach. „Also, Sie schreiben schön weiter die Listen, und ich kümmere mich um den, wie heißt er, Wasserbauer?"

Ich verbiß mir die Bemerkung, für den nachhaltigen Eindruck wäre meiner Erfahrung nach auch ihre Kehrseite geeignet, und gab unter schwächlichen Protesten und einer genauen Wegbeschreibung schließlich nach.

Kaum waren die Rücklichter des Pandas von der Dämmerung verschluckt, kam Karin erneut herein: „Der Wasserbauer hat noch einmal angerufen, ob du eh schon auf dem Weg wärest! Nanu, du bist noch da?"

„Renee ist so nett und nimmt mir die Visite ab!"

Karin lächelte: „Na, die wird dir ganz schön fehlen, die Renee!"

Während der nächsten eineinhalb Stunden verschrieb ich mich dauernd bei den stumpfsinnigen Listen und trank zur Beruhigung einen oder zwei Whiskies. Ich war wütend auf mich. Ich hätte das arme Mädchen doch nicht allein zum Wasserbauern fahren lassen dürfen.

Da läutete das Telefon. Diesmal nahm ich selbst ab! Der Wasserbauer!

„Also d i e brauchen S' mir nimmer schick'n, Herr Dokta, des sag' i' Ihnen!" Bumm, aufgelegt!

Um Himmels willen, was ist passiert? Mit nervösen Fingern tippte ich Renees Nummer ein:

„Komm schon, melde dich!" Aber es kam nur die Sprachbox.

Beunruhigt schielte ich erneut nach der Whiskyflasche, da tauchten Scheinwerfer vor dem Ordinationsfenster auf, und zwei Minuten später betrat eine ziemlich aufgekratzte Renee den Raum.

„Was war los?"

„Ach, ein nettes Kalb aus einer netten Kuh herausgeholt und ein nettes Sümmchen aus dem weniger netten Wasserbauern!" Dabei drückte sie mir ein paar große Scheine in die Hand.

„Ja spinn ich!" rief ich verdattert. „Wie haben Sie denn das bewerkstelligt? Ich meine, mit dem Bauern?"

„Ganz einfach! Ich hab' in die Kuh hineingegriffen und festgestellt, daß es eine Steißlage ist! Ein kleines Kalb, genug Platz im Becken zum Arbeiten! Daraufhin hab' ich zum Wasserbauern gesagt: Nichts Ernstes, die Kuh wird von selbst kalben! Daraufhin hat er mich angeglotzt wie ein Uhu, weil er dachte, ich kenne mich nicht aus! ‚Sind Sie wahnsinnig', hat er dann fast Hochdeutsch gefaucht, ‚das Kalb liegt verkehrt! Wenn das nicht behoben wird, verrecken mir alle beide!' ‚Aha', hab' ich geantwortet, ‚Sie geben also zu, daß die Sache diesmal wichtig ist? Das ist schön, dann können Sie mir diesmal das volle Honorar auszahlen und die noch ausständigen Beträge meines Chefs ebenfalls bar und im Voraus, wenn ich bitten darf! Sonst rühr' ich keinen Finger!' Zuerst hat er geschriien, vor lauter Dialekt hab' ich glücklicherweise nicht alles verstanden, aber als er gesehen hat, daß ich ernst mache und einzupacken beginne, hat er klein beigegeben! Nach fünf Minuten war ein hübsches Kälbchen auf der Welt! Trotzdem war der Abschied nicht freundlich! Ich fürchte, als Kunden sind Sie den los!" Sie grinste breit wie eine Wurstsemmel.

Ich stand auf und verbeugte mich: „Wissen Sie, Renee, daß Sie mich alten Deppen beschämen? Ich hatte geglaubt, Ihnen was beibringen zu können, dabei sind Sie gewitzter als ich nach all den Jahren! Sagen Sie, ich wollte Sie schon längst fragen, hätten Sie nicht Lust, noch eine Zeit bei uns zu bleiben? Mit späterer Praxisbeteiligung?"

Sie kniff den Mund zusammen: „Ich hab' gefürchtet, daß das Angebot kommt! Ich würde wahnsinnig gern mit Ihnen weiter zusammenarbeiten, es hat mir wirklich gefallen, aber, es tut mir leid, mein Freund wartet schon sehnsüchtig auf meine Rückkehr, er hat eine Stelle an der Universität Straßburg angetreten, und daher gehe ich zurück in das Elsaß! Aber nächsten Samstag, bevor ich fahre, lad' ich

Karin und Sie noch zu mir auf meine Bude ein auf einen original Elsässer Zwiebelkuchen mit Rotwein! Ich garantiere Ihnen, danach fällt Ihnen der Abschied von mir doppelt schwer!“ Plötzlich grinste sie wieder.

„Dazu braucht’s den Zwiebelkuchen nicht“, knurrte ich.

Sie knickste: „Danke für’s Kompliment!“

Am darauffolgenden Sonntag konnte ich mich nicht einmal von ihr verabschieden, weil ich mitten in einem Kaiserschnitt steckte, und so brachte Karin sie allein zum Bahnhof.

Ziemlich lange noch fühlte ich mich beruflich sehr vereinsamt.

Und der Dirlinger war auch wieder bei der Konkurrenz!

Die alte Lisa

„So!“ Zufrieden trat ich einen Schritt zurück und betrachtete mein Werk, obwohl es da gar nicht so viel zu sehen gab.

Ich hatte bei Lisa, der betagten Haflingerstute des Schinder Toni, wie jedes Jahr die Zahnspitzen abgeraspelt.

Bei Pferden über zehn Jahren bilden sich häufig durch fehlerhaften Abrieb der gesamten Mahlzahnfläche meißelhafte, spitze und scharfe Schmelzerhebungen, die beim Kauen das Zahnfleisch sowie die Schleimhaut der Wangen und der Zunge verletzen. Mangelnde Freßlust, Abmagerung und Verdauungsstörungen bis hin zur Kolik können daraus resultieren.

Lisa mit ihren sechsundzwanzig Jahren hatte daher diese Prozedur einmal jährlich dringend nötig.

Oft lassen sich Pferde das Einführen des Maulkeils und das hohlklingende Schaben der langen Zahnraspel auf ihrem Gebiß nicht problemlos gefallen, manche versuchen sogar, vorne hochzusteigen oder mit dem Kopf zu schlagen, so daß eine kleine Narkose notwendig ist. Immer jedoch läuft der Tierarzt Gefahr, kräftige Quetschungen und Bißverletzungen an den Händen zu kassieren.

Nicht so bei Lisa. Sie öffnete jedes Mal bereitwillig das Maul, wie es sich mein Zahnarzt von mir erträumt hätte, wenn ich ihr den Maulkeil zwischen die Zahnreihen schob, ließ die Zunge ruhig wie einen nassen Lappen aus dem Maulwinkel hängen und schaute mit vertrauensvollen dunklen Augen zu, wie die lange Feile hinein- und hinausfuhr.

Der Schinder Toni stand daneben, hielt locker den Halfter und redete beruhigend und zärtlich auf seine Stute ein. „Braves Mädchen, ganz braves altes Mädchen!“, und die Stute schien diese Worte zu genießen.

Wäre der Toni von etwas imponierender Erscheinung gewesen, es muß ja nicht gerade wie der Donauturm sein, hätte man ihn ohne weiteres als Wahrzeichen des Ortes bezeichnen können!

Daß er seit achtzig Jahren den Namen Feldhofer führte, wußte wahrscheinlich nicht einmal der Standesbeamte, und es interessierte auch niemanden im Markt.

Der Toni war der letzte einer großen Familientradition. Schon der Urgroßvater hatte den Beruf des Schinders oder Wasenmeisters im Tal ausgeübt, danach das Amt an den Großvater und der wieder an den Vater übergeben, und schließlich war der Toni bis zur Einführung der gesetzlichen Tierkörperverwertung für die unschädliche Beseitigung toter Haustiere, hauptsächlich Pferd und Rind, verantwortlich.

Der Beruf war nicht ungefährlich gewesen, man sprach früher sogar von der *Wasenmeisterkrankheit* bei Infektion mit Milzbrand, aber seltsamerweise trotz seiner Wichtigkeit nicht recht angesehen.

Deshalb lag das kleine Anwesen des Schinders auch abseits der Siedlung und weit weg vom Grundwasser auf einem kleinen Hügel, umschirmt von uralten Bäumen.

Dort, tief unter dem Rasen, lagen die Skelette und Kadaver hunderter Tiere und sorgten für eine üppige und krautige Vegetation.

Der winzige Stall, über und über mit Efeu umwuchert, beherbergte nicht nur Lisa, sondern auch die zwei Pinzgauerkühe, die der Toni noch hielt. Einen Traktor hatte er nie besessen, bei sämtlichen Arbeiten behalf er sich in althergebrachter Weise mit seinem Pferd.

Seine magere Rente besserte er sich in den langen Wintermonaten damit auf, auf einem von Lisa gezogenen, keilförmigen selbstgebastelten Pflugschlitten sitzend, die verschneiten Wege im weitläufigen Kurpark zu räumen.

Unter hellem Schellenklang zog das Gespann dann fast täglich seine Runden, und die stoßweisen Atemwolken von Lisa rauchten in der klaren Winterluft, während ihre helle Mähne und der lange Schweif im Sonnenlicht glänzten.

Der Toni saß oben auf dem Schlitten, hielt die abgenagte Pfeife kalt im Mund, Tabak war für ihn ein Luxusgut, das er sich nur zu Festtagen gönnte, und rief den Vorbeigehenden fröhlich zu: „Bin i' net a herrschaftlicher Roßlenker, ha?“

Das war für mich immer der erfreulichste Anblick des gesamten Winters gewesen.

Deshalb war ich heuer einige Monate später, als die feuchten Herbststürme bereits wütend an den Bäumen im Garten rüttelten und die letzten gelben Blätter wirbelnd in den grauen Himmel davongetragen wurden, wie vom Donner gerührt, als der Schinder Toni völlig unerwartet nach Ende meiner Sprechstunde im Wartezimmer stand. Seine Lodenjoppe glänzte dunkel vor Nässe, und von seinem alten zerbeulten Hut tropfte es beständig auf die Bodenfliesen.

Was mich aber mehr störte, waren seine geröteten Augen, aus denen ebenfalls eine feuchte Spur durch das zerfurchte Gesicht floß.

„Aber Toni! Was ist denn los?“

Stockend kam es aus ihm heraus: „Bittgarschön, Herr Dokta, entschuldigen Sie schon die Belästigung, i' weiß, Sie hab'n viel zu tun, aber i' wie' mir kann Rat mehr, desweg'n hab' i' mir denkt, fragst den Herrn Dokta, vielleicht kann der mir was helfen ...!" Dabei zitterte die Stimme vor unterdrücktem Schluchzen.

„Ja gern', wenn ich kann! Setzen Sie sich und reden Sie!"

„Es is' a so! Sie wiss'n ja, daß ich immer im Winter den Kurpark g'räumt hab mit der Lisa. Für das Geld hab' ich mir immer ihr Futter und den Hufschmied leisten können. Jetzt hat die Gemeinde mir abg'sagt, i' krieg das G'schäft ab heuer nimmer, weil sie sich eine moderne Schneefräse ang'schafft hab'n, die was schneller arbeit' und auf Dauer billiger kommt!

Dabei hab' i' eh net viel verlangt, grad das Geld für's Futter und 'n Schmied, und die Lisa hat sich doch a immer so ang'strengt und is' nie ausg'falln!"

Er wischte sich mit der von Rheuma gezeichneten Hand über die Augen. „Entschuldigen Sie, aber i' hab' mir denkt, daß vielleicht der Herr Dokta mit der Gemeinde no einmal red'n könnt, und i' könnt a no einmal a bisserl billiger werd'n, müass'n die Eis'n halt a bisserl länger auf da Lisa ihre Füaß bleib'n, aber wenn i' den Auftrag verlier', kann i' mir des Roß nimmer leist'n, und dann hab' i nix mehr zum Arbeit'n beim Heuen, und dann muaß i' meine zwoa Küah a no hergeb'n ...!" Er brach ab und wurde von einem lautlosen Schluchzen durchgeschüttelt.

Ich mußte selbst aufpassen, daß meine Stimme halbwegs fest blieb. Da wird täglich soviel Geld zum Fenster rausgeschmissen, und der gebeugte Achtzigjährige, der sein Lebtag gearbeitet hatte, steht vor mir und bangt um seine armselige Existenz: „Reden Sie keinen Blödsinn Toni!" fuhr ich ihn milde an. „Der Schmied kommt weiter regelmäßig, das fangen wir uns gar nicht an, daß beim Beschlag gespart wird und dadurch vielleicht die Füße ruiniert werden. Das hat die alte Lisa nicht verdient! Ich verspreche, gleich morgen red' ich mit der Gemeinde, derweilen nehmen Sie das als Überbrückung!" Ich leerte den Keramikkatzenkopf, der meine Tierschutzkasse darstellte und wo die Patientenbesitzer das für mich gedachte Trinkgeld – ich mag keine Mediziner, die Trinkgeld nehmen – durch das hohle linke Ohr stopfen müssen, über den Ordinationstisch aus. Da das Jahr bereits ziemlich fortgeschritten war, blieb ein beachtlicher Haufen von Münzen und Scheinen zurück, welche ich dem Toni, erweitert um einen großen Schein aus meiner Geldbörse, in den Joppensack stopfte, um ihn dann, den Dank abschneidend, aufmunternd aus der Ordination zu bugsieren.

Ich öffnete das Fenster und sog die feuchte kühle Luft tief in mich hinein.

Eine Minute länger mit dem Toni, und wir beide hätten den Hellbrunner Wasserspielen Konkurrenz gemacht.

Am nächsten Morgen stand ich pünktlich um acht im Büro des Amtsleiters. Der nickte nur betrübt: „Ja, das stimmt! Die Gemeinde hat auf Antrag vom Plaikner den Kontrakt mit dem Toni nicht mehr verlängert und eine Schneefräse angeschafft! Ich persönlich finde, man hätte ruhig die paar Jahre, die dem Toni noch vergönnt sind, warten können, aber Sie kennen den Plaikner ja!"

Und ob ich ihn kannte. Er war einer der Großbauern, sein Hof lag imponierend auf einer Anhöhe über dem Ort. Die lange Zufahrt führte durch eine prachtvolle Allee von uralten Ahornbäumen bergan und gab vereinzelt links und rechts den Blick auf strotzende Weiden und ebensolche Milchkühe preis.

Das Problem war: der Plaikner war ein fanatischer Norikerzüchter und haßte Haflinger von ganzem Herzen. Für ihn waren das keine vollwertigen Pferde. Er fuhr jedes Mal aus der Haut, wenn jemand diese beiden Rassen in einem Atemzug nannte. Und als vor einigen Jahren der Haflingerzuchtverband zu einer Leistungsschau einlud, inszenierte der Plaikner als Gegenveranstaltung mit großem Pomp und Trara eine improvisierte Norikerschau auf seinem Hof. „Damit die Leut' und Gäst' eine Vorstellung kriegen, wie ein Pferd ausschaut. Sonst glaub'n s' womöglich noch, sie hätt'n eins auf dieser Kleinviehschau zum Sehen bekommen. Man müßt' sich ja direkt schaman", hatte er geknurrt.

Vor kurzem war nun der Plaikner in die Gemeindevorstehung gewählt worden und hatte gleich die erste Sitzung und die Mehrheit seiner Fraktion dazu benützt, die arme Lisa aus dem Ortsbild zu verbannen.

Der Amtsleiter deutete mit dem Kopf zur Nebentür: „Er is' eh drinn beim Buagamoaster, wenn S' mit ihm red'n woll'n! Nur nutz'n, fürcht' i', wird's nix!"

Das Gefühl hatte ich auch, wollte es aber zumindest probieren.

Der Plaikner, einen Kopf größer als ich, mit einer festen Wampe unter dem gespannten Ledergilet, ließ mich nicht einmal ausreden: „Herr Dokta!" knurrte er wie ein gereizter Dobermann und bleckte tatsächlich gelbe Schneidezähne. „Sie san a ganz a brauchbarer Tierarzt, und a von die Roß verstengans was, aber", und seine Stimme ging in ein Röhren über, „wann S' no einmal zwegn an Haflinger bei mir interveniern tan, dann san S' die längste Zeit bei mir Tierarzt g'wes'n, hab'n S' mi verstand'n?"

„Ich habe auf der Universität sogar wesentlich komplexere Dinge als plumpe Drohung geistig verarbeitet", schnappte ich, um keinen Zweifel aufkommen zu lassen, daß ich nicht gewillt war, mich einschüchtern zu lassen.

Er starrte mich trotzig an: „'s hat keinen Zweck! Die Schneefräs'n is' bereits da. Da lieg'n jetzt nimmer die Roßknöd'ln auf die Weg im Kurpark ummanand!"

„Dafür macht die Fräse Krach und stinkt nach Abgasen!"

„Die verflüchtigen sich aber von selbst, und die Roßknöd'ln haben immer die Leut' vom Bauhof wegräumen müass'n. Des hat a was g'kost!"

„Mich wundert, daß Sie einem Haflinger überhaupt zugesteh'n, ROSSknödeln zu produzieren!"

„ Wiss'n S' was, Herr Dokta! Plumpe Ironie hab' i' a schon seinerzeit auf der Landwirtschaftsschul' verstanden, da braucht mir ka G'schdudierter sein", gab mir der Plaikner meine Bemerkung retour.

„Und der Toni is' Ihnen wurst?"

„Mei, das bissl Heu für seine zwoa Küah kriagat er von mir, aber er kriegt's net, weil er's dann sein' Haflinger verfuattern tät! Der Toni soll in d' Rent'n geh'n und das Vieh zum Metzger geb'n!"

„Woher kommt eigentlich Ihr biblischer Haß auf Haflinger? Können Sie mir das verraten?"

Aber der Plaikner drehte sich ohne weitere Entgegnung wieder zum Bürgermeister um, der fassungslos den wilden Disput verfolgt hatte. Ich war sozusagen entlassen!

Bald danach brach der Winter mit viel Schnee herein, durch den Kurpark dröhnte statt munterem Pferdegetrappel stundenlang das grellorange Fräsenungetüm und brachte das Vogelzwitschern zum Verstummen.

Den Schinder Toni sah man nicht mehr im Ort, und auch der Plaikner ließ mich seinen Zorn spüren. Die Visitenzahl auf seinem Hof war deutlich gesunken.

Eines schönen Tages, ich hatte gerade in der Nähe zu tun, beschloß ich, den Toni aufzusuchen. Ich ließ den Wagen unten stehen und machte einen kleinen Spaziergang, während dem ich krampfhaft überlegte, wie man dem alten Mann helfen konnte. Im Haus, das im

Winter drei Monate ohne Sonnenschein auskommen mußte, kringelte sich zarter Rauch aus dem Schornstein, aber niemand öffnete auf mein Klopfen, also mußte der Hausherr im Stall sein. An die Stallwand gelehnt, bemerkte ich den stillgelegten hölzernen Schneepflug, mit rostigen Kufen unter einer dicken weißen Haube.

Der Toni, der gerade dabei war, der Lisa ihr dichtes Winterfell gründlich zu striegeln, schien anfangs regelrecht erschrocken über den unerwarteten Besuch, die Stute aber wieherte freudig und scharrte mit dem Vorderhuf.

„Na, wie geht's denn so?“ fragte ich

Der Toni drückte mir die Hand: „'s geht schon! A paar Bauern helf'n mir mit'n Heu aus, und der Schmied hat a g'sagt, daß er mir was nachlaßt!“

Hoffentlich haut er es dafür dem Plaikner auf die Rechnung, dachte ich.

Der Toni fuhr fort: „Aber die Lisa versteht halt nicht, daß mir nimmer mit'n Pflug ausfahr'n. Jetzt im schönst'n Winter. Jedesmal, wenn ich sie rauslaß', stellt sie sich zum Schlitt'n und *riachlt* (Lokalausdruck für herausfordernden Lockruf eines Pferdes) mi an, daß i' s' endlich wieder einspann!“ Er seufzte tief: „'s is' halt a G'frett, wann man vor d' Aug'n g'führt kriagt, daß man nutzlos zum alt'n Eis'n g'hört! Für Mensch und Viech!“

Seine Augen fingen wieder an zu rinnen.

Ich verabschiedete mich hastig und stiefelte zum Auto hinunter. Als ich am Plaiknerhof vorbeifuhr, der in der Wintersonne herabglänzte, konnte der Unterschied zwischen Sonnen- und Schattenseite des Lebens nicht augenfälliger sein.

Ich knirschte mit den Zähnen: „Scheinbar ist die Gerechtigkeit auf dieser Welt ebenso ausgestorben wie die Dinosaurier!“

Ich hatte der Gerechtigkeit Unrecht getan. Die Gerechtigkeit tröpfelt manchmal zäh wie Honig, aber sie tröpfelt. Goldgelb und süß!

Der Frühling begann bereits mit zaghaften Schritten Einzug zu halten, als der Winter, der sowieso schon lange gedauert hatte, nochmals die Zähne bleckte. Den ganzen Tag hatte es wie wild geschneit, der späte Schnee fiel in handtellergroßen Batzen vom Himmel und deckte das ganze Tal wieder zu. Schwer und naß lastete die weiße Pracht auf den Dächern, Zäunen und Bäumen, den Leitungsmasten und Drähten. Dicke Äste gaben dem Druck unter hellem Krachen nach, die Feuerwehr stand im Dauereinsatz.

Froh, dem Chaos heil entronnen zu sein, ließ ich mich abends gerade in meinen Lieblingsfauteuil plumpsen, als das Telefon boshaft bimmelte.

„Lieber Gott, laß es bitte eine verspätete Anmeldung zu einer morgigen Besamung sein", flehte ich im Stillen, aber der liebe Gott zeigte mir, was er von mir hielt.

„Einen Augenblick bitte, ich gebe Ihnen meinen Mann", hörte ich Karin sagen und wußte somit, daß es sich um etwas Wichtigeres als eine KB handeln würde.

„Der Plaikner", flüsterte sie und hielt mir den Hörer entgegen.

„Herr Doktor!" röhrte mir die wohlbekannte Stimme entgegen, doch diesmal mit panischem Unterton: „Mei *Blas* hat a Kolik, aber was für ane!"

Die Blas war eine der besten Norikerstuten in der Gegend und für den Plaikner sowieso die beste der Welt.

„Ist gut, ich komm' gleich zu Ihnen", seufzte ich.

„Sie kommen? Zu mir?" schrie er mit galligem Lachen, daß mir nur spontan einfiel: jetzt ist er komplett übergeschnappt.

„Ja was denn sonst? Deswegen rufen S' ja an!"

„Wie woll'n S' denn zu mir kommen?" jaulte er: „Der ganze Weg herauf is' blockiert, an Hauf'n Bäum' hat's nieder'druckt! Mindestens zwanz'g Ahorn lieg'n kreuz und quer auf der Straß'n, da is' ka Durchkommen, und jetzt in der Finsternis können mir des G'wirr a net füreinandschneid'n! Und über'n alt'n Weg auffa geht's a net, weil für an Traktor is' er schon lang z'schmal und z'Fuaß bleibt man im Schnee steck'n! Was soll i' denn tuan? Derweil stirbt mir die Blas!" Jetzt heulte er fast.

„Ich komm' trotzdem", bestätigte ich und legte auf, denn manchmal im Leben, selten genug, hat man Königsideen.

Den Weg zum Schinder Toni schaffte der Wagen mit Mühe und Rutschen. Auf mein wildes Hupen hin schaute dieser ganz verwundert bei der Haustüre heraus.

„Auf geht's!" rief ich, „die Lisa einspannen, aber mit dem Schlitten, nicht mit dem Pflug! Dem Plaikner sein Noriker hat eine schlimme Kolik, jetzt kann er sehen, wozu ein Haflinger gut ist. Von wegen ‚Altes Eisen'! Wir nehmen den alten Fußweg entlang des Grabens!"

Während der Toni die Lisa aus dem Stall holte, packte ich rasch alles Nötige in eine Tasche, und zehn Minuten später waren wir durch den dichten Schneefall unterwegs. Als wir uns dem Fuß der Plaikner

Höhe näherten, kamen mir doch ein paar Zweifel: „Die Lisa wird das doch schaffen, oder?"

Der Toni nickte nur wortlos und lenkte sein altes Pferd flott in den Saumpfad hinein. Schnaubend und stampfend zog uns Lisa bergan. Der Flockenvorhang senkte sich derweil auf uns nieder und verwandelte uns in angespannt dahockende Schneemänner.

Manchmal ruckte der Schlitten kurz, wenn die Kufen vom pappigen Untergrund gebremst wurden, aber gleich darauf ging es wieder flott voran.

Die Lichter des Plaiknerhofes tauchten plötzlich auf, und wir hielten vor dem märchenhaft verschneiten Stallgebäude. Ich sprang etwas steif vom Schlitten und marschierte in den Stall, wo der Plaikner auf der Haferkiste saß und verbittert auf sein am Boden liegendes, schwer atmendes Roß starrte. Als ich ihn an der Schulter berührte, fuhr er zusammen.

„Wie san denn Sie da plötzlich herkommen?"

Ich hätte jetzt antworten können: „Mit einem Ihrer mißliebigen Kleintiere!", jedoch der Zustand der Blas verbat sich jedes nutzlose Geplänkel. Als erstes injizierte ich ihr ein schmerz- und krampflösendes Mittel in die Halsvene, dann begann ich mit der Untersuchung. Im Bauch herrschte absolute Ruhe, keine Darmgeräusche ließen sich hören. Auf dem Bauch liegend, schob ich meinen Arm, den ich zuvor mit einem Gleitgel schlüpferig gemacht hatte, vorsichtig in den Mastdarm. Das verursachte ihr deutliches Unbehagen, denn sie schnaubte und schlug mit den Beinen gegen den Holzboden. Aber ich glaubte, genug gespürt zu haben, denn liegende Pferde sind äußerst schwer zu rektalisieren. Es befand sich kein Kot in der Mastdarmampulle, aber glücklicherweise auch kein Schleim, der auf einen Darmverschluß hingedeutet hätte. Spastischer Darmkrampf, lautete somit meine Diagnose, die ich dem Plaikner mitteilte, wahrscheinlich durch den Wettereinbruch bedingt.

„Und was heißt das?" fragte er.

„Sollten wir hinkriegen", gab ich zuversichtlich zurück. Von Zeit zu Zeit drückte ich erwartungsvoll das Stethoskop gegen die verschwitzte Bauchwand, normalerweise müßte jetzt durch die Injektion langsam die Peristaltik wieder anzulaufen beginnen. Aber je länger die Zeitspanne wurde, desto länger auch mein Gesicht. Die Blas lag bloß in Seitenlage da, schlug ab und zu mit den Beinen, und in ihrem Bauch herrschte beharrliches Schweigen. Ich gab ihr zwei weitere Spritzen und setzte sicherheitshalber eine Nasenschlundsonde, was beim liegenden Tier noch ein wenig mühsamer ist. Dann griff ich, die besorgten Blicke des Plaikner ignorierend, wieder in den Darm. Kein Kot! Verdammt noch mal!

Ich packte die Stute am Halfter und versuchte, sie in Brustlage zu ziehen, vielleicht konnte ich sie so besser rektal untersuchen. Aber kaum hatte ich den Halfterriemen wieder ausgelassen, fiel sie wieder apathisch zur Seite.

Ich hängte sie an eine Infusion, gab ihr ein Kreislaufmittel sowie homöopatische Opiumtropfen, die mir bei Darmstillstand schon oft gute Dienste geleistet hatten, und versuchte die gleiche Prozedur noch einmal. Wieder sank sie in die Seitenlage zurück, noch immer konnte ich keinerlei Lebenszeichen der Gedärme vernehmen, und das Rektum war leer wie das Parlament während einer Plenarsitzung.

„I' hab' g'wußt, sie stirbt!" tönte trostlos die hohle Stimme des Plaikner.

Ich zuckte mit den Schultern. Mitlerweile fürchtete ich, ihm recht geben zu müssen.

Da ließ sich aus dem Hintergrund der Schinder Toni vernehmen: „Mei' Vater hat in solchen Fällen vorn immer einen Schwedenbitter eingeb'n und hint'n a Stück'l Kernseif'n!"

„Und wo sollen wir das jetzt her'kriegen?"

„I hab' mir 'denkt, mir könnt'n 's vielleicht brauch'n, drum hab i 's mitg'nommmen!"

Er zog mit treuherzigem Blick aus der Joppentasche ein Fläschchen mit einer dunkelbraunen Flüssigkeit und ein handtellergroßes Seifenstück hervor.

„Jetzt is' es auch schon egal", nickte ich und schaute dem Alten zu, wie er den Seifenblock von seinen scharfen Kanten befreite und der Blas behutsam tief in den After einführte. Dann ging er zum Kopf der Stute und unter leichtem Anheben flößte er ihr den Flascheninhalt ein.

Dann warteten wir ungefähr fünf Minuten, der Plaikner und ich in resignativer Erwartung. An der Stute war keine Veränderung zu bemerken. Ohne großer Hoffnung zog ich sie am Halfter wieder hoch …, kaum war sie auf der Brust, zog sie plötzlich die Beine an, stemmte sich mit einem Ruck hoch und ging die paar Schritte zur Futterraufe und begann gierig zu fressen, als wären die letzten zwei Stunden nicht existent.

Trotz meiner höchsten Erleichterung kam ich mir gründlich gepflanzt vor!

Dem Plaikner war das völlig gleichgültig, er schüttelte den Alten anerkennend an den Schultern: „Toni, das vergiß i' dir nie. Dir net und dein Roß aa net! Ab jetzt brauchst dir kane Sorg'n mach'n, wias dei' Lisa derhalt'n sollst. Kriagst alles von mir!"

Dann fiel ihm offenbar ein, daß ich auch noch da war, und er drückte mir mit Wärme die Hand: „Danke Herr Dokta, daß Sie den Toni mit'bracht hab'n!" Nach dieser Würdigung meiner bescheidenen Leistung klatschte er vergnügt auf die Oberschenkl: „So Buam, jetzt geh'n wir ins Haus, da kriagt's an Schnaps zum Aufwarmen für' hoamfahr'n!"

Eine halbe Stunde später waren wir auf dem Heimweg. Es war Viertel nach zwei, und der Schneefall hatte aufgehört. Der Mond und einige Sterne lugten zwischen den Wolken hervor und beleuchteten sanft die Landschaft. Aus der Ferne vernahmen wir noch ab und zu das Ächzen und Knarren der schneebefrachteten Bäume.

Am Schinderhof verabschiedete ich mich noch rasch vom Toni und der jetzt auch schon sichtlich müden Lisa, „gutes Mädchen, tapferes Mädchen!", und fuhr in der mittlerweile sternenklaren Nacht nach Hause, um noch ein paar Mützen voll Schlaf zu nehmen. Es wurden nicht viele. Ich hatte das Gefühl, soeben erst eingeschlafen zu sein, da drückte wer wie verrückt die Türglocke. Ein Blick auf den Wecker zeigte mir: Viertel vor sechs!

„Welchem Irren haben sie denn da aus der Klapsmühle ausgesperrt?" grummelte ich und stapfte im Morgenmantel nach unten.

Im frühen Dämmerlicht stand der Schinder Toni mit nassen Augen vor mir: „Die Lisa is' tot!"

„Wie bitte?"

„Ja maustot! Wia i' heut' in den Stall g'kommen bin, is' s' dag'leg'n! Wia wann s' schlafert!"

An Schlaf war sowieso nicht mehr zu denken. Ich packte den Toni ins Auto und wir fuhren zum Hof.

Lisa lag auf der Brust, die Vorderbeine angezogen, den Kopf nach links an die Schulter gelehnt, ein Bild des Friedens und gleichzeitig des Jammers.

Die Einstreu war nicht zerwühlt, also hatte kein Todeskampf stattgefunden. Sie war einfach sanft im Schlaf hinübergeschlummmert. Herzversagen. Vielleicht doch die Anstrengung heute Nacht.

Ich sagte das als schwachen Trost dem Toni. Er nickte und murmelte, während er mit tränenglänzenden Augen auf seine langjährige Gefährtin starrte: „So war die Lisa! Immer da, wenn man sie gebraucht hat! Jetzt hat's sogar ihr' letzte Kraft für eine and're hergeb'n!

Sechsundzwanz'g Jahr', und nie hat's mich im Stich lass'n, bis auf den Moment …!" Er brach ab, ein stummes Schluchzen schüttelte den alten Mann.

Treue zwischen Mensch und Tier! Dramatisch, bewegend, großartig!

Der Plaikner, der noch am selben Tag vom Schicksalsschlag des Toni gehört hatte, schickte sofort einen Bagger mit Bohrer, um im nicht mehr allzu gefrorenen Boden eine Grube für die Lisa auszuheben: „Die kommt nicht in die Kadaververwertung, die hat sich ihr letzt's Platz'l dahoam verdient", erklärte er und schaute dabei wild um sich.

Meine Einwände bezüglich Tierseuchengesetz schnitt er kategorisch ab: „Hat die Lisa a Seuch'n g'habt? Na also! Außerdem lieg'n auf dem Acker hunderte Viecher, die hat aa kaner mehr ausg'rab'n!"

Ich kann nur hoffen, unser verehrter Amtstierarzt liest zur Entspannung lieber Krimis statt Tierarztbücher.

Seit einigen Jahren hat auch der alte Toni seinen letzten Platz an der Friedhofsmauer gefunden.

Neulich, ich war zufällig in der Nähe und hatte für einen Moment Zeit, habe ich aus reinem Interesse an der Erinnerung einen Abstecher hinauf zum ehemaligen Schinderhof unternommen. Der verlassene Ort mit seiner nur vom Vogelgezwitscher untermalten Stille strahlte eine mit dem Leben und Tod abgeklärte Ruhe aus. Das Haus und der Stall sinken langsam friedlich in sich zusammen und rings auf der verwilderten Wiese blühen bunte Wildblumen.

Dort hinten im Eck, wo Lisa liegt, die allerschönsten …!

Wer ist schon punschlos glücklich

Ich weiß nicht, wie es anderen Berufsgruppen ergeht, aber für die überwiegende Mehrzahl der Großtierpraktiker bedeuten Seminare eine Art Kurzurlaub. Man trägt die meiste Zeit des Tages saubere und womöglich elegante Kleidung, riecht nicht so, daß sich fremde Leute besorgt umdrehen, kann nicht nur, sondern muß sogar während der Vorträge das Mobiltelefon mit gutem Gewissen abschalten und braucht an diesen Tagen keine Stöße, Tritte oder Bisse befürchten, außer am überfüllten Pausenbuffet!

Interessanterweise werden später oft Diejenigen eifrige Seminarbesucher, die in der Studentenzeit um möglichst viele Vorlesungen einen großen Bogen gemacht hatten. Ich erinnere mich noch schamvoll an meine Chemieprüfung, wo der Professor unbedingt mehr über zwei- und dreiwertige Alkohole wissen wollte, als ich zu beantworten vermochte.

Ich ruderte bei dieser Frage verzweifelt, als gälte es, Oxford gegen Cambridge zu gewinnen.

Schließlich erlöste mich der Prüfer unter einem resignierenden Blick in die Liste meiner bisherigen, gar nicht so schlechten Bewertungen aus anorganischer Chemie und sämtlichen Laborübungen mit der bissigen Bemerkung: „Gerade noch genügend, mir scheint, dem Gebiet Alkohol haben Sie sich während der letzten Semester eher von der praktischen Seite her genähert!“

Um ihn nicht gänzlich zu enttäuschen, bin ich den „Vierer“ im Anschluß gleich feiern gegangen!

Als ich nun die Ankündigung der Wiener Fortbildungsveranstaltung über Eutererkrankungen in den Händen hielt, stand für mich fest: das war die Gelegenheit, wieder einmal im adventlich geschmückten schönen alten Wien Station zu machen, noch dazu beruflich abgesegnet, denn Euterbehandlungen beim Rind gehören sozusagen zu meinem Spezialgebiet in der Rinderpraxis und sind zentraler Bestandteil meiner Tätigkeit.

Somit war es von wirtschaftlicher Notwendigkeit, über das Wochenende der *Crème de la crème* an Fachleuten zu lauschen und zu überprüfen, ob ich oder die Bakterien sich auf dem neuesten Stand der Wissenschaft befanden.

Ohne Karin, meine, wie bekannt, seit einigen Jahren liebe Frau (das heißt, lieb war sie schon vorher, aber seit dieser Zeit waren wir verheiratet) war an diese Fahrt nicht zu denken, denn erstens liebte sie die Großstadt ebenso wie ich, zweitens hatte ich dann jemanden, der mich sicher vom Heurigen nach Hause brachte.

Das Seminarhotel am Stadtrand war mit großteils unbekannten Gesichtern überfüllt. Plötzlich packte mich im Gedränge wer von hinten am Arm und schrie: „Hans? Hans! Das ist eine Überraschung! Was machst du denn bei uns Kuhbusenexperten? Ich hab' immer geglaubt, du gackerst in den Hendlställen herum und zupfst die Salmonellen von den Bürzeln? Hab' ich jedenfalls gehört!"

„Stefan! Dich gibt's auch noch?" Ich hatte mit dem langen Steirer seinerzeit auf der Uni einige Klinikdienste absolviert und ihn später nochmals zufällig in den heiligen Hallen der Tierärztekammer getroffen, wo ich ihm erzählte, daß ich soeben begonnen hatte, meine Brötchen als Geflügeltierarzt zu verdienen.

„Klar gibt's mich noch!" grinste er. „Du weißt ja: Steirerman san very good ...!"

„Das gilt nur für den Schwarzenegger! Aber ich mach' dir einen Vorschlag! Wenn du an meinem Lebenslauf interessiert bist, treffen wir uns heute nach den Vorträgen beim Heurigen!"

„Abgemacht! Nach soviel Milch braucht der Mensch dringend etwas Lebertraining!"

„Und steirische Tierärzte was gegen Entzugserscheinungen, wie ich aus Erfahrung von meiner Zeit in der Gleisdorfer Besamungsanstalt her weiß!"

Als Karin und ich Punkt acht Uhr beim *Mayer am Pfarrplatz* eintrafen, saß Stefan schon am reservierten Tisch in der Schank.

„Ich dachte immer, dein Stammheuriger wär' der *Urban* gewesen", begrüßte er uns.

„Tja, aber der hat schon vor Jahren zugesperrt", seufzte ich wehmütig.

„Logisch!" Stefan grinste: „Seitdem du Wien verlassen hast, ist ihm das Existenzminimum weggebrochen! Also, was hat dich jetzt von den Hend'ln vertrieben? Seither kennt die Öffentlichkeit wohl den Begriff ‚glückliche Hühner'?"

Ich kostete genüßlich das erste Viertel: „Vertrieben ist ganz richtig! Nachdem ich in Gleisdorf aufgehört hatte, brauchte ich ein neues Betätigungsfeld, und da wurde mir eine Stelle in der größten Geflügelpraxis Österreichs angeboten. Du weißt ja, als Studenten machten wir um das Federvieh immer einen großen Bogen, und wer es zur Prüfung bekam, hatte einfach Pech gehabt! Aber, so sagte ich mir, Horizonterweiterung schadet nie. Unsere Hauptlaborantin, die Frau Wichal, war ein echtes Wiener Kind, voll von Aphorismen! Einmal fragte ich sie nach dem Ergebnis eines dringenden bakteriellen Abstriches, da überlegte sie angestrengt, ohne jede Verlegenheit und resümierte:

‚Momenterl, am Montag war ich mit meiner Tochter beim Kinderarzt, am Dienstag war z'haus der Ofen kaputt, am Mittwoch hab' i' drauf vergess'n, am Donnerstag war Feiertag und am Freitag war i' selber krank!'

‚Na und heute?' hakte ich nach.

‚Heut' hab' i' wieder vergess'n!'

‚Frau Wichal!' knurrte ich, ‚Sie bringen mich noch ins Grab!'

‚Herr Dokta', kam es selbstbewußt von ihr, ‚san' S' froh, daß mi' hab'n, weil wann S' net froh wär'n, hätt'n S' mi' trotzdem!'"

Stefan lachte: „So seid's, Ihr Wiener! Fehler mit flotten Sprüchen garnieren!"

Ich überhörte den Einwurf: „Neben der Chefin und der Labortierärztin Gerda waren wir zwei Veterinäre für den immerhin fast das gesamte Bundesgebiet umfassenden Außendienst, ein ungarischer Kollege namens Szabo und meine Wenigkeit. Der Szabo hatte zuvor meine Vorgängerin geheiratet, worauf diese gekündigt worden war mit der Begründung, ein Ehepaar im Betrieb wäre wegen der gemeinsamen Urlaubstage nicht tragbar! Natürlich hatte es die Frau erwischt, denn bei ihr bestand noch die zusätzliche Gefahr der Schwangerschaft!"

„Bei dir allerdings keine Gefahr, Alter!"

„Alle im Labor fühlten sich gleich zu Beginn bemüßigt, mich vor der Rache des Szabo zu warnen, aber ich muß sagen, er verhielt sich von Anfang an tadellos, distanziert, doch kollegial. Ich hatte mich also schon mit dem Schicksal angefreundet, bis zur Pension gefiederte Ostereierfabrikanten und Brathendlaspiranten zu betreuen, noch dazu, wo sich die Sache als interessant erwies, als plötzlich Probleme auftauchten. Du wirst dir vielleicht noch in deinen alkoholgeschwängerten Erinnerungen an die Geflügelvorlesungen bewahrt haben, daß Legehühner unmittelbar nach dem Schlupf gegen die Mareksche Hühnerlähmung durch Impfung geschützt werden müssen, weil sonst unweigerlich im Alter ab zwanzig Wochen die Tiere nur mehr in Spagatstellung herumliegen.

Das ist eine verflucht haarige Angelegenheit. Du kriegst die wuseligen Kücken auf großen Plastiksteigen serviert, mußt mit der einen Hand blitzschnell eines an den Beinen herauspicken und mit der Impfpistole in der anderen den Stich präzise in den winzigen Oberschenkelmuskel vollführen, das Kücken zu den bereits Geimpften in eine weitere Steige schupfen und sofort den nächsten Kandidaten fassen. Tausend Tiere pro Stunde ist das Minimum, sonst wird der frisch gelöste Impfstoff unwirksam! Das hieß zum Beispiel, zu zweit an einem Nachmittag achtzehntausend Kücken! Offiziell wird bei dieser Methode eine Versagerquote von maximal fünf Prozent toleriert, praxisintern lediglich zwei Prozent, was wir mühelos schafften!

Aber mit einem Schlag, ich war schon fast ein Jahr lang im Labor, hatten wir nach jeder Impfung plötzlich dreißig, vierzig, ja manchmal sogar fünfzig Prozent Ausfälle! Dazu einen Haufen Gelenksentzündungen! Du kannst dir vorstellen, was das für ein Schaden war, finanziell und imagemäßig, von den armen Viechern gar nicht zu reden! Sofort wurde der Impfstoff gegen einen anderen ausgetauscht, das alte Serum zur Untersuchung auf Verunreinigung verschickt, die Impfpistolen technisch überprüft, alles erfolglos! Im Schnitt bekam weiterhin fast die Hälfte aller Hühner diese verdammte Krankheit.

Sonderbar allerdings, daß diese Ausfallsrate nur dann zustande kam, wenn wir Tierärzte gemeinsam impften. Sobald einer von uns mit einer Laborantin, die als eingeschulte Hilfskraft dazu unter Aufsicht eines Veterinärs berechtigt ist, in den Brütereien unterwegs war, hatten wir wieder nahezu null Impfversager. Über uns zwei Außendiensttierärzte wurde somit vorläufig ein alleiniges Impfverbot mit der Nadel verhängt. Natürlich war diese Situation auf Dauer nicht tragbar, und, obwohl ich während meiner bisherigen Zeit tadellose Arbeit verrichtet hatte, spürte ich instinktiv, daß über mir als dienstjüngstem Mitarbeiter das Damoklesschwert in Form des Blauen Briefes pendelte.

Du wirst verstehen, daß ich deshalb an diesem strahlenden Herbsttag auf dem Weg nach Salzburg zu ein paar Trinkwasserimpfungen nur wenig motiviert war, meinen Auftrag, der vorsah, möglichst bald in Linz einzutreffen, wo Kollege Szabo mit Frau Wichal in der PICCO-Brüterei seit der Früh mit der Marekimpfung beschäftigt war, und die Laborantin abzulösen, zu erfüllen.

Ich gondelte also gemütlich ein wenig im Salzkammergut umher, um meine wahrscheinlich letzte Dienstfahrt wenigstens in Form eines Ausflugs zu genießen, und kam daher erst am späten Mittag in Linz an. Szabo war außer sich, das erste Mal, daß er mir gegenüber die Fassung verlor: ‚Wo waren Sie denn so lang?' fauchte er. ‚Sie hätten schon vor Stunden da sein müssen! Ein Wahnsinn!'

‚Tut mir leid, es gab technische Probleme verschiedener Art', log ich ihn gleichmütig an. Mir war mittlerweile alles egal. ‚Auch bei Ihnen, Frau Wichal, muß ich mich für das Zuspätkommen entschuldigen …!'

‚Herr Doktor', antwortete die Perle, ‚mach'n S' Ihnen kane Gedanken, i' impf' jetzt schnell noch die zwei Paletten weißer Kücken fertig, da brauchen S' sich nimmer extra umzieh'n, das lohnt sich nicht. Geh'n S' lieber gleich rüber in die Halle zu den braunen Kücken, da wartet eh noch g'nug Arbeit auf Sie und den Szabo!'

Ich schlenderte also hinüber in den anderen Schlupfraum, zog mir in der Schleuse den sterilen Overall und die Einwegschuhe an und begann in monotonem Rhythmus stundenlang neben dem ungewohnt und vollkommen feindselig schweigsamen Kollegen tausende braune, teilweise noch mit Eischalenresten verklebte Kücken zu impfen. Ich hatte somit an diesem Tag keinen einzigen weißen Piepmatz in der Hand gehabt!"

Ich machte eine kleine Pause.

„Und?" fragte Stefan gespannt, obwohl ich ihm ansah, daß er sich das weitere denken konnte.

Ich lachte: „Über vierzig Prozent Marek bei den Weißen! Damit stand fest, daß es der liebe Szabo war, der die armen Tiere absichtlich ins Kniegelenk statt in den Oberschenkel gestochen hatte, um sowohl dem Labor als auch mir zu schaden. Er hatte genau zu dem Zeitpunkt damit begonnen, als er bei einem eventuellen Stellenabbau abfertigungsberechtigt gewesen wäre. Was ihm in diesem Falle der fristlosen Kündigung natürlich nichts nützte! Wäre ich hingegen dienstbeflissen nach Linz gestürmt, hätte der miese Tierquäler gewonnenes Spiel gehabt! Du siehst also, daß mangelnde Arbeitsmoral einen im Leben manchmal auch weiterbringt", schloß ich meine Schilderung.

„Ich wußte immer, daß dir deine Faulheit einmal den Kopf rettet", lachte Stefan, „aber wieso bist du dann doch weg vom Labor? Schließlich warst du doch jetzt glänzend rehabilitiert!"

„Naja, ich hatte innerlich bereits mit der Geflügelpraxis abgeschlossen gehabt und mir schon eine Absprungbasis in die Großtierpraxis verschafft, von der ich aus Gleisdorfer Zeiten doch einiges verstand!"

Stefan hob das Glas: „Willkommen im Klub, darauf trink ich! Noch ein Viertel?“

Ich schüttelte den Kopf: „Der Kellner schaut schon ständig gähnend zu uns herüber!“

„Na dann ex! Die Arbeitsmoral heutzutage läßt scheinbar nicht nur unter manchen Tierärzten zu wünschen übrig!“

Das Seminar endete am folgenden Nachmittag. Bevor wir der Großstadt wieder für längere Zeit den Rücken kehrten, überredete ich Karin, noch einen Abstecher auf den kleinen idyllischen Adventsmarkt im Gersthofer Grätzl zu machen. In der steil bergaufführenden Straße offerierten drei oder vier Stände äußerst verlockend Punsch, Glühwein, Zimtgebäck und diverse Weihnachtsdevotionalien aus Holz und buntbemaltem Gips.

Stefan und Max, ein Nachbarkollege von ihm, den ich auch noch flüchtig aus Studententagen kannte, hatten sich zu einem panikartigen Abschiedsschluck dazugesellt.

Wir entschieden uns spontan für die aus rohen Holzschwarten gezimmerte Hütte, die Punsch zugunsten von spastisch behinderten Menschen ausschenkte. Das Gebräu war nicht nur hervorragend, sondern auch derart alkoholträchtig, daß es ein mittleres Seemannsheim besoffen machen würde.

„Gott sei Dank“, knurrte Karin, die als Fahrerin vom Genuß ausgeschlossen bleiben mußte, und trat vor Kälte von einem Fuß auf den anderen: „Dann dauert es wenigstens nicht so lange!“

Wir glücklichen Herren der Schöpfung amüsierten uns, befeuert vom Punsch, hingegen prächtig, als ich im gelben Schein der Schmuckbeleuchtung eine vertraute Gestalt vorbeihuschen sah: „Gerda!“ rief ich. „He Gerda, kennst du mich nicht mehr?“

So ein Zufall! Erst gestern hatte ich sie in meiner Erzählung erwähnt, und nun stand die ehemalige Labortierärztin aus meiner Geflügelzeit mit überraschtem Gesicht vor mir: „Servus Hans, was machst du hier?“

„Seminarabschluß feiern! Ich möchte dir meine Frau Karin vorstellen! Und das sind die Kollegen Stefan und Max!“ Die beiden winkten schon ebenfalls ein bißchen spastisch. „Was ist? Darf ich dich zu einem Punsch einladen?“

Zuerst zögerte sie: „Ich weiß nicht recht, ich bin eigentlich nur schnell Zigaretten holen gegangen für meinen Freund Georg! Wir wohnen da droben, gleich um die Ecke! Der macht sich sonst Sorgen!“ Sie deutete die Straße hinauf.

„Komm schon, für das unerwartete Wiedersehen wirst du doch ein paar Minuten erübrigen können, ohne daß dein geliebter Macho gleich an Nikotinentzug stirbt!“ Ich drängte ihr einen heißen Becher Punsch in die Hand.

„Naja, hast recht, ein Weilchen wird er schon warten können! Wie geht's dir denn so immer in der Provinz?“

Ich erzählte ihr von meiner Arbeit, den Bauern und all den kleinen Triumphen und Tragödien meiner Praxis.

„Das klingt ja alles sehr schön, aber ich verstehe nicht, daß man als eingefleischter Großstädter wie du für immer auf's Land ziehen kann!“

Karin lächelte fröstelnd gequält. „Ich auch nicht, aber warten Sie nur ab, ab der Pension können Sie ihn wieder täglich beim Heurigen treffen, wenn er's dann noch aushält!“

„Keine Sorge!“ rief ich und schwenkte die leeren Becher: „Noch eine Runde für alle!“

Während der nächsten vier Punsschkrüge erfuhr ich nacheinander, daß Gerda seit zwei Jahren in einem Lebensmittellabor arbeitete, im Sommer ihren Georg, einen Tiroler, heiraten würde, obwohl er manchmal sehr eifersüchtig sein konnte, an der Hoffnung festhielt, doch noch irgendwann ihren Doktor zu machen, mit ihrer jüngsten Schwester inzwischen heillos zerstritten war, Sushi verabscheute, die Tapeten im gemeinsamen Schlafzimmer scheußlich fand und anfallsweise von einem unangenehmen Ausschlag an heiklen Stellen heimgesucht wurde. „Scholl ich sch' dir schzeig'n, hicks?“

Kein Zweifel, der Alkohol zeigte langsam beunruhige Wirkung!

Auch Max hatte sich mittlerweile entfernt, um im Innenhof eines nahen Gemeindebaues sich vom Spastikerpunsch zu erleichtern, und Stefan war ihm schwankend seit einiger Zeit nachgefolgt, ohne daß einer der beiden wieder zum Vorschein gekommen wäre. Ein typischer Fall von der Bauer schickt den Jockel aus!

„Ich glaube, das ist jetzt der geeignete Zeitpunkt zum allgemeinen Aufbruch“, stellte Karin rigoros fest und beäugte mit schiefem Blick meine verzweifelten Versuche, Gerda am demonstrativen Entblößen ihres sicherlich bemerkenswerten Brustkorbes bei minus acht Grad zu hindern.

„Sei so nett, und schau' einmal nach den zwei kollegialen Trunkenbolden, die wie weiland Stanley und Livingstone im Häuserdschungel verschwunden sind, daß sie nicht unter einem dieser hundstrümmerlbesäten Gebüsche ein kaltes Ende finden“, bat ich meine mittlerweile nicht mehr sehr kooperativ wirkende Frau: „Ich bring' inzwischen Gerda nach Hause, wir treffen uns in einer Viertelstunde wieder hier."

„Hoffentlich heil und angezogen", murmelte sie und verschwand in Richtung Gemeindebau.

„Ich will aber noch wasch trinken!" Gerda war offensichtlich auf den Geschmack gekommen.

„Später, bei Georg", vertröstete ich sie und schob sie in die richtige Himmelsrichtung.

Sie stakste mit eckigen Schritten neben mir die Straße hinauf, die ziemlich eisig war. Plötzlich rutschte sie aus und fiel der Länge nach hin. Ich half ihr hoch und stellte sie wieder auf die Beine.

„Danke, esch geht schon!"

Patsch, lag sie schon wieder!

Das Ganze wiederholte sich noch ungefähr vier Mal, bis ich, Karin hin oder her, meinen Arm um ihre Hüfte schlang und sie energisch abschleppte, wie es die MA 42 nicht besser gekonnt hätte. Die Zigarettenpackung, die sie noch immer in der Hand umklammert hielt, steckte ich fürsorglich fürs erste in meine Manteltasche, damit sie der gute Georg nicht erst neu wuzeln müßte.

Sie legte ihren Kopf auf meine Wange und seufzte: „Du riechscht scho gut!"

Wahrscheinlich roch für sie im Augenblick alles gut, was ein gewisses Punscharoma verströmte.

Keuchend und schlitternd erreichten wir nach einigen falschen Abbiegemanövern das Haustor, von dem sie schwörte, daß es endlich das richtige war. Es handelte sich um einen schmucken modernen, dreistökkigen Wohnblock mit gläserner Eingangsfront und breiten Balkons.

Ich studierte das Namensbrett: „Wie heißt denn dein Zukünftiger eigentlich?"

„Isch glaub' Georg!"

Na prima! „Und weiter?"

Sie runzelte die Augenbrauen: „Schißwaller?"

Auf der Tafel gab es ein Türschild Sißwallner! Das könnte hinkommen!

Hoffnungsfroh drückte ich die Taste. Das Summen ertönte, und durch die Glaspforte konnte ich erkennen, wie sich eine Wohnung auf der ersten Galerie öffnete. Ein athletischer Mann im Unterleibchen mit Muskeln wie ein Preisboxer trat heraus und spähte mißtrauisch herunter.

Ich schob Gerda durch die Glastüre in das hellerleuchte Stiegenhaus und winkte Georg fröhlich zu: „Hallo, Georg!“

Dann gab ich Gerda einen sanften Klaps in Richtung Treppe, sagte: „Auf Wiedersehen, Frau Sißwallner!“, und schloß rasch das Tor von außen. Georg, sofern er es war, sah nicht so aus, als wäre er zur Stunde irgendwelchen Erklärungen von wegen sentimentalen Wiedersehens zugänglich. Durch das Glas konnte ich erkennen, wie er seine wackelige Braut auf dem ersten Stufenabsatz gerade noch auffing, und machte mich zufrieden auf den Rückweg, wo unten beim Punschstand bereits eine leicht gereizte Karin auf mich wartete: „Sag einmal, wie schaust denn du aus?“

„Wieso? Was ist denn?“ Ich war einigermaßen verwirrt.

„Na deine Hände! Alles voll Blut!“

Jössus na! Das mußte von Gerda stammen, die sich bei ihren mehrmaligen Stürzen offenbar auf dem scharfkantigen Eis geschnitten hatte.

Ich säuberte mich mittels Papiertaschentüchern notdürftig an einem vereisten Schneehaufen, aus dem die Spitze eines Hydranten herausragte, und ließ mich anschließend erleichtert auf den Beifahrersitz neben Karin plumpsen.

„Na servus“, meinte sie kopfschüttelnd und ließ den Motor kommen, „Ihr Freund wird dich für eine Art Frauenmörder Wurm halten!“

„Ja, aber für einen netten“, gluckste ich punschselig. „Auf jeden Fall wird er sie nicht so schnell wieder um Zigaretten schicken!“

Die Zigaretten!

Meine Hand fuhr in die Manteltasche und förderte zwei zerknautschte Packungen hervor!

Wahrscheinlich würde er sie nie wieder um Zigaretten schicken!

„Sag mal“, wandte ich mich zögernd an Karin, deren bevorzugte Marke Ernte 23 war, „rauchst du vielleicht zur Abwechslung auch Marlboro?“

Der Vogelhändler bin ich ja …

„Nein, Frau Menzl! Das können Sie mir nicht antun!“ Ich wich vor der kleinen alten Dame zurück, als wär sie der leibhaftige Gerichtsvollzieher: „Bitte haben Sie doch Verständnis!“

Frau Menzl, zart und gebrechlich wirkend in ihrem schlotternden Fischgrätmantel, sah mich aus blaßblauen Greisenaugen so flehentlich an, wie seinerzeit mein alter schwarzer Spaniel Bobby, wenn ich gerade am Kühlschrank war.

„Gehen Sie, bitte, Herr Doktor“, sagte sie mit zittriger Stimme, „schauen Sie, ich weiß keinen anderen Ausweg! Ich muß doch jetzt auf die Kur wegen meiner Herzschwäche, und was soll ich denn in dieser Zeit mit Eduard machen? Ins Kurheim darf ich ihn nicht mitnehmen, da sind Tiere strengstens verboten, und sonst hab ich doch niemanden mehr, seit mein lieber Mann vor zehn Jahren gestorben ist!“

„Ja aber Ihre Nichte, die Sie nächste Woche nach Bad Tatzmannsdorf fährt, die könnte sich doch derweil um den guten Edi kümmern!“

„Bitte sagen Sie Eduard zu ihm, sonst kränkt er sich“, verbesserte mich Frau Menzl sanft, „meine Nichte hat zwei wilde Katzen und zwei ebensolche Kinder zu Hause. Die kann ihn unmöglich nehmen! Schließlich ist er schon ziemlich betagt und verträgt keine Aufregung mehr!“

„Eduard!“ krächzte der gelbgrüne Wellensittich, als er seinen Namen hörte.

„Ja, mein Burli! Der Herr Doktor nimmt dich schon in Kost, gelt Herr Doktor?“

„Burli brav, Burli schön!“ bekräftigte Eduard.

Es half nichts. Die Augen von Frau Menzl trugen genauso den Sieg davon wie seinerzeit die von Bobby.

Ich seufzte. „Also gut, ich gebe mich geschlagen! Wie lange bleiben Sie denn auf Kur?“

„Eh nur zwei Wochen! Ich dank’ Ihnen vielmals, Herr Doktor!“

Meine Entscheidung wurde mir ein wenig durch den Umstand erleichtert, daß Karin zehn Tage lang auf Schulprojektwoche irgendwo in der Toskana verbrachte.

Pünktlich zur überfüllten Sprechstunde am nächsten Donnerstag erschien Frau Menzl in einem grünkarierten Reisekostüm und stellte mir den Vogelkäfig auf den Ordinationstisch: „So, da sind wir! Ich kann Ihnen gar nicht sagen, Herr Doktor, wie froh ich bin, daß mein alter Eduard bei Ihnen bleiben darf! Da weiß ich, daß er gut betreut wird! Meinerseel', ich hätt' sonst während der ganzen Kur keine ruhige Minute! Und du bist auch schön brav, mein Burli, gelt?"

„Burli schön, Burli brav! Eduard!" kam es von meinem neuen Zögling, der sich genußvoll die Brust kraulen ließ.

Nachdem die Gefahr bestand, daß die gerührte Frau Menzl mich ebenfalls zu kraulen anfing, verabschiedete ich sie schnell. „Also dann, Frau Menzl, machen Sie sich keine Sorgen und erholen Sie sich gut!"

„Leben Sie wohl, Her Doktor, baba Eduard!"

Vom Trennungsschmerz gezeichnet, verließ sie den Behandlungsraum und ließ dabei die Türe offen.

Dies wertete Frau Neuling als Zeichen, eintreten zu dürfen, und schob sich an Frau Menzl vorbei ins Zimmer, ihren großen pechschwarzen Kater Kolumbus am Arm. Er trug diesen treffenden Namen, da er sich schon als kleiner fetter Welpe ständig auf Entdeckungstour befunden und dabei mehrmals seine gesamten sieben Katzenleben riskiert hatte.

Einmal war es besonders schlimm gewesen, als er in das Faß mit Lackresten gefallen war und es eine Woche lang trotz Intensivbehandlung aussah, als würde ihn die Vergiftung zur Strecke bringen.

Aber was uns nicht umbringt, macht uns bekanntlich härter, und so streifte Kolumbus seit drei Jahren als muskulöse Miniaturausgabe eines schwarzen Panthers durch die Gärten der Siedlung, der Schrekken seiner Rivalen um die Gunst netter Katzenmädchen.

Eduard, der als reiner Stubenhocker Katzen und ihre Bedeutung für ihn und seine Artgenossen allerhöchstens aus dem Fernsehen kannte, blinzelte dem Ankömmling furchtlos entgegen.

Kolumbus aber, der achtzig Prozent des Tages außer Haus verbrachte, wußte nur zu gut um die Leckerheit aller Sorten von Eduards und spannte bereits seinen Körper zum Absprung von Frau Neulings Busen an.

Rasch packte ich den Käfig und trug, an dem jagdfieberigen Kater vorbei, die gefiederte Speisekarte sicherheitshalber hinaus.

Als ich mit leeren Händen wieder zurückkam, stand Kolumbus die Enttäuschung ins Gesicht geschrieben. Ich zog ihm mit dem Daumen das rechte Augenlid herunter und betrachtete routinemäßig die Bindehaut: „Na, wo fehlt's denn diesmal?"

„Andere Seite", sagte Frau Neuling, „er hat seit einigen Tagen Schmerzen, wenn er auf's Kistchen geht, und Blut im Stuhl!"

Ein nicht ganz erbsengroßer, kugelförmiger, blauroter Knoten saß direkt an Kolumbus Anus. Als ich leicht draufdrückte, sickerte etwas helles Blut heraus, und das Fauchen des Katers zeigte mir an, daß er das als schmerzhaft empfand.

„Klassische Hämorrhoiden! Allerdings ist mir das bei einer Katze noch nicht untergekommen, muß ich gestehen!"

„Na so was!" staunte Frau Neuling. „Von wo kann er das her haben?"

Ich zuckte die Schultern: „Keine Ahnung, normalerweise pflegen Katzen eine etwas gesündere Lebensweise als der Mensch, von wegen Bewegungsmangel und sitzenden Tätigkeiten!"

„Kann das vielleicht daher kommen, weil wir seit dem Vorjahr einen Zierteich im Garten haben und Kolumbus den ganzen Winter lang stundenlang auf dem Eis gehockt ist und die Goldfische darunter beobachtet hat?"

Ich mußte lachen: „Das wär' immerhin eine Möglichkeit! Jedenfalls ist es nur unangenehm, nicht besorgniserregend. Ich gebe Ihnen einfach eine homöopathische Salbe, die schmieren Sie ihm zweimal täglich drauf, dann wird in zirka zwei Wochen das Übel weg sein."

„Ojeh, eine Salbe! Die wird er sich sicher abschlecken."

„Das macht nichts, das ist der Vorteil an der Homöopathie! Dann nimmt er das Mittel eben oral auf! Oder wollen Sie lieber Sitzbäder aus Eichenrinde und Kamille mit Kolumbus einstudieren?"

Jetzt lachte Frau Neuling: „Bloß das nicht, da nehme ich lieber die Salbe!"

Eduard war inzwischen dabei, sich in dem kleinen Zimmer, wo ich ihn hinverfrachtet hatte, häuslich einzurichten, indem er Körner und Sand gleichmäßig rund um seinen Käfig verstreute.

Dabei quatschte er munter drauflos: „Burli schön, Burli brav!"

Ich bezweifelte, ob Karin bei ihrer Rückkehr diese Einschätzung teilen würde, aber glücklicherweise würde morgen früh Frau König, unsere Perle des Hauses, zum Großreinemachen antreten.

Diese Perle war ein wenig aus der Fassung, als ich am nächsten Mittag spät nach Hause kam. Gleich beim Eingang empfing sie mich mit einem Vorwurfsschwall: „Hören Sie, Herr Doktor, als ob ich nicht schon genug Arbeit hier im Haus und in der Ordination hätt', müssen Sie jetzt noch eine Vogelpension aufmachen! Das Viech macht ja mehr Dreck wie ein Streuwagen bei Glatteis! Und ich muß das putzen!"

Der Vormittag war höchst anstrengend verlaufen und noch dazu war das Kalb gestorben, daß ich seit einer Woche wegen einer bösartigen Viruserkrankung behandelt hatte, wobei die letzten Tage bereits Anlaß zur Hoffnung gegeben hatten.

Müde, hungrig und grantig, wie ich war, verstieg ich mich gegen meine Gewohnheit zu der lapidaren aber ziemlich herablassenden Bemerkung: „Putzfrau hat was mit Putzen zu tun, liebe Frau König!"

Das war ein Fehler: „Waaas?" keifte sie. „Putzfrau? Ich bin Wirtschafterin, Herr Doktor, versteh'n S', noch dazu bei der Wirtschaft, die Sie immer im Behandlungsraum veranstalten ...!"

„Entschuldigung, daß sich meine Patienten nicht die Schuhe ausziehen wie in einem japanischen Wohnzimmer und daß ich nach der Ordination die Körpersäfte nicht selbst aufwische, sondern zu notleidenden Tieren eile!" schnappte ich. „Wenn Ihnen die Arbeit bei einem Tierarzt nicht paßt, dann bewerben Sie sich bei einem Psychiater! Dort werden Sie höchstens mit schmutzigen Gedanken konfrontiert!"

„Das ist die Höhe!" rief sie und knallte die Flasche Reinigungsmittel, die sie in der Hand hielt, so auf das Biedermeiertischchen, daß oben die Seifenblasen herausblubberten: „Das muß ich mir gefallen lassen, obwohl ich nur Ihrer Frau zuliebe damals geblieben bin nach der G'schicht mit der grauslichen Vogelspinn', die Sie auch zur Pflege übernommen hab'n! Aber jetzt ist es endgültig! Ich geh!"

Sie fuhr hastig in die Schuhe, riß die Jacke vom Haken und warf in ihrer Kleiderschürze die Tür von außen zu.

Als der Verputz aufgehört hatte zu rieseln, breitete sich eine angenehme Stille im Hause aus, nur aus dem Nebenzimmer hörte man: „Burli schön, Burli brav, Eduard!"

Wurst, daß es erst zwanzig nach eins war und ich noch ohne Mittagessen. Ich brauchte jetzt einen Cognac!

Als Karin am Abend anrief, verschwieg ich wohlweislich, daß wir zur Zeit über einen Wellensittich mehr und eine Wirtschafterin weniger verfügten. Sie sollte sich in der Toskana nicht mit unnötigen Sorgen belasten, das ginge hinterher genauso gut.

Zwischen den unaufhörlichen Telefonanrufen am Morgen, während einer hastig und zu heiß geschluckten Tasse Mokka, unter Herrichtung der benötigten Tagesmedikamente füllte ich pflichtbewußt Edis Körnerfutter und Wasserschüssel auf und hing ihm ein paar frische Salatblätter vor die Nase: „Na was sagst du zu uns zwei alten Strohwitwern, hm? Geht doch ganz gut im Männerhaushalt?"

Wie zur Bestätigung knabberte er sanft an meiner Fingerspitze und krächzte: „Burli schön, Burli brav! Eduard!"

Ich grinste: „Also servus, du Clown! Der Onkel muß jetzt auch ein paar Körner verdienen geh'n!"

Beim Heimkommen drehte ich kurz die Nachrichten im Radio auf, entnahm dem nachfolgenden Wetterbericht ebenfalls nichts Gutes und machte mich daran, meine Sezierkünste an dem Brathendl, das ich mir unterwegs rasch am Stand vor einem Einkaufsmarkt besorgt hatte, aufzupolieren. Aber entweder waren meine Kenntnisse nicht mehr ganz frisch oder das Hendl nie frisch gewesen.

„Zäher Vogel!" knurrte ich.

Apropos Vogel! Plötzlich fiel mir auf, daß ich, seit ich da war, keinen Mucks von Eduard gehört hatte, die beständige Hintergrundzwitscherberieselung war fort!

Ich sprang auf und ins Nebenzimmer! Eduard lag auf der Seite am Käfigboden, die Augen weit und starr. Als ich ihn herausholte, standen seine Beinchen bereits steif vom Körper ab!

Du großer Gott! Offensichtlich Herzversagen! Sicher, er hatte schon eine ganze Reihe an Jährchen auf dem Federbuckel gehabt, aber daß er sich vom gnädigen Schicksal ausgerechnet unter meiner Obhut ereilen ließ, empfand ich als ziemlich unkameradschaftlich.

Wie sollte ich das bloß Frau Menzl beibringen, wenn diese von der Kur hoffentlich gestärkt zurückkommen würde?

Gar nicht! Ein neuer Sittich mußte her. Ein Doppelgänger sozusagen!

Ein Blick auf den Visitenblock zeigte mir, daß ich mir ein paar Stunden frei nehmen konnte, um Eduard II. zu organisieren.

Ich steckte den verblichenen Vorgänger in eine alte Pfeifenschachtel, schnappte den Käfig und begann meine Tour durch die Zoohandlungen, welche am Land bedauerlicherweise ebenso verstreut liegen wie die Goldkörner in den Hohen Tauern.

Der erste Verkäufer, dem ich den steifen Eduard auf der offenen Hand mit den Worten „genau so einen Wellensittich brauche ich" präsentierte, schien offensichtlich der Präsident der ortsansässigen Faschingsgilde zu sein, denn er grinste mich an und sagte: „Leider, ich hab' nur Lebendige!"

„Bravo, ganz in meinem Sinne", nickte ich grimmig, obwohl mir nicht nach Scherzen zumute war.

„Und, haben Sie vielleicht zufällig so ein Exemplar, das diese löbliche Eigenschaft aufweist und trotzdem äußerlich ident ist?"

Er schüttelte den Kopf und zeigte auf eine große Voliere: „Bedaure! Sie können sich aber gerne selbst davon überzeugen!"

Ein kurzer Blick auf die plusternde Bande hinter Gittern zeigte, daß der Mann recht hatte. Damit erübrigte sich die nächste Frage nach eventuellen Sprechfähigkeiten.

In der nächsten Tierhandlung schaute mich die ältliche Verkäuferin mit einem verächtlichen Raubvogelblick an: „Sittiche in Gemeinschaftshaltung sprechen ***nicht***! Das tun sie nur in Einzelhaltung, um Kontakt zu knüpfen!"

„Genau so etwas brauche ich! Er soll der Gesellschafter einer alten Dame sein …!"

„Papageienvögel in Einzelhaltung ist ***Tierquälerei***!" unterbrach sie mich im höchsten Grade aufgebracht. „Das sollten die Leute endlich einmal begreifen! Es ist unfaßbar, daß manche Menschen überhaupt nichts von Tieren verstehen!" Drohend fixierte sie mich.

Beschämt trat ich den Rückzug an, froh, daß ich meinen Wagen mit dem Tierarztschild mangels Parkplatz nicht vor dem Geschäft abgestellt hatte.

Im vierten oder fünften Lokal wurde ich fündig! Der Sittich, der allein in seinem Käfig saß, sah fast genauso aus wie der selige Eduard, nur am linken Flügel hatte er ein paar blaue Federn mehr. Ich hoffte aber, daß Frau Menzl, die schon etwas schlecht sah, aus Eitelkeit aber eine Brille verweigerte, diese Winzigkeit nicht bemerken würde.

„Und wie steht's mit Sprechen?" fragte ich hoffnungsvoll.

„Ah, Sie wollen einen Vogel, der reden kann? Dann hätt' ich hier diesen wunderschönen Ara für Sie! Ganz preiswert!"

Ich schüttelte den Kopf. So schlecht sah Frau Menzl auch wieder nicht.

Ich bugsierte Eduard den Zweiten in meinen Käfig, verabschiedete mich pietätvoll von Eduard dem Ersten und fuhr nach Hause, voller Zweifel, ob ich das Richtige getan hatte.

Am Abend blieb der Fernsehapparat dunkel und die Bücher zugeklappt, statt dessen setzte ich mich, mit einem ordentlichen Whisky bewaffnet, vor den Vogelkäfig und begann mit den Übungen: „Burli schön, Burli brav, Eduard!" Ich versuchte sogar, den Originaltonfall zu imitieren.

Eduard der Zweite hockte auf seiner obersten Sitzstange und sah mich mit schiefem Blick an, der auszudrücken schien: „Ogott, wo bin ich da hingeraten?"

Ich gab aber nicht auf! Nach dem dritten Whisky brachte ich das Sprüchlein schon ziemlich flüssig über die Lippen, und auch Eduard taute langsam auf, offenbar genoß er die, wenn auch eigenartige, Gesellschaft nach der Einzelhaft in der Tierhandlung.

Er rückte immer näher und quatschte auf papageiisch zurück. Wir unterhielten uns großartig!

Gegen Mitternacht ließ er sich bereits widerstandslos berühren, leider aber war der Whisky alle, und ich mußte schlafen gehen. Die offensichtlich zu Tage tretende soziale Ader von Eduard versetzte mich aber in eine optimistische Stimmung, schließlich hatten wir beide noch zehn Tage Zeit!

Die nächsten Abende verliefen nach dem tagesabschließenden Telefonat mit meiner toskanischen Frau ähnlich, aber ohne Whisky. Kein Zweifel, wir machten Fortschritte! Eduard betrat bereits anstandslos meinen auffordernd ausgestreckten Zeigefinger, und ich begann langsam, papageiisch zu verstehen. Wenn ich zurücktschilpte, antwortete er begeistert mit einem Schwall an Gebrabbel. Das einzige, das nicht funktionierte war: „Burli schön, Burli brav, Eduard!"

Die frauenlose Zeit ging für uns beide endlich zu Ende!

Pünktlich am Freitagnachmittag hielt der Reisebus mit den Toskanaheimkehrern vor dem Schulgebäude, und zwei Minuten später gab ich Karin einen wegen der um ihre Eltern herumwimmelnden Schüler äußerst sittsamen Willkommenskuß.

„Nanu", sagte sie, „wieso hast du Vogelkörner im Bart?"

Ich mußte ihr nun gestehen, daß unser Haushalt aufgrund des vorübergehenden Vogelasyls und der unwiderruflichen Kündigung von Frau König etwas aus den bewährten Geleisen gekommen war.

Sie schüttelte lachend den Kopf: „Typisch, wenn man dich für zwei Wochen allein läßt! Na, die paar Tage werden wir den armen Eduard auch noch aushalten, und was Frau König betrifft, ich muß dir gestehen, sie ist mir langsam selbst auf die Nerven gegangen! Müssen wir uns halt nach einer anderen Kraft umsehen!"

Erleichtert pustete ich durch.

Am Montag war es soweit! Nervös beobachtete ich durchs große Ordinationsfenster, wie Frau Menzl dem Auto ihrer Nichte entstieg und eilig dem Warteraum zustrebte.

„Mach mir ja keine Schande, verstanden?" drohte ich dem Sittich mit dem Zeigefinger. „Ein entlarvter Eduard kommt wieder in die

Tierhandlung zurück! Ja grüß Gott Frau Menzl! Wie war denn die Kur? Gut schau'n Sie aus!"

Frau Menzl strahlte: „Danke, Herr Doktor, es war wirklich sehr erholsam, obwohl ich Eduard sehr vermißt habe! Aber da ist er ja! Eduard! Dein Frauerl ist wieder da! Was ist denn mit dem Burli! Wie geht's ihm denn? War er schön und brav?"

Ich kannte Eduard II. mittlerweile so gut, daß ich genau wußte, was er jetzt dachte: „Noch so eine Spinnerin mit Burli brav und schön." Aber da er mit mir die Erfahrung gemacht hatte, daß von diesen seltsamen Leuten eine unterhaltsame und nahrhafte Aura ausging, hüpfte er wie selbstverständlich auf die Hand von Frau Menzl und pousierte schamlos mit ihrer Wange, an die sie ihn schmiegte.

So ein treuloser Geselle, dachte ich, war aber gleichzeitig über diesen Charaktermangel heilfroh.

„Aber warum sagt er denn gar nichts, mein Burli? Hat dir die Freude die Red' verschlagen?"

Ich krächzte anstatt des Vogels: „Er hat in letzter Zeit wenig gesprochen!" Das war nicht einmal gelogen!

„Aber er hat sich prächtig erholt in der Zwischenzeit, er wirkt richtiggehend jünger, finden Sie nicht auch, Herr Doktor. Naja bei *der* fachgerechten Betreuung ...!"

Jetzt war es genug! Heraus mit der Wahrheit, auch wenn sie noch so schmerzlich war: „Frau Menzl …!" begann ich, aber mein Mund war staubtrocken, genauso wie der plötzlich entstandene Knopf in meinem

Hals. „Frau Menzl …!“ begann ich wieder, da rettete mich das Telefon: „Einen Moment, bitte! Ja, am Apparat! Ah Frau Neuling! Was sagen Sie? Sie brauchen noch so eine Salbe? Aber das ist dann ja schon die dritte in zwei Wochen, damit könnten Sie ja die Hämorrhoiden eines ganzen Katzenheims versorgen …! Wie bitte? Ah so, Ihr Mann hat dasselbe Leiden, und er sagt, das ist die einzige Salbe seit Jahren, die wirklich hilft? Freut mich zu hören und bestätigt wieder meinen Eindruck von der Homöopathie! Trotzdem würde ich Sie bitten, die Salbe für Ihren Gatten in der Apotheke zu besorgen, ich möchte keine Anzeige wegen Kurpfuscherei riskieren! Doch, doch, die bestellen sie Ihnen garantiert! Und wie geht's Kolumbus? Ausgezeichnet? Ausgezeichnet! Also dann Empfehlungen an Ihren Mann!“

Ich wandte mich um. Frau Menzl hatte mittlerweile die Ordination mit Eduard verlassen, ich sah gerade noch, wie sie in das Auto auf dem Vorplatz kletterte.

Auf dem Behandlungstisch lag ein großer Geldschein. Offenbar die Verpflegsvergütung! Ich stopfte ihn in die Tierschutzkasse und machte mich seufzend daran, mich für die Nachmittagsvisiten umzuziehen.

Während der nächsten Tage und Wochen zuckte ich bei jedem Telefonläuten zusammen, in der Erwartung, einer ob des Betruges verärgerten oder verstörten Frau Menzl gegenüberzustehen.

Aber nichts Derartiges ereignete sich. Komisch! Ob Eduard vielleicht seine Rolle wirklich perfekt gelernt hatte? Oder war die gute Frau bereits so senil, daß sie sich von dem gutgemeinten Kuckucksei sogar auf Dauer täuschen ließ? Nachfragen konnte ich schlecht, das wäre zu auffällig gewesen! Also blieb ich im Ungewissen und dachte nur noch ab und zu und immer seltener an Eduard den Zweiten.

Bis, ja bis in den Frühling des darauffolgenden Jahres! Eines schönen Tages stand plötzlich eine resolute Frau Menzl samt Vogelkäfig vor mir und sagte: „Herr Doktor! Ich möchte Sie herzlich bitten, daß Sie meinen Eduard wieder für zwei Wochen in Pflege nehmen, ich muß nämlich wieder zur Kur!“

„Frau Menzl … äh …“, aber sie unterbrach mich: „Und sollte er unglücklicherweise wieder sterben, dann brauchen Sie mir diesmal keinen anderen kaufen! Aber das wird er diesmal nicht, weil er ist ja noch jung und gesund, mein Burli, nicht so wie der alte Eduard, gelt?“ Dabei lachte sie schelmisch.

„Sie, Sie wissen ...?“ stotterte ich. „Aber natürlich, Herr Doktor! Schon beim ersten Blick sind mir die blauen Federn am Flügel aufgefallen, und daß er viel schlanker war! Mir sind selbst im Laufe der Jahre einige Sittiche gestorben, daher weiß ich, wie plötzlich das geschehen kann! Ich weiß aber auch, wie peinlich das ist, wenn das bei einem fremden Vogel passiert, den man in Betreuung hat. Sie sind so arm und verzweifelt ängstlich vor mir gestanden, da brachte ich es nicht ums Herz, Ihnen die Wahrheit zu gestehen! Ich wollte Ihnen eine große Enttäuschung ersparen!“

Mir fiel ein Stein vom Herzen! „Sehen Sie“, brachte ich trotz der Erleichterung nur ein gequältes Lächeln zustande, „genau dasselbe wollte ich auch!“

Schottische Impressionen

Gegen neun Uhr morgens brachte ich meinen Praxiswagen vor Aukinchie House zum Stehen! So stand es jedenfalls auf der Holztafel, die an einer dünnen Kette am Gartenzaun im leichten Wind baumelte.

Der Himmel war in fleckiges Grau gehüllt, zarte Nebelfetzen hingen in der feuchten Luft.

Wer jetzt denkt, ich hätte mich um einige Kilometer verfahren und wäre im rauhen Schottland gelandet, würde sich schwer täuschen. Ich befand mich gerade zwanzig Kilometer von meinem eigenen Haus entfernt in einem herbstlichen Seitengraben des Salzachtals.

Das war aber auch schon alles, was an Salzburg gemahnte.

Sonst bemühte sich das Anwesen beherzt, wenn auch nicht immer ganz authentisch, einen Eindruck von Schottland zu vermitteln.

Das lag an der Besitzerin, Miss McTavish.

Ihr Mann hatte vor einigen Jahren von einem entfernten Cousin, der während des Krieges in der Britischen Armee gedient und sich danach in Österreich häuslich niedergelassen hatte, nach seinem Tod das kleine Bauerngut geerbt.

Mr. McTavish ging in Pension und begann im Salzburger Gebirgsgau, nach der Art seiner Vorfahren (die McTavish stellen einen uralten Clan dar) Schafe zu züchten.

Shropshire-Schafe, um genau zu sein.

Dies brachte natürlich heftige Konflikte mit der eingesessenen Bauernschaft mit sich, die vor allem während der Almperiode eine Vermischung dieser „grauslich'n Viecher“ mit ihren Bergschafen oder prämierten Suffolks argwöhnten.

Schotten können bekanntlich streitsüchtige Dickköpfe sein, wie die unterdrückungswilligen Engländer jahrhundertelang bitter erfahren mußten, aber der gesunden Hartschädeligkeit mancher unserer alpinen Ureinwohner sind sie hoffnungslos unterlegen.

So folgte Mr. McTavish bald seinem Cousin, Zyniker würden behaupten, Salzburg : Schottland 2 : 0, und hinterließ ungefähr 84 Schafe und eine resolute Witwe.

Sie selbst war gar keine Schottin, sondern Holländerin, aber die achtunddreißigjährige Ehe in Glasgow hatte sie derartig geprägt, daß sie sich schottischer gab als das Parlament in Edinburgh und im Vergleich zu ihr Maria Stuart wie eine Gastarbeiterin gewirkt hätte.

Ich hatte von Frau McTavish bereits gehört, zuletzt vom Futtermittelhändler, der mit seinen preisgünstigen Angeboten in Aukinchie House kräftig abgeblitzt war und mir vertraulich zuraunte: „Was die Alte von einem echten Schotten unterscheidet, ist bloß der Umstand, daß bei ihr niemand neugierig ist, was sie unterm Kilt trägt!"

Er tat dies mit etwas deftigeren Lokalausdrücken, aber den Sinn habe ich ganz gut getroffen!

Ich durfte also einigermaßen gespannt sein, was mich erwartete. Kaum hatte ich die Zauntür aufgedrückt, als schon ein kläffender Bordercollie um die Ecke geschossen kam und so tat, als würde er mich auffressen. Zu seinem sichtlichen Bedauern ertönte ein lauter Ruf: „Melvin, shut up!", und genauso schnell, wie er gekommen war, raste er unter die Hausbank. Statt seiner erschien eine große, knochige Frau in einer ockerfarbigen Tweedjacke, die sie über einer ausgewaschenen Latzhose offen trug. Die enormen Füße, geschätzt Größe 45, steckten in schwarzen Gummistiefeln.

Ihr strenges, mit Sommersprossen übersätes Gesicht und die kurzgeschnittene rötlichblonde Frisur erinnerten mich stark an meine Klassenvorständin in der Unterstufe, was nicht unbedingt Positives für Frau McTavish bedeutete. In der Hand hielt sie einen schweren Knotenstock, mit dem sie ungeduldig auf den Plattenweg schlug: „Sind Sie der Tierarzt?" Ihre Stimme klang nach knurrendem Deutsch mit holländisch-englischem Einschlag.

Ich nickte nervös wie damals vor meiner Klassenvorständin.

„Na endlich! Es geht um Philomene! Sie hat heut wieder ziemlich Hunger!"

Ich war etwas überrascht. Normalerweise werde ich wegen des Gegenteils konsultiert: „Äh, das ist doch schön, oder?"

„Nicht, wenn es sich um die neugeborenen Ferkel handelt!" rief Frau McTavish und knallte den Stock auf den Gehweg, daß sowohl Melvin als auch ich zusammenzuckten.

Aha, also offenbar eine Muttersau, die zum Ferkelfressen neigte! Ich schnappte das Fläschchen Stresnil, ein Sedativum, das man in solchen Fällen der Sau injiziert. Dann entspannt sich diese, in der Zwischenzeit kann man die Ferkel an die Zitzen legen, und wenn die Sau wieder aufwacht, akzeptiert sie meist ihre Jungen ohne weiterer Probleme.

Ich folgte also zuversichtlich Frau McTavish in den Stall. In einer Box lief unter aufgeregtem Grunzen eine zirka zweihunder Kilo schwere, schwarze Sau im Kreis und geiferte jedes Mal gegen eine niedere Holztrennwand, hinter der zehn ebenso schwarze Ferkel planlos herumstanden.

Frau McTavish deutete mit dem Stock auf die verstoßene Meute: „Eines hat Philomene bereits gefressen, die andern habe ich gleich separiert, aber schön langsam brauchen sie die Titten (wörtlich), sonst verhungern sie!"

Ich zog die entsprechende Menge Stresnil auf: „Mit der Spritze wird sie sich beruhigen und in einer halben Stunde können die Ferkel unbeschadet trinken!"

„Ja, ich kenn' diese Spritzen, das Schlimme ist nur, wie wollen Sie sie Philomene geben? Nach der Geburt ist sie immer hysterisch und äußerst bösartig und agressiv und beißt alles und jeden! Sonst ist sie aber das bravste Schwein auf der ganzen Welt!"

Diese tröstliche Versicherung brachte mir im Moment leider gar nichts. „Wie wär's, wenn Sie sie mit etwas Futter an den Trog heranlocken, und während sie frißt, verpasse ich ihr schnell die Injektion."

Frau McTavish nickte und leerte einen Eimer voll Kartoffeln, Salatblättern, Brotresten und Äpfel in die Futterwanne. Der erste Teil des Schlachtplans funktionierte reibungslos, Clausewitz wäre stolz auf mich. Philomene hielt in ihrem Veitstanz inne, stürzte herbei und begann gierig zu fressen. Jetzt fehlte nur noch die Spritze.

Leider handelte es sich hier um einen alten Holzstall mit starren, hohen Boxenwänden, so daß ich nur von oben an die Injektionsstelle hinterm Ohr herankam, und dafür erwiesen sich meine Arme als zu kurz. „Haben Sie nicht irgendeinen Schemel?" wandte ich mich an Frau McTavish. Sie brachte mir einen wackeligen, schmierigen Holzhocker auf drei Beinen, von denen eines kürzer war und noch dazu wackelte. Wer immer früher einmal beim Melken da drauf gesessen war, bezog heute sicher Invalidenrente.

Ich stellte mich trotzdem auf das Relikt, stemmte die Oberschenkel gegen die Kante der Boxenwand und beugte mich, die gezückte Spritze in der Hand, vornüber. Genau in dem Moment, da die Nadel hinter dem rechten Ohr von Philomene einzudringen im Begriff war, spürte ich zum Entsetzen, das der Hocker unter meinen Füßen davonrutschte und ich Gefahr lief, das Gleichgewicht zu verlieren und auf die Sau zu plumpsen, die zwar noch fraß, den Einstich aber mit unwilligem und höher werdendem Quieken registriert hatte. Ich balancierte gerade noch mit den Schenkeln auf der rauhen Holzkante und schrie in höchster Not: „Schnell, zieh'n Sie mich zurück!“ Statt dessen warf sich jemand plötzlich mit seinem ganzen Gewicht auf mich, was mir zwar die Beine ziemlich quetschte, gleichzeitig aber etwas Stabilität verlieh. Zwei sommersprossige Arme, die aus hochgerutschten Tweedärmeln hervorlugten, faßten mich um die Mitte, wobei die Hände sich an einer heiklen Stelle verschränkten, aber im Moment war mir der Erhalt der Nase wichtiger als der der Keuschheit, denn die mit schmutzigem Speichel bedeckten Kiefer der rasenden Philomene klackten keinen Zentimeter vor meinem Gesicht zusammen. Instinktiv, sicher nicht bewußt, hatte ich den winzigen Moment genutzt und den Spritzeninhalt in die Kopfmuskulatur der Sau gedrückt. Ich schleuderte vor dem nächsten Angriff in einer verzweifelten Anstrengung den Oberkörper zurück, und da Frau McTavish mich im selben Augenblick zurückriß, landeten wir beide auf dem Stallboden, ich auf ihr, sie auf dem Hocker!

Keuchend sagte ich: „Sie können mich jetzt loslassen!“

„Sorry“, murmelte sie verschämt und rappelte sich hoch. Sie strich sich Strohreste aus der Jacke und brummte: „So ein Mistvieh! Ihnen ist nichts passiert?“

Ich schüttelte den Kopf!

„Na, auf den Schreck haben Sie sich eine Stärkung verdient, was? Kommen Sie, geh'n wir ins Haus!“

Ein Schluck echten schottischen Whiskys würde tatsächlich nicht schaden. Mit Wasser im Mund lief ich hinter ihr her und nahm, trotz der Einwände wegen meiner Hose, wie befohlen auf dem geblümten Sofa Platz. Von der gegenüberliegenden Wand oberhalb des tatsächlich vorhandenen offenen Kamins starrte mich ein gewaltiger ausgestopfter Widderkopf aus trüben Glasaugen an.

„Das ist *Duke*, einer der besten Schafböcke, die je *gebreedet*, äh, gezüchtet worden sind!“ rief Frau McTavish, während sie in der Küche mit Geschirr hantierte, als wüßte sie, wohin ich gerade geschaut hatte. Aber vermutlich ergeht es allen Besuchern beim ersten Mal so!

Sie kehrte zurück, doch auf dem Tablett, das sie in den Händen trug, befand sich nur ein Teeservice und einige Kännchen. Sie ließ sich neben mich auf das Sofa fallen, für das ich schon ein ähnliches Schicksal wie für den Melkschemel ahnte.

„Es geht doch nichts über eine Schale Tee nach überstandener Aufregung", plauderte sie munter.

Ich war da zwar ganz anderer Ansicht und hätte auch prompt eine Handvoll Alternativen aufzählen können, schwieg aber wohlerzogen und nippte an meiner Tasse. Das Gebräu war fürchterlich!

Die Teeblätter, die in der Kanne herumschwammen, mußten wohl zur Zeit des Dschingis-Khan gepflückt worden sein, und da offensichtlich Ziegenmilch zugesetzt worden war, bin ich mir sicher, daß dieser Geschmack es war, der Nessie, das Ungeheuer aus dem gleichnamigen Loch, so es je darinnen hauste, zur Flucht veranlaßt hätte.

Ich erhob mich eiligst und murmelte, es wäre jetzt langsam an der Zeit, die Ferkel anzulegen.

Wir gingen zurück zum Stall, wo Philomene ruhig auf der Seite lag und schnarchte und sich nicht vom Quieken ihrer Jungen stören ließ, die wir gemeinsam herüberhoben. Zielstrebig trippelten sie zum Bauch der Mutter und begannen eifrig, an den pralllen Zitzen zu saugen. Das schmatzende Schlucken bewies, daß Milch für alle da war.

Zufrieden klopfte Frau McTavish der schlafenden Philomene gegen das Gesäuge und sagte: „Die Hauptsache ist, es läuft!"

Im Frühjahr, ein kräftiger Föhnsturm war gerade dabei, die letzten Schneereste zu verblasen, rief Frau McTavish erneut an. Karin war am Apparat und erhielt die stenge Anweisung: „Sagen Sie dem Doktor, es ist eilig, Macie macht Schwierigkeiten!" Nachdem mir Karin die Botschaft ausgerichtet hatte, war ich so klug wie zuvor, aber da ich zumindest mit Frau McTavish keine Schwierigkeiten wollte, brauste ich los.

Als ich die Gartentür von Aukinchie House öffnete, schoß prompt Melvin kläffend auf mich zu, diesmal brüllte ich: „Shut up!", und wie von einem unsichtbaren Gummiband gezogen, verschwand er unter der Hausbank, wo er lautlos hervorfunkelte.

Ich eilte in den Stall. Frau McTavish, diesmal in giftgrüner Tweedjacke zur Latzhose, deutete auf einen Verschlag und sagte: „Macie, meine arme Ziege, kann ihre Jungen nicht bekommen! Seit der Früh müht sie sich schon!"

Macie schaute mich resigniert an und meckerte schwach. Sie war eine uralte Dame, die ihr ausgezehrtes Euter am Boden nachschliff wie die Queen ihre Schleppe zum jährlichen Einzug ins House of Lords.

Ich zog mir rasch die Weste aus und krempelte die Ärmel hoch. Für warmes Wasser hatte Frau McTavish bereits vorgesorgt. Mir ist in ärgerlicher Erinnerung, wie oft ich eilig zu einer Geburt gerufen wurde, noch während der Fahrt rief jemand sicherheitshalber vom Hof an, ob ich eh schon unterwegs wäre, und als ich mit hängender Zunge eingetroffen war, mußte erst das Wasser auf dem Herd gewärmt werden.

Ich schob den desinfizierten Arm in die leicht protestierende Macie und ließ den Mut sinken. Ein großes Kitz versperrte das Becken, Kopf, Beine, alles war da, aber es war tot, die Augen tief in den Höhlen eingesunken. Ich sah zu Frau McTavish hoch: „Ich weiß nicht, ob wir es herausbekommen! Das Kitz ist alles andere als klein, und Macie ist schon ziemlich trocken. Ich muß auf jeden Fall künstlichen Fruchtschleim anrühren!“ Ich löste das Pulver im Wasser und pumpte es am Kitz vorbei in den Uterus. Dann faßte ich die glitschigen Vorderbeine der Frucht mit zwei Handtüchern und begann zu ziehen. Macie wimmerte kläglich und ging mit dem Hintergestell zu Boden. Ich ließ sie wieder hochheben und probierte es erneut, zuerst das eine Bein, dann das andere. Vergeblich! Das tote Kitz rührte sich keinen Zentimeter.

Ich richtete mich auf: „Ich fürchte, wir müssen Macie einschläfern! So kriegen wir das Junge nicht heraus, und ein Kaiserschnitt in ihrem Alter, ich weiß nicht …!“

Frau McTavish fixierte mich mit einem Blick, als würde sie im nächsten Augenblick einen *caber* (sechs Meter langer Baumstamm zum Werfen, alter schottischer Nationalsport) oder eine Schüssel *Haggis* (Schafsinnereien mit Nierenfett im Schafsdarm, altes schottisches Nationalgericht) auf mich schleudern, wobei ich nicht wußte, was schlimmer war.

Dann sagte sie: „Gut, ich hole den Schußapparat, die alte Macie braucht nicht zu leiden, das hat sie nicht verdient!“ Sie ging hinaus. Während ich neben der alten Ziege im Stroh kniete, überkam mich plötzlich fürchterliche Wut auf diese verfahrene Situation. Als Tierarzt muß man oft die schwierige Entscheidung unter dem Gebot der Ökonomie treffen, das ist das unbarmherzige Los des Nutztierpraktikers, aber hier und heute war ich nicht bereit, meine Hilflosigkeit zu akzeptieren!

Ich weiß nicht, welche Eingebung mich dazu getrieben hat, die Vernunft sicher nicht, jedenfalls griff ich nochmals in Macies Becken und schob die ausgestreckten Beine des toten Kitzes zurück, bis sie im Schultergelenk nach hinten gebogen waren, so daß sich die Frucht in Habt-acht-Stellung, der sogenannten Schulterbeugehaltung, im Geburtskanal befand. In dieser unnatürlichen, jeder geburtshelferischen Anleitung aus dem Lehrbuch wiedersprechenden Lage krümmte ich Daumen und Zeigefinger in den Augenhöhlen des Ungeborenen und begann zu ziehen. Die Knochenränder schnitten in die Finger, und ich hatte das Gefühl, als würden sie mir brechen! Plötzlich bewegte sich meine verkrampfte Hand, zuerst dachte ich, die Schädelknochen des Kitzes hätten nachgegeben, aber nein, der ganze Kopf kam mir entgegen, immer schneller, und der Körper kam nach. Macie jammerte zum Herzerweichen, aber ich zog stur und keuchend weiter. „Da mußt du durch, altes Mädel, genau wie ich“, und mit einem Mal flutschte der abgestorbene Fötus ins Stroh!

Rasch griff ich nochmals hinein, um mich zu vergewissern, daß keine Verletzungen entstanden waren, da berührten meine Fingerspitzen ein winziges Schnäuzchen, an dem die Nasenlöcher noch zuckten!

Der winzige Zwilling war im Nu heraußen, und zur Kreislaufanregung steckte ich ihn bis zum Hals in den Kübel kaltes Wasser, der Macie als Tränke diente. Das Böcklein strampelte und nieste. Ich hielt es mit dem Kopf nach unten und streifte ihm den Fruchtschleim aus der Nase. Dann legte ich es behutsam vor Macie hin, die es dankbar sofort abzulecken begann. Na, Kleiner, wenn du bei deiner Mutter trinken willst, mußt du sowieso den Bauchfleck üben, dachte ich.

Frau McTavish, die gerade mit dem schweren Schußgerät den Stall betrat, brauchte eine kurze Weile, bis sie die neue Lage erfaßte, dann legte sie seufzend das Mordding auf eine Truhe und faßte mich mit beiden Händen, um mir beim Aufstehen zu helfen.

„Jetzt haben Sie sich aber einen Schluck verdient, Doktor“, sagte sie mit warmer Anerkennung. Offensichtlich mußte ihr mein entsetzter Gesichtsausdruck aufgefallen sein, denn sie wehrte lächelnd ab: „Nein, nein, ich habe schon gemerkt, daß Sie kein Teeliebhaber sind, heute gibt's was Kräftigeres!“

Also endlich Whisky! Fröhlich pfeifend setzte ich mich nach dem Händewaschen auf das Sofa, winkte dem an der Wand hängenden Duke zu und nahm erwartungsvoll das schwere Glas entgegen, daß mir Frau McTavish reichte. Zu meiner Besorgnis bemerkte ich, daß die Flüssigkeit ziemlich trüb war, aber jetzt gab es kein Zurück mehr. Ich leerte das Glas auf einen Zug!

Um Himmels willen, hätte ich ausrufen mögen, wenn ich gekonnt hätte, aber mein Mund war zugekleistert mit einem Zeug, das nicht nur wie Sekundenkleber schmeckte, sondern auch so wirkte.

„Wasch isch denn dasch?" brachte ich mit zusammengebissenen Zähnen hervor.

„Atholl Brose", nickte Frau McTavish aufmunternd, „eine alte schottische Spezialität: Hafermehl in Wasser eingeweicht, Honig und Dramburie, Whiskylikör! Für Nichtschotten vielleicht etwas gewöhnungsbedürftig, aber Hauptsache, es läuft!"

Ich verabschiedete mich hastig und lief auch zum Auto, um hinter der nächsten Kurve meinen Mund auszuspülen.

Noch ehe ich den Geschmack gänzlich losgeworden bin, wurde ich, ungefähr nach zwei Wochen, erneut nach Aukinchie House gerufen.

Diesmal, schwor ich mir, ganz egal, wie erfolgreich die Visite ablaufen sollte, diesmal würde ich auf den Belohnungsschluck verzichten, denn das einzige, das in dieser schottischen Enklave nicht existierte, war offenbar ein schottischer Whisky.

Ich brüllte noch vor dem Öffnen der Gartentür mein „Shut up!", und der ums Eck schießende Melvin verzog sich ohne Umweg zu meinen Hosenbeinen direkt unter die Bank.

Frau McTavish kam in rostbrauner Tweedjacke aus dem Haus: „Es ist wegen Onkel Andrew", sagte sie.

Ich war überrascht, daß sie einen Onkel hatte, erklärte ihr aber, daß ich ihn nicht zu behandeln beabsichtigte.

„Onkel Andrew ist mein Zuchtwidder", klärte sie mich ungeduldig auf, „er ist verstopft!"

Im Stall wartete ein mächtiger Shropshirebock, der sich nur widerwillig das Thermometer in den After schieben ließ. Frau McTavish mußte ihre gesamte Kraft aufbieten, um ihn festzuhalten.

38,5 °C! Als ich das Thermometer herauszog, kullerte eine Menge kugeliger Schafskot nach.

„Verstopft?" Ich deutete fragend auf das Bohnenhäufchen.

„Nicht hinten! Vorne!" Sie wies auf den Penis.

„Sie meinen, er kann nicht urinieren?"

„Genau! Seit gestern steht er mit gekrümmtem Rücken und preßt!"

„Hm!" Das klang gar nicht gut! Widder neigen leider oft zu Harnsteinbildung, und das Problem ist, daß sie als Wiederkäuer nicht zu kathederisieren sind, weil sie keinen Schwellkörper besitzen, sondern einen Penis vom fibroelastischen Typ, der im nicht erigierten Zustand wie eine gespannte Feder s-förmig zurückgebogen ist. Kein Instrument kommt um diese Kurven herum, und die Steine können sich somit in den Biegungen besonders gut festsetzen.

Ich hatte deswegen schon einige vielversprechende Tiere wegen Aussichtslosigkeit dem Schlachter überantworten müssen.

Ich gab Onkel Andrew eine leichte Narkose, so daß er schwankend da stand, und holte seinen Penis hervor. Schafböcke besitzen nämlich als weitere Besonderheit den *Processus urethralis*, eine bis zu zweieinhalb Zentimeter die Penisspitze überragende Verlängerung der Harnröhre. Manchmal hat sich auch nur in diesem schlauchartigen Wurmfortsatz Harngrieß festgesetzt.

Als ich die Spitze sanft mit den Fingern durchtastete, spürte ich deutlich das körnige Material durch das weiche Gewebe, und Onkel Andrew wurde unruhig.

„Wenn wir Glück haben, liegt die Ursache hier!" konnte ich Frau McTavish leise Hoffnung machen.

Ich füllte eine große Spritze mit physiologischer Kochsalzlösung, der ich ein Antibiotikum beimischte, und schob diese, mit einer dünnen Euterkanüle bewehrt, in die Harnröhrenöffnung. Da stieß ich auf etwas Hartes! Unter leichtem Druck und Massage spülte ich die Urethra, zuerst schien der Pfropf hartnäckig festzusitzen, alles floß wieder heraus, aber langsam spürte ich eine Mobilisation des Hindernisses, und mit einem Mal verschwand der Widerstand gänzlich und die gesamte Spülflüssigkeit drang ungehindert die Harnröhre entlang.

Befriedigt zog ich die Spritze heraus, sofort plätscherte ein mächtiger Strahl dunkelgelben Urins in das Stroh, und Onkel Albert entspannte sich, trotz Narkosebeeinträchtigung, sichtlich in der Körperhaltung.

Ich wusch mir die Hände und gab Frau McTavish einige Ratschläge bezüglich der Fütterung, um eine neuerliche Harnsandbildung zu vermeiden.

Sie tupfte leicht mit dem Stock, wie der biblische Moses mit dem Stab gegen die Felswand, auf das Wasser sprudle, auf den Unterbauch des noch immer rinnenden Onkel Alfred und meinte: „Die Hauptsache ist, es läuft wieder! Kommen Sie rein, trinken Sie was!"

Ich vergaß meine guten Vorsätze, jetzt wollte ich es wissen: „Sagen Sie, haben Sie nicht nur einfach einen Schluck echten schottischen Whisky zum Kosten?"

Sie schaute erstaunt: „Aber natürlich! Ich habe ihn mir nur nicht anzubieten getraut, weil ich dachte, Sie wären im Dienst!"

„Ich bin kein Fernsehkommissar", wehrte ich ab, „eine kleine Probe ist immer drin!"

Während ich erwartungsvoll auf dem Sofa Platz nahm, kam mir vor, als würde mir der ausgestopfte Duke von der Wand herunter zugrinsen. Ich grinste zurück.

Frau McTavish kam wieder mit dem Tablett herein, worauf diesmal zwei Gläser und eine Karaffe mit goldgelbem Inhalt funkelten.

Da schau her, dachte ich, beim Whisky beweisen die Schotten doch Stil, den füllen sie sogar in edles Kristall und kommen nicht einfach mit der Flasche.

Ich schnupperte, konnte aber ehrlicherweise nichts erkennen: „Was ist das für eine Marke?"

„Kosten Sie!" forderte Frau McTavish mich auf.

Ich nahm einen kräftigen Zug. Im selben Moment wand sich mein Gaumen samt Speiseröhre in Krämpfen, das Zeug schmeckte wie direkt von Onkel Albert abgefüllt, scharf stechend nach Maggikraut und verbranntem Getreide.

Ich versuchte das Würgen, so gut es ging, zu unterdrücken und keuchte: „Was ist denn das für eine Marke?"

„Was haben Sie bloß immer mit Ihrer Marke?" erklärte Frau McTavish unwirsch, „das ist echter Hochlandwhisky, selbst gebrannt natürlich!"

Der alte Spruch, „wenn eine Katze im Fischladen Junge bekommt, kann man sie auch nicht als Bismarkheringe verkaufen", lag mir auf der gemarterten Zunge, aber ich begnügte mich, mir die Tränen aus den Augen zu wischen.

Jetzt war ich endgültig von meiner Neugier geheilt! Zum Abschied wünschte ich Frau McTavish im Interesse meiner Gesundheit eine ebensolche für Ihren Tierbestand und wankte zum Auto.

Dem Futtermittelhändler konnte ich mit gutem Gewissen mitteilen, daß das, was diese Frau in Wirklichkeit von einem Schotten unterschied, eindeutig der Whisky war!

Am Abend hielt ich Sprechstunde, Frau Gradnig und ihre vierjährige Tochter Sandra standen mit Wuschl, dem zotteligen Meerschweinchen, da.

„Er hat seit einiger Zeit so kahle Stellen, die immer mehr und größer werden!"

Ich untersuchte das Fell eingehend: „Das ist eine Pilzinfektion, haben Sie eine andere Einstreu verwendet?"

„Ja, wir haben vor zwei Wochen einen neuen Sack gekauft!"

Ich nickte: „Wahrscheinlich kommt es daher! Ich gebe ihnen ein Fläschchen mit, davon mischen Sie zwei Teelöffel auf einen halben

Liter warmes Wasser und waschen Wuschl zweimal täglich damit, eine Woche lang! Und die Einstreu müssen Sie natürlich auch wechseln!"

Sandra stellte sich auf die Zehenspitzen und fragte: „Wird der Wuschl wieder ganz gesund?"

„Da kannst du ganz beruhigt sein!"

„Hurra!" schrie sie und stürmte zur Warteraumtür!

„Sandra warte!" rief Frau Gradnig, aber die Kleine hatte die Tür schon aufgerissen. Da schob sich der riesige Schädel von Brutus herein, dem blauschwarzen Molosser, Gewicht ungefähr neunzig Kilo, der draußen mit seinem Herrchen auf seine jährliche Impfung wartete. Brutus war die Liebenswürdigkeit in Hundeperson, das Geschrei hatte ihn bloß neugierig gemacht.

Die arme Sandra stand ihm erschrocken unvermutet Aug in Auge, das heißt, Brutus schaute noch immer auf sie herab, und seine topflappenähnliche Zunge schleckte dem schreckensstarren Mädchen quer über das Gesicht.

Das war des Guten zuviel. Sandra stand wie versteinert, plärrte aber panisch los, und zwischen ihren Füßen erschien eine verdächtige Lacke, die ihren Ursprung aus der Strumpfhose nahm.

Der Schreck war in die Hose gegangen!

„Sandra! Ich hab' dir g'sagt, bleib da", schimpfte Frau Gradnig, „man rennt nicht einfach hinaus! Und schau dir das an, jetzt hast du dich sogar angemacht! Entschuldigen Sie bitte, Herr Doktor, das ist mir jetzt unangenehm!"

„Aber bitte, das soll sogar Erwachsenen passiert sein, wenn sie Brutus begegnet sind", lachte ich, zog die heulende Sandra aus dem Gefahrenbereich und schob Brutus, der interessiert an der von ihm verursachten Bescherung schnupperte, wieder hinaus.

„Für solche Malheurs ist eine Tierarztpraxis gerüstet, keine Sorge!"

Während ich den Wischmop aus dem Schrank langte, fiel mir ein, was Frau McTavish dazu gesagt hätte: „Hauptsache, es läuft!"

Sport ist gesund

„Morgen, Herr Tierarzt! Na, kurzer Blick zum Frühstück, was in der Welt so alles passiert, auch mit dem Risiko, daß einem der Kaffee hochkommt?"

Das feiste, aber freundliche Gesicht mit dem darunter hüpfenden Speckkinn lachte lauthals aus einem Merzedes heraus, der gegenüber unseres Hauses hielt und dessen einsamer Stern auf dem Kühlergrill bei diesem Modell eine wahre Untertreibung bedeutete. Fünf Sterne wären hier angebracht gewesen!

„Guten Morgen, Herr Direktor, schon so früh unterwegs?" Ich selbst war gerade aus dem Bett gekrochen und zur Haustür hinausgelangt, um die Zeitung aufzuheben.

„Tja, unser Toby hat gestern irgend 'nen Dreck zusammengefressen, und heute Nacht hat er bereits zweimal in die gute Stube gekackt! Da in diesem Fall nicht aller guten Dinge drei sind, führe ich ihn seit einer halben Stunde Gassi! Haben Sie ihn vielleicht zufällig irgendwo gesehen?"

„Leider nein, ich habe gerade erst meinen Kopf zur Türe rausgestreckt und seh' noch immer erst die Hälfte! Sagen Sie, führen Sie Toby äußerln, indem Sie mit dem Auto neben oder hinter ihm herfahren?"

„Aber ja doch!" kollerte das Lachen durch die stille Morgenstunde. „Wer von uns beiden hat's denn nötig, sich die Beine zu vertreten? Ich bestimmt nicht! Na vielleicht ist er zur Hütte zurückgelaufen und bettelt meine Frau um sein Frühstück an, da er ja seit gestern nix im Magen hat."

Die Hütte, wie Herr Lämmling sich auszudrücken pflegte, hatte mehr Quadratmeter als ein Fußballfeld, mit zwei Tiefgeschoßen, zu denen man mit dem hauseigenen Lift gelangte, einem Hallenbad (der Direktor badete nicht), einem Tennisplatz (der Direktor spielte nicht) und einem Weinkeller, der einem mittleren Gourmettempel alle Ehre eingelegt hätte (der Direktor trank selbstverständlich).

Direktor Lämmling war in Schleswig-Holstein Eigentümer einer kleinen, hochprofitablen Firma für Autozubehör gewesen, die er seinerzeit aus der kleinen Werkstatt seines Vaters aufgebaut und vor ein paar Jahren an einen Großkonzern verkauft hatte. Man munkelt, der Konzern wäre aufgrund des Kaufpreises seitdem in ernsten Schwierigkeiten!

Das Ehepaar Lämmling hingegen ließ sich besagte Landvilla in unsere Gegend stellen und verließ diese nur für so erlesene Momente wie den Wiener Opernball, die Salzburger Festspiele, die Biennale in Venedig oder die Oskar-Gala in Hollywood.

Was für die beiden jedoch, trotz der unbekümmerten Art, mit der sie ihren Reichtum präsentierten, sprach, war ihr Hund. Sie hatten auf die Anschaffung eines extra prestigeträchtigen Rassehundes verzichtet und sich Toby einfach von einem aus allen Nähten platzenden Tierheim geholt, rein aus Sympathie zu dem Tier.

Und einer solchen bedurfte es, um sich für Toby zu entscheiden! Denn er stellte die kühnste Kombination verschiedenster Rasseattribute dar, die sich ein Züchter in seinen größten Alpträumen ausmalen konnte.

Eigentlich sah er aus wie ein dunkelbrauner Wischmop auf vier kurzen Besenstielen. Sein Fell bestand aus drahtigen, aber langen spiralnudelförmigen Haaren, aus denen soeben sämtliche Lockenwickler herausgefallen zu sein schienen. Da dieser dichte Bewuchs gleichmäßig beide Körperenden bedeckte, bestand jeweils die fünfzigprozentige Chance, schon beim ersten Mal die richtige Seite zu erwischen.

Dies war nicht einmal eindeutig, wenn Toby sich bewegte, denn aus unerfindlichen Gründen ging er manchmal rückwärts.

Wenn man aber den Vorhang teilte und das Glück hatte, nicht den wedelnden Schwanzstummel vor sich zu haben, dann schaute man in zwei dunkle, dankbare Hundeaugen, und eine Sekunde später wischte eine rosa Lappenzunge feuchtfreundlich über die Besuchernase.

Beim ersten Besuch in der Praxis allerdings hatte Toby anders ausgesehen. Ich kam gerade hungrig und ziemlich dreckig von einem Vormittagsprogramm voll unangenehmer Fälle zurück, als ich zu meinem Mißvergnügen einen großen Wagen vor dem Haus parken sah, so daß ich nicht einmal in die Garage konnte. Ein dicker Mensch saß im Warteraum, hielt ein dunkles Etwas auf dem Schoß und starrte mir hoffnungsfroh entgegen

„Wer ist das?“ fragte ich Karin gereizt. „Warum kommt der ohne Anmeldung?“

Karin hob die Schultern: „Das ist ein gewisser Direktor Lämmling mit einem Notfall! Sein Hund ist beim Spazierengehen von einem anderen angefallen und ganz schön zugerichtet worden! Er wollte unbedingt auf dich warten!“

„Schau mich an! So kann ich unmöglich Ordination halten! Ich muß mich erst restaurieren, das dauert!“

„Ich glaub', der Stallgeruch wird dem Direktor wurst sein. Zieh dir schnell ein altes Hausgewand an und schlüpf' in einen weißen Mantel!"

Ich mag an sich keine Arbeitsmäntel, sie kommen mir immer so pampfig vor, man schwitzt darunter, bleibt mit dem Dragoner an Türschnallen hängen, steckt wichtige Dinge in ihre Taschen, die man dann kurze Zeit später braucht, aber in diesem Fall ging es nicht anders.

Der dicke Herr erhob sich bei meinem Eintritt: „Danke, Herr Doktor, daß Sie uns außertourlich rannehmen, aber schau'n Sie sich bloß meinen Hund an!" Mit diesen Worten legte er bedachtsam einen über und über mit Blut besudelten, wimmernden Junghund auf den Ordinationstisch.

Ich hob vorsichtig die verklebten Haarstränen hoch und sah zahlreiche, klaffende Hautwunden.

„Um Himmels willen! Ist er unter ein Rudel Säbelzahntiger geraten?"

„Fast! Wir, meine Frau und ich, gehen mit dem Hund auf der Promenade, plötzlich stürzt aus einem Gebüsch ein riesenhafter Schäfermischling und beginnt ansatzlos, den armen Toby zu attackieren! Es war schauerlich! Der Kleine schrie natürlich wie am Spieß, meine Frau ebenso, dabei haute sie dem Köter immer wieder die Leine über den Buckel, aber der ließ sich nicht abschrecken! Da ich weiß, daß man besser nicht mit den Händen dazwischengeht, zog ich den Flachmann aus der Tasche und goß dem Vieh das Zeug über die Rübe und die Augen! Zwanzigjähriger Single Malt!" Ein leichter Anflug von Bedauern ob dieser notwendigen Vergeudung zog über die sowieso schon düsteren Züge von Direktor Lämmling: „Das half! Das Biest ließ von Toby ab und verschwand so plötzlich, wie es gekommen war! Zuerst dachten wir, Toby sei tot, meine Alte schrie noch immer hysterisch und beruhigte sich erst, als er zu wimmern anfing! Ich hab' sie nach Haus gebracht und bin gleich zu Ihnen!"

Die meisten Löcher hatten inzwischen zu bluten aufgehört, nur aus der linken Oberschenkelinnenseite quoll noch immer unaufhörlich ein dunkelroter dünner Bach. Offenbar war eine größere Vene verletzt, die mußte als erstes unterbunden werden. Und da war da noch der riesige Hautlappen an der linken Nackenseite von Toby, der regelrecht heruntergefetzt und lediglich durch eine fingerdicke Brücke mit der gesunden Epidermis verbunden war.

Ich gab Toby eine leichte Allgemeinsedierung, weil er begreiflicherweise unter Schock stand. Dann begann ich mühsam, die blutstarrenden Haarsträhnen abzurasieren, ohne daß allzu viele Fragmente auf dem bloßen Fleisch kleben blieben, infiltrierte die Wundränder mit reichlich Lokalanästetikum und nach einer ordentlichen Desinfektion fing ich mit der Näharbeit an.

Mit neunundsechzig Nähten sah der schlafende Toby hinterher wie ein aus Stoffresten selbstgebastelter Teddybär aus.

Ich deutete auf den Genicklappen: „Hier habe ich Zweifel, ob der wieder anwächst! Der Defekt ist ziemlich umfangreich!“

„Hauptsache, von dem Hund bleibt überhaupt was über“, murmelte Herr Lämmling.

Ich bestrahlte zum Abschluß mit dem Laserstift, einem hervorragenden Instrument zur Wundheilung und Granulation, sämtliche Hautverschlüsse und versah Toby mit einer gehörigen Portion Antibiotikum.

„Hier, diese homöopathischen Tropfen geben Sie ihm, sobald er aufgewacht ist, dreimal täglich, die verhindern allzu große Wundschwellungen sowie Schmerzen und beschleunigen das Gewebewachstum! In vierzehn Tagen ziehen wir die Nähte!“

Direktor Lämmling reichte mir die Hand: „Da darf ich Sie aber bitten, dies in Form eines kleinen Hausbesuches zu erledigen, erstens ist das nicht so ein großer Streß für Toby, und zweitens möchte ich mit Ihnen auf die gelungene Operation anstoßen. Meine Frau sicherlich auch!“

Nach Ablauf der zwei Wochen, traf ich, frisch umgezogen, abends in der Lämmlingvilla ein. Frau Direktor persönlich, der ganze Gegensatz zu ihrem Mann, eine schlanke Dame im dezenten Perlenschmuck, öffnete, aber bevor sie mir noch die Hand geben konnte, begrüßte mich Toby außer Rand und Band mit hundemäßigem Hallo!

Das änderte sich aber rasch, als er merkte, daß er auf ein Tischchen gesetzt wurde und es ihm an die Fäden ging. Der Chef, in langer grüner Hausjacke, die ihm das Aussehen eines Bierzeltes gab, hielt ihn fest, und seine Gattin stand mit einer Schale daneben, in die ich die entfernten Nahtreste warf. Ich war sehr zufrieden! Sogar der große gezackte Hautlappen am Halsbereich war fast gänzlich angewachsen, bis auf ein kleines triangelförmiges Stück. Ich schnitt das tote Gewebe einfach ab und träufelte ein Medikament zur offenen Wundbehandlung auf die Stelle.

„Klasse Arbeit, Herr Tierarzt“, stellte Direktor Lämmling fest, „jetzt wollen wir aber!“ Er entließ den sich schleunigst verkrümmelnden Toby und führte mich in den geräumigen Wohnsalon, wo eine wuchtige Ledergarnitur und ein Tablett mit Rotweinkaraffe samt Gläsern auf uns warteten.

„Burgunder genehm?“ fragte er mich, und ich nickte.

Plötzlich blieb ich stehen: „Das ist ja fantastisch, so etwas hab’ ich noch nie gesehen!“

Er lächelte: „Das glaub’ ich! Siebzehntes Jahrhundert! Venedig!“

Das war nicht zu verkennen! Auf einem für meinen Geschmack zu modernen Konsolentisch stand ein Schachspiel, aber was für eines! Das Brett war aus dickem venezianischen Buntglas gefertigt, die Figuren aus geschnitztem Elfenbein auf entsprechend gefärbten Glassockeln. Den König stellte die Figur des Dogen dar, die Königin eine Allegorie der Venetia. Zwei Markuslöwen fungierten als Springer, die Läufer waren dem venezianischen Karneval nachgebildete Masken, die Türme selbstverständlich dem Campanile nachempfunden. Das Heer der Bauern bildete jeweils eine Flotte minuziös nachgebildeter Gondeln!

„Was ist? Darf ich Sie zu einer Partie verführen?“

Ich wehrte lachend ab. „Das wäre vermutlich eine ziemlich langweilige Sache für Sie! Ich hab’ zwar früher einmal als Student ganz passabel, wenigstens meiner Ansicht nach, gespielt, aber mindestens seit dreißig Jahren keine Figur mehr in der Hand gehabt!“

Jetzt lachte er auch: „Nur keine falsche Bescheidenheit! So schlimm wird’s schon nicht sein!“

Hier irrte der Direktor! Es war so schlimm! In drei Partien putzte er mich weg wie Toby seinen zur Belohnung erhaltenen Kauknochen.

Als ich ihm unter Komplimenten über die strategische Klarheit seines Spiels den soeben mattgesetzten König überreichte, tippte Herr Lämmling sich mit der Figur gegen die hohe Stirn und rief enthusiastisch aus: „Denksport, Herr Doktor, Denksport! Rennen kann jeder, sogar ein Pferd!“

Leider schien er überzeugt zu sein, daß meine Fähigkeiten auch eher im Rennen als im Schachspiel lagen, denn obwohl ich im Laufe der Jahre noch öfters im Hause Lämmling auftauchte, wurde ich zu einer Partie nie mehr animiert.

Bei diesen Anlässen fand ich stets Gelegenheit, mich über den schnodderigen Witz des Herrn Direktor zu amüsieren, auch wenn manchmal seine Gattin, vor allem, wenn auch Karin oder andere Damen anwesend waren, mißbilligend den Kopf schüttelte. Er hieb mir dann kameradschaftlich auf den Schenkel und rief: „Verzeih’n die Allerwertesten den hemdsärmeligen Ton eines alten Nordpreußen. Wer so viele Jahre wie ick den ganzen lieben Tag sich aus Geschäftsgründen vor all den vornehmen Schleimscheißern die Schnute verbogen hat, genießt im Freundeskreis umso mehr das Privileg, frei von der Leber zu reden! Und das kriecht man nich weg, min Jung! De Moddersproch', dat is wie so'n lütt'n Moddermal op de Tong! (Die Muttersprache, das ist wie so ein kleines Muttermal auf der Zunge)."

Obwohl ich also Direktor Lämmling schon gut kannte, schaffte er es hie und da doch noch, mich zu verblüffen.

Es war wieder Zeit, Toby die jährliche Auffrischungsimpfung zu verabreichen. Ich hob zu einer kurzen Allgemeinuntersuchung an verschiedenen Stellen den Körpervorhang hoch, da ertastete ich am Halsband ein ziemlich großes Kästchen.

„Nanu, was ist denn das da?"

Herr Lämmling grinste: „Ein Schrittzähler!"

„Wozu braucht denn ein Hund einen Schrittzähler?"

„Der Hund braucht keinen! Aber ich brauch eben auch keinen! Schauen Sie, Doktor, die Sache liegt folgendermaßen schief! Meine Frieda feierte vorige Woche Geburtstag, welchen verrat' ich ihnen nicht, damit sie mir nicht erschrecken! Nun, was soll man einer Frau schenken, die bereits alles hat, mich eingeschlossen! Also hat sich die Gute, in beständiger Sorge um meine Gesundheit, zu ihrem Jubelfest gewünscht, daß ich mehr Bewegung, sprich Spaziergänge, machen solle, und zur Kontrolle hat sie mir dieses Dings, den Schrittzähler, verpaßt! Nun, dachte ich in meinem wohlgepolsterten Inneren, soll sie die Freude haben so wie ich in Ruhe mein Bier im Gasthof, und dem Hund schadet das nicht! Freilich, am Abend muß ich ihn immer ein Stück zurückdreh'n, sonst wird es unglaubwürdig, daß ich in ein paar Stunden von hier bis Tokyo laufe!" Toby wedelte zur Bestätigung.

„Aber finden Sie es nicht ein bißchen gemein, wenn Sie Ihrer Frau etwas zum Geburtstag versprechen und dann zu solchen Tricks greifen?" war mein Einwand.

„Seh'n Sie, meine Frau betrügt mich mit dem Butler und ich sie mit dem Hund, hoho!" Er lachte dröhnend los bei meinem entgeisterten Gesichtsausdruck! „Kleiner Scherz in der holden Mittagsstunde, Doktor! Wir haben keinen Butler! Nee, ich weiß schon, daß meine Grazie es gut mit mir meint, aber sehen Sie, die Zigarren hat sie mir bereits gestrichen, der Alkoholkonsum wird präzise kritisiert, also ein wenig Selbstbestimmungsgewalt über sein Ego braucht der Mensch schon!"

Ich schüttelte den Kopf.

Zwei Tage später, am Abend, läutete die Ordinationsglocke. Eigentlich erwartete ich heute niemanden mehr! Ich ging hinüber ins Sprechzimmer und schaute aus dem Fenster. Da stand doch der Mercedes von Direktor Lämmling. Offenbar schon wieder ein Notfall mit Toby!

Aber als ich den Warteraum aufsperrte, hüpfte Toby quietschvergnügt an mir hoch und versuchte spielerisch, meine Hand zu erwischen, wahrscheinlich in der Hoffnung, eine Knackwurst würde sich darin befinden.

„Toby, gib 'ne Ruhe! 'n Abend, Herr Doktor!" Sein massiges Herrchen schob sich stöhnend herein und schleppte sich unter zombieartigen Schritten an mir vorbei in die Ordination. Dort ließ er sich in ziemlich erdiger Kleidung ächzend in den Besucherstuhl fallen, der das Ächzen prompt retour gab. Der Direktor wischte sich mit einem Taschentuch über das schweißnasse Gesicht. Tiefe frische Kratzer bedeckten den Handrücken und Wange und Stirne.

„Wie schauen denn Sie aus?" fragte ich besorgt.

„Lieb!" antwortete er: „Herr Doktor, Sie müssen Toby röntgen!"

„Leider, erstens verfüge ich über kein Röntgengerät, zweitens warum denn, in aller Welt?"

„Der Schrittzähler", stöhnte er.

„Ja, was ist damit?"

„Fort ist er! Weg! Der Hund muß ihn gefressen haben!"

„Blödsinn, entschuldigen Sie", sagte ich, „kein Hund schluckt ein Gerät in derartiger Größe! Wahrscheinlich hat er ihn verloren!"

„Blödsinn", konterte Direktor Lämmling schnaufend, „dann hätt' ich ihn finden müssen! Was glauben Sie, warum ich so ausschau'? Seit gestern krax'l ich durch sämtliche Gesträuche auf unserem Spazierweg, umkreise jeden Baum dreimal, bin Böschungen hinuntergerutscht, hab' in diverse Löcher hineingegriffen und hab sogar die Mülleimer durchsucht, ob vielleicht wer das Ding hineingeschmissen hat. Nichts! Absolut nichts. Ich sage Ihnen, der Hund hat ihn im Magen!"

„Herr Direktor! Noch einmal. Der Schrittzähler ist zu groß dafür! Und daß Sie ihn im Gelände nicht gefunden haben, ist kein Beweis. Vor ein paar Monaten hat meine kleine Nichte eines ihrer Lieblingsstofftiere in unserem Garten liegengelassen. Trotz allem Suchen von meiner Frau und mir, hat es drei Wochen gedauert, bis der Gärtner zufällig darauf gestoßen ist, allerdings mit dem Rasenmäher", fügte ich düster hinzu, „dabei ist unser Garten viel kleiner und übersichtlicher, und das Stofftier trug ein knallgelbes Halsband! Ein Unterneh-

mer und Schachspieler Ihres Formats muß doch rational denken! Sie könnten eine ganze Pfadfindertruppe da rausschicken, und die würden, wenn überhaupt, Tage brauchen, um die komplette Route von Toby abzusuchen! Am besten ist, Sie sagen Ihrer Frau, daß Sie selbst den Schrittzähler verloren haben!“

„Ach was, das nimmt die mir doch nie ab! Die behauptet höchstens, ich hätte das Ding beiseite geräumt, um mich zu drücken!“ Direktor Lämmling stemmte sich schnaubend hoch: „Tja, ich seh' schon, Herr Doktor, Sie glauben mir nicht, und wenn, könnten Sie mir auch nicht helfen. Ich werd' also in die nächste Tierklinik fahren, damit die mir den Hund durchleuchten, bevor wer stirbt, er an Darmverschluß oder ich an Herzversagen! Mann, hab' ich einen Muskelkater! Adieu!“

Er schleppte sich mühselig zum Wagen und öffnete beide Türen auf der Fahrerseite. Toby sprang sofort hinein, sein Herrchen brauchte dafür zwanzigmal so lange.

Das Motorgebrumm entfernte sich. Ich saß vor dem Schreibtisch und starrte verärgert auf Tobys Karteikarte. Das war doch hirnrissig, daß das arme Vieh völlig unnötig der Belastung einer Röntgenuntersuchung unterworfen wurde, nur weil sein Besitzer von einem fixen Gedanken besessen war und überdies zu feig, seiner Frau zu gestehen, welches Spielchen er getrieben hat. Wir Tierärzte in unserer Kompetenz sind schließlich auch Anwälte der Tiere.

Wild entschlossen griff ich zum Telefonhörer.

„Guten Abend, Frau Lämmling! Entschuldigen Sie bitte die späte Störung, aber Ihr Gatte war soeben bei mir und ist jetzt auf dem Weg in die Tierklinik, um Toby röntgen zu lassen! Nein, es ist nichts passiert, Toby geht es gut, bloß der Schrittzähler, den Sie ihrem Mann verpaßt haben, ist verlorengegangen. Der Herr Direktor ist jetzt fest davon überzeugt, daß ihn der Hund gefressen hat und will unter allen Umständen ...!"

„ Der Schrittzähler?" lachte sie. „Der liegt in meiner Kommode!

„Was? Sie haben ihn?"

„Natürlich! Gestern ist Toby allein nach Haus gekommen, wahrscheinlich ist ihm mein Mann zu lange im Biergarten gesessen, und da habe ich entdeckt, daß er das Zeug umhatte. Ich wußte natürlich sofort, wie der Hase läuft, im wahrsten Sinne des Wortes, und hab' mir gedacht: warte nur, du alter Gauner, wahrscheinlich wirst du in deiner Panik das Trumm suchen gehen und machst wenigstens auf diese Art und Weise Bewegung!"

Jetzt mußte ich ebenfalls grinsen: „Ihre Rechnung ist aufgegangen. Der Herr Direktor hat in den letzten achtundvierzig Stunden garantiert mehr Kilometer zurückgelegt als normal in einem Monat, das kann ich Ihnen versichern! Und keine leichten Kilometer!"

„Das hat der Schuft auch verdient! Aber Sie sagen, er ist unterwegs zum Röntgen? Kommt doch nicht in Frage! Ich rufe ihn sofort über das Mobiltelefon zurück und sage ihm, wenn er nicht augenblicklich heimfährt, hat er morgen selbst Veranlassung, sich röntgen zu lassen!"

„Darum wollte ich Sie bitten, Gnädige Frau! Das war der Zweck meines Anrufes!"

„Klar doch! Und vielen Dank für Ihr Engagement!"

Dem Klang der Stimme von Frau Lämmling nach hatte ich die Gewißheit, der Tierklinik eine teure Abendordination verpatzt zu haben.

Wie der Direktor aber meine Initiative aufnehmen würde, darüber war ich mir nicht so sicher.

Zu meiner Überraschung kletterte einige Tage später ein im höchsten Maße gutgelaunter Direktor Lämmling aus seiner silbergrauen Limousine und kam freudestrahlend auf mich zu: „Doktor, ich muß mich bei Ihnen bedanken, daß Sie meiner Frau reinen Wein eingeschenkt und die Posse zu Ende gebracht haben. Ich glaub', ich wär' sonst noch tagelang durchs Gestrüpp gekraucht und irgendwann an Erschöpfung krepiert. Wir haben jetzt vereinbart, daß ich als Ersatz eine sechswöchige Abmagerungskur in einem Sanatorium absolviere. Natürlich diesmal ohne Hund! Nur ich selbst!" Er grinste.

Ich fragte mich im Stillen, ob er nach den sechs Wochen auch noch so grinsen würde!

„Auf jeden Fall bin ich äußerst erleichtert, wenn auch derweil nur innerlich, und vor allem dankbar, daß Sie mich Dummkopf davor bewahrt haben, den armen Toby zu traktieren. Wie kann ich mich revanchieren?“

Ich zeigte auf den funkelnden Mercedes und sagte schlicht: „Adoptieren Sie mich einfach!“

Zwei Chinesen ohne Kontrabaß

Günther schnupperte mißtrauisch an der Kaffeeschale und grummelte: „Die Mokkamaschin' wird offensichtlich mit sehr schwachem Schwachstrom betrieben! Typisches Seminarg'schlader!"

Wir saßen während der kurzen Pause in der kleinen Cafeteria des Kongreßzentrums, wo wir unser mühsam gehortetes Homöopathiewissen aufpolieren ließen wie das Familiensilber.

Ich hatte Günther vor Jahren auf einem dieser Seminare kennengelernt, damals ebenso begeisterter, aber unerfahrener Jünger der Lehre Samuel Hahnemanns wie ich selbst.

Wir waren seither im lockeren Kontakt geblieben, er betrieb gemeinsam mit seiner Frau eine Gemischtpraxis im südlichen Niederösterreich, trafen uns zu Fortbildungsveranstaltungen, und hie und da telefonierten wir miteinander, um Meinungen über kniffelige Fälle auszutauschen.

Daher war es selbstverständlich, daß ich mich mit der Frage, die mir schon seit dem Morgen auf der Zunge lag, an ihn wandte: „Sag mal, Günther, ich hätte Lust, die Akupunktur zu erlernen. Was hältst du davon, wenn wir so einen Kurs belegen?"

Er schob das Kaffeehäferl beiseite und machte ein angewidertes Gesicht, von dem ich nicht erkennen konnte, ob sich dieses auf den Kaffee oder meinen Vorschlag bezog.

„Um Gottes Willen, was sollen wir noch alles tun", stöhnte er, „ich merk' auf dem Seminar, wieviel ich noch in Homöopathie dazuzulernen hab', und da kommst du daher und willst mit Akupunktur anfangen! Die Universalgenies sind seit Leonardo da Vinci ausgestorben! Da gibt's dann noch die Schüßlersalze, Bachblüten, Tibetische Medizin, Ayurveda, Reiki und, und, und! Wo soll das denn enden? Kein Mensch kann alles abdecken, und ich wäre froh, neben der Schulmedizin noch wenigstens eine Variante der Komplementärmedizin halb wegs zu beherrschen!"

„Schon gut, glaubst du, mir geht es anders! Aber ich schwör' dir, mit der Akupunktur kannst du dein therapeutisches Spektrum ungeheuer erweitern! Hör' zu: Ich bin am späten Abend vor einigen Wochen noch zu einer Geburt gerufen worden. Wie ich in den Stall komme, empfängt mich der Bauer: ‚Ah, Herr Dokta, i' moan, heut' braucht's an Kaiserschnitt! Sie is' so was von eng!'

Na Bumm! Eine schöne Verheißung! Dabei war ich an dem Tag schon hundemüde! Ich greif' also in die Kuh, tatsächlich, eine Verengung, daß ich nicht einmal mit meiner schmalen Hand durchkomme. Es war aber der Hymenalring, der Muttermund dahinter stand offen. Den Ring einschneiden, du weißt, ist gefährlich, wenn er während des Dehnvorgangs weiterreißt, kann es leicht zu unkontrollierbaren Blutungen kommen. Während ich noch überlege, fällt mir der alte Tierarzt Nowotny ein. Der hat mir erzählt, daß er einmal einem Akupunkturmagazin entnommen hat, daß vier Nadeln an bestimmten Punkten rund um die Vulva die Geburtshindernisse im Bereich der äußeren Scham beseitigen. Er hat es daraufhin probiert und prompt Erfolg gehabt. Seitdem gehört die Methode zu seinem Standardrepertoir, und er hat mir die Punkte aufgezeichnet. Ich fische also den Zettel aus der Geburtstasche und bohr' an den beschriebenen Stellen vier dünne Injektionskanülen in die Haut, was die Kuh erstaunlich ruhiger aufnimmt als der Bauer. ‚Was mach'n Sie da, Herr Dokta?' fragte er mißtrauisch.

‚Akupunktur', antworte ich, ‚damit sie weiter wird!'

‚Na!' sagt er in einem Tonfall, der nur die Fortsetzung zuläßt: das kann ja was werden!

Ich warte also fünf Minuten, ich hätt' gern etwas länger gewartet, aber ich spür', daß der Bauer langsam ungeduldig das Experiment zum Teufel wünscht, damit endlich vernünftige Geburtshilfe geleistet wird, ich zieh' die Nadeln heraus, greif' wieder in die Vulva … und ob du's mir glaubst oder nicht, ich hab' mich wirklich zuerst verblüfft vergewissert, ob ich in der richtigen Kuh bin, aber die Füße vom Kalb ließen keinen Zweifel daran, … der Hymenalring war komplett verstrichen, das Becken geräumig wie ein Ballsaal!"

Günther prustete: „Geräumig wie ein Ballsaal! Du und deine blumigen Übertreibungen!"

„Jedenfalls war das Kalb nach weiteren drei Minuten da", schloß ich trotzig.

„Hmm", Günther schaute auf die Armbanduhr, „Ende der Pause, der nächste Vortrag fängt an! Drei Minuten sagst du? Wie ein Ballsaal?" Er kippte gedankenverloren den Rest vom Kaffee, den er eigentlich stehenlassen hatte wollen, schüttelte sich vor Grausen und seufzte: „Also gut, gehen wir uns am Montag zur Akupunktur anmelden!"

Die **T**raditionelle **C**hinesische **M**edizin, kurz als TCM bezeichnet, gewinnt in der westlichen Hemisphäre endlich so nach und nach, aber immer schneller jenen Standpunkt, der ihr meiner bescheidenen Meinung nach tatsächlich als eine der besten Alternativ- oder Zusatztherapien längst gebührt. Während in Europa bis in die Neuzeit kranke Menschen meist mittels Schröpfen, Purgieren, Blutegeln, Aderlaß und Quacksalbereien (der Name kommt vom giftigen Quecksilber) erfolgreich dezimiert wurden – wissende Personen wie Hippokrates, Hildegard von Bingen oder Paracelsus bildeten die seltenen Ausnahmen – hatte die Medizinische Entwicklung in China seit dem 3. Jahrhundert vor Christus einen völlig anderen Weg eingeschlagen.

Im Buch *huang di nei jing* des *Gelben Kaisers*, einer fiktiven Gestalt, die nur das gesamte Heilwissen der Zeit um 200 v. Chr. repräsentierte, waren die Grundlagen für eine jahrtausendealte Heilkunst niedergelegt. Alles besteht aus Gegensätzen, Yin und Yang, Feuchte, Trockenheit, Kälte, Hitze, Mangel, Fülle, und wenn diese aus der Balance geraten, erkrankt der Organismus. Das Gleichgewicht wiederherzustellen, ist die Aufgabe des Heilkundigen.

Dazu bedient er sich des Qi (sprich *Tschi*), einem Energiedunst, der in unsichtbaren Meridianen und verschiedenen Arten durch den Körper zirkuliert.

Da die alten Chinesen von Anatomie keine Ahnung hatten, bedienten sie sich einer recht phantasievollen und aussagekräftigen Diagnoseform. *Aufsteigendes Leberfeuer* zum Beispiel bezeichnet Jähzorn, Wutausbruch, *kalter* oder *heißer Schleim* (je nachdem) *verlegt das Herz*, Verwirrtheit, Benommenheit und *Schleim* an sich können Tumore oder Steine in Galle und Blase sein.

Weiters fehlen der TCM sämtliche primitive Untersuchungsgeräte wie Fieberthermometer, Stethoskop oder Perkussionshammer. Man spricht mit dem Patienten, etwas, das diese Heilmethode in der Veterinärmedizin so unendlich schwierig gestaltet, läßt sich die Symptome genauestens schildern sowie die Umstände und Zeiten des Auftretens, begutachtet die Zunge und prüft den Puls, der von *überflutend über zerfließend, versteckt bis haftend* usw. mit achtundzwanzig verschiedenen Ausformungen reicht.

Das Hauptgewicht der Chinesischen Medizin bilden die Kräuter und Arzneien auf tierischer Basis, Akupunktur macht in diesem Spektrum lediglich zwanzig Prozent aus.

Allerdings war die TCM sogar in ihrem Heimatland zu Beginn des zwanzigsten Jahrhunderts gegenüber der westlich orientierten Schulmedizin ein wenig ins Hintertreffen gelangt, bis ausgerechnet der Kommunist Mao, der eigentlich wie alle Kommunisten vorgab, den

Fortschritt zu betreiben, aus der Notlage heraus ihre Wiederauferstehung förderte.

Da der „Große Vorsitzende" im Zuge seiner Kulturrevolution sämtliche Intellektuelle, zu denen er teilweise mit Berechtigung auch die Ärzte zählte, beseitigen ließ, herrschte akuter medizinischer Notstand.

Daraufhin wurde der „Barfußarzt" aus der Taufe gehoben, eine Art in der chinesischen Heilkunst ausgebildeter Sanitäter, der wie alle anderen Bevölkerungsschichten auf den Reisfeldern arbeiten mußte. Barfuß im Wasser! Wenn nun ein Kranker seiner Hilfe bedurfte, schnappte der Barfußarzt seinen auf dem Trockenen liegenden Leinenbeutel und eilte zum Patienten. Da aber der chinesische Arzt traditionell nur bei Erfolg bezahlt wurde, was naturgemäß nicht immer eintreten konnte, eilte er nach getaner Arbeit zurück zum Reisfeld, um seine Grundexistenz zu sichern!

Glücklicherweise gibt es in Österreich zu wenig Reisanbau, um dieses System für Human- und Veterinärmediziner zur fixen Einrichtung zu machen!

Dieses und noch viel mehr lernten wir in den ersten rein theoretischen Blöcken des mehrteiligen Ausbildungsganges, wozu wir uns in einem sogenannten „Wellness"-Hotel in Tirol versammelten, das allerdings in seiner pseudoalpenländischen Scheußlichkeit das Wohlbehagen jedes halbwegs ästhetisch empfindenden Menschen störte. Unter uns dreiundzwanzig Wißbegierigen war der Großteil Kleintierpraktiker, wobei die holde Weiblichkeit auch hier die Überhand hatte. Ein einziger puristischer Pferdepraktiker hatte sich unter uns verirrt, er hieß Markus, war stets von einem Vier-Tage-Bart und einer Nikotin-Pfefferminz-Aura, die gnädig seine vortägliche Alkoholfahne kaschieren sollten, umhüllt und fuhr als Praxiswagen einen Pick-up, der durch diverse kastenförmige Zubauten auf der Ladefläche aussah wie das Serviceauto auf der Ralley Paris-Dakar. Er war von undefinierbarem Alter, hätte aber mühelos, was die Gesichtsfarbe und den Zigarettenkonsum betraf, den Marlboro-Mann von den Plakatwänden vertreiben können. Wir nannten ihn, unter uns natürlich, „Lederstrumpf". Er saß immer als letzter in der hintersten Reihe, weil er sich da ungestört bereits den Vorrat an Pausenzigaretten rollte.

Ich fand mich in der guten Mitte zwischen Günther und einem schmächtigen, blonden Bürschchen, das Martin hieß, aus Wien stammte wie wir beide und aussah, als würde er nächstes Jahr zur Matura antreten. Kein Wunder bei einem unterhalb der Mindeststudienzeit absolvierten Universitätsabschluß in Veterinärmedizin. Der gute Martin war ein Streber erster Güte!

Unser Kursleiter, Dr. Stechlin, kein schlechter Name für einen Akupunkteur, betrat den bereits stickigen Seminarraum. Er kam nicht nur aus dem Engadin, seine kleine runde Gestalt erinnerte frappant an einen saftigen Schweizer Käselaib. Die pechschwarzen Kopfhaare, die auch den spärlichen Ziegenbart Marke Hadschi Halef Omar bildeten, standen in einem derartigen Farbkontrast zum blütenweißen Mantel, daß er wie die optische Personifizierung von Yin und Yang wirkte.

„Guten Morgen, meine lieben angehenden Chinesinnen und Chinesen“, begann er, „wir werden in diesem dreimonatigen Kurs erlernen, wozu die richtigen Chinesen tausend Jahre gebraucht haben!

Das wird uns deshalb gelingen, weil wir uns auf die Akupunktur konzentrieren, die bekanntlich nur ein Teilbereich der TCM darstellt! *Zhen jiu*, wie sie richtigerweise heißt, stechen und brennen! Ein durchschnittlicher Akupunkteur beherrscht zirka hundertzwanzig bis hunderfünfzig Punkte! Es sind über zweitausend Punkte bekannt, in der Tiermedizin naturgemäß viel weniger, aber dafür“, hier erhob er triumphal die Stimme, „dafür haben wir die tierartlichen Unterschiede! Wenn beispielsweise ein Hund einen bestimmten Punkt auf der vierten Zehe besitzt, wo ist er dann bei der Kuh, die ja nur zwei Zehen, sprich Klauen hat? Und wo sitzt er überhaupt beim Pferd mit seiner zum Huf ausgebildeten Einzelzehe, he?“ Er grinste über das ganze Gesicht.

Wir in den Zuhörerbänken konnten seine Fröhlichkeit begreiflicherweise nicht ganz teilen.

Und dann begann er loszulegen mit dem 5-Elementesystem, den Zang-Fu-Organen, den Meridianverläufen und sämtlichem Zubehör.

Als um neunzehn Uhr das Ende des ersten Tages gekommen war, brummte uns allen der Schädel.

„Ich brauch jetzt ein ordentliches Essen, aber ohne Stäbchen und ein paar Biere!“ stöhnte Günther. „Was ist, kommst du mit?“ Diese Frage war an Martin gerichtet, denn von mir nahm er, vor allem letzteres, ohnehin nichts anderes an.

„Tut mir leid, aber ich bin mit der Familie da, wir sind um acht zum Abendessen verabredet! Wir haben heute nämlich Hochzeitstag!“ setzte er stolz hinzu.

„Gratuliere!“ sagte Günther ohne große Begeisterung, „den wievielten, wenn man fragen darf?“

„Den ersten!“

„Na, da kann er mit uns wohl schwer mithalten, was?“ Die Frage ging an mich.

„Wohl kaum“, antwortete ich, indem ich meine Unterlagen in die Tasche verstaute, „da ist er sozusagen gerade erst aus dem Nichtschwimmerbecken des Ehehafens gekrabbelt!“

So ähnlich stellte ich mir die Unterhaltung in einem Veteranenverein vor, wo der jüngste Rekrut stolz vermeldete, er habe soeben sein Gewehr ausgefaßt.

„Also dann, schönen Abend allerseits!“ Die übrigen Kursteilnehmer zerstreuten sich in einzelne Grüppchen.

So gegen zehn Uhr saßen Günther und ich an der Hotelbar, wir waren vom Rotwein mittlerweile zum Whisky übergewechselt, da öffnete sich die Automatiktür, und Martin kam in Begleitung einer zierlichen Brünetten, die ein ungefähr vierjähriges Mädchen an der Hand führte, in die Halle.

Günther stieß mich mit dem Ellbogen an: „Der Kerl war offenbar nicht nur im Studium schnell!“

Ich grinste und winkte der Jungfamilie zu: „Wie wär’s mit einem Abschiedsschluck zur Feier des Tages?“

Martin wollte schon den Kopf schütteln, da sagte seine Frau: „Bleib doch ruhig noch auf ein Getränk bei deinen Kollegen, ich bring’ derweilen Kerstin ins Bett!“ Mit freundlichem Kopfnicken verabschiedete sie sich von uns.

Martin quetschte sich auf einen Barhocker: „Aber nur ein halbes Stündchen, wir haben nämlich Champagner auf Eis aufs Zimmer bestellt!“

Wir stellten fest, daß man sich mit Martin eigentlich gut unterhalten konnte und hätten dies auch gern weitergetan, wäre er nicht so gegen Mitternacht plötzlich am Tresen eingeschlafen.

Günther versuchte, ihn noch einmal wach zu bekommen, indem er ihm eisgekühlte Cocktailstäbchen ins Ohr schob, aber vergeblich. Die erste Akupunktur funktionierte nicht! Da uns ab nun der Dritte abhanden gekommen war, luden wir den Barmann ein. Auch der entpuppte sich zuerst als äußerst lustiger Bursche, bis er dann ebenfalls, wie der schnarchende Martin, ein abruptes Ende einleitete:

„Sperrstunde, meine Herrn!“

„Wiwieso Sperrstunde?“ fragte ich. „Es ist doch erst zwanzig nach drei?“

„Eben! Normalerweise schließt die Bar um zwei! Außerdem ist der Whisky alle!“

„Was?“ ereiferte sich Günther mit Zungenschlag. „Kein Whisky mehr? Was ist denn das für ein Hotel?“

Der Barman grinste: „Jedenfalls kein Wellnesshotel mehr, seit Sie da sind!“

Wir quetschten aus diesem unsympathischen Zeitfetischisten nach langer Überzeugungsarbeit nur noch einige Runden dreistöckigen Wodkas heraus, dann war Schluß! Wir nahmen den bewußtlosen Martin in unsere Mitte, irgendwo mußten wie uns ja anhalten, und trafen schon nach dem zweiten Versuch präzise in den Lift hinein.

„Was hat denn der für ein Zimmer?“ fragte mich Günther unter Schluckauf.

„Schau in seinen Taschen nach, da muß doch ein Schlüssel sein!“

Günther kramte in Martins Jacken- und Hosentaschen und zauberte schließlich, neben allerlei unnützem Zeug, das er achtlos auf den Boden der Aufzugskabine fallen ließ, triumphierend einen Zimmerschlüssel hervor.

„Hundertsiebzehn! Gleicher Stock wie wir!“

Das Zimmer war versperrt, der Schlüssel paßte daher nicht ins Schloß. Was tun? Günther war dafür, den jubilierenden Hochzeiter einfach gegen die Tür zu lehnen, aber ich meinte, wir dürften Martin unter keinen Umständen den Abend verderben, also klopfte ich. Nichts rührte sich! Ich klopfte wieder!

Keine Reaktion! So kehrten wir zu Günthers Plan zurück und plazierten den völlig teilnahmslosen Martin recht dekorativ in den Türrahmen. Wahrscheinlich war der Champagner inzwischen sowieso warm!

„Gute Nacht!“ flüsterten wir ihm zu, dann begaben wir uns auf Zehenspitzen, vornehmlich auf denen des anderen, in unsere Betten!

Das Morgengrauen begann im wahrsten Sinne des Wortes! Im Wekker explodierte offensichtlich eine mittlere Atombombe, und das Badezimmer ähnelte frappant einer Hollywoodschaukel. Um den Frühstücksraum machte ich einen großen Bogen, weil mir schon das Wort auf der Tür Übelkeit verursachte. Im Seminarsaal setzte ich mich vorsichtig neben jemanden, der mich entfernt an einen verstorbenen Freund erinnerte. An der Stimme hätte ich Günther nicht erkannt, obwohl er mir beichtete, daß er seit sieben Uhr morgens wahlweise Thomapyrin- und Aspirintabletten in sich eingeworfen hatte wie ein Spielsüchtiger Jetons in einen Einarmigen Banditen. Glücklicherweise trug er noch das Hemd von gestern mit dem Tomatenfleck von der dritten Bloody Mary!

Zuerst dachte ich, Martin würde doch noch in den Armen seiner liebevollen Frau schlummern, als ich entdeckte, daß er sich weit weg von uns plaziert hatte, von wo er aus rotgeäderten Augen böse Blicke herüberwarf.

Der Vortrag begann und schleppte sich entsetzlich dahin. Wir litten so offensichtlich, daß in der heiß herbeigesehnten Pause Dr. Stechlin, der als geübter Beobachter gar nicht erst unsere Zungen anschauen mußte, um eine Diagnose zu stellen, sich erbarmte und zu uns herüberschlenderte.

„Na, Ihnen beiden geht's wohl nicht so gut, wie?" fragte er mit wissendem Lächeln.

Wir verneinten unter Vermeidung des Kopfschüttelns.

Er lachte: „Das gibt uns Gelegenheit, gleich die praktische Bedeutung der Akupunktur zu demonstrieren! Alle mal herhören! Wir werden jetzt die zwei Kollegen von ihren Kopfschmerzen, verursacht durch *Kater vulgaris* befreien, da sie sonst wertvollen Unterricht vergeuden! Zwei Sessel her und reihum aufstellen!"

Wir mußten uns auf die Stühle verkehrt herum setzen, und ohne unsere Einwilligung extra einzuholen, zog der resolute Kursleiter aus einer Phiole steril verpackte Nadeln und steckte sie jedem mittels einer pickenden Handbewegung links und rechts unter das *Os occipitale*!

„Gallenblase Nr. 20 heißt der Punkt!" verkündete er laut. Dann piekste er uns eine weitere Nadel in den Handrückenwinkel zwischen Daumen und Zeigefinger. „Dickdarm Nr. 4! Ein Hauptpunkt für den Kopf!" Er trat einen Schritt zurück und beobachtete unsere Reaktion. Zuerst hatte ich nach dem Einstich das Gefühl unerträglich aufwallender Hitze, die bis in die Augäpfel vordrang, und ein heftiges Ziehen im Schläfenbereich, aber nach ungefähr einer Minute glitt dieses in ein sanftes, wohltuendes Rauschen über, das nach einer weiteren Minute gänzlich verschwand. Die pochenden Kopfschmerzen waren ebenfalls weg!

Ich sah an Günthers entspannter Gesichtshaltung und seinen erstaunten Augen, daß es bei ihm genauso war.

„Simsalabim!" rief Dr. Stechlin befriedigt, sammelte seine Nadeln ein und klatschte in die Hände: „Dies war jetzt die eine, die primitivere, Spielart der Akupunktur. Man stelle eine Schulmedizinische Diagnose und nadle die empirisch bewährten Punkte! Wir wollen jetzt aber mit der hohen Schule der chinesischen Diagnostik weitermachen! Und glaubt ja nicht, Herrschaften", er drohte scherzhaft mit dem Zeigefinger, „daß Ihr ab nun die Nächte durchfeiern könnt und der alte Stechlin holt Euch am Morgen aus dem Tal der Tränen! Von jetzt weg ist alkoholisches Kopfweh reine Privatsache!"

Lachend und staunend murmelnd begaben wir uns wieder in den Saal.

Während der Mittagspause, ich genoß gerade ein Pfeifchen im Garten, pirschte sich Markus Lederstrumpf an den Kursleiter heran und fragte: „Ich hab'gehört, daß man sich durch Akupunktur auch das Rauchen abgewöhnen kann! Trauen Sie sich zu, das bei mir einmal zu versuchen?" Er blinzelte herausfordernd.

Dr. Stechlin trat wieder einen Schritt zurück – bei seiner Körpergröße war das notwendig –, um einen Gesamteindruck des Gegenübers zu bekommen, und musterte den Fragesteller. Dann begann er zu schmunzeln und nickte: „Wenn Sie wirklich wollen, warum nicht?"

„Auweh", raunte ich Günther zu. Ich erinnerte mich an die Episode, da mein Freund Kurt, damals schon akupunktierender Kleintierpraktiker, vergeblich versucht hatte, Arthur, den ererbten Papagei vom Postwirt, von der Trunksucht zu heilen. Aber wahrscheinlich hatte Arthur auch gar nicht den Willen aufgebracht, sich von dem Laster befreien zu lassen, weil er sofort mit dem Schnabel alle Nadeln wieder herauszog. Außerdem war Markus um einiges größer als ein Papagei, da ließen sich sicherlich die Nadeln besser postieren.

Wir wurden wieder zusammengerufen, und Markus mußte sich ebenfalls verkehrt auf den Stuhl setzen, die Arme auf der Lehne aufgestützt.

„Wir werden jetzt eine Ohrakupunktur durchführen", ließ Dr. Stechlin verlauten.

„Wieso bei mir eine Ohrakupunktur", fuhr Lederstrumpf auf, „die soll doch so schmerzhaft sein?"

„Nicht der Rede wert! Und es enthebt uns der Notwendigkeit, Sie von einigen delikaten Kleidungsstücken zu befreien!"

Dr. Stechlin drehte lange, dünne Nadeln in drei, vier Punkte der Ohrmuschel, die für uns Anfänger ein Buch mit sieben Siegeln darstellten. „Das kriegen wir später", vertröstete er uns, „ zuerst die klassische Variante!"

Markus traten die Schweißperlen auf die Stirn, seine Gesichtsfarbe wechselte in ungesundes Grau, was bei anderen Menschen wohl bleich bedeutet hätte.

Eine Viertelstunde ließ ihn der Kursleiter so sitzen, es sah aus, als hätte der Kollege kleine Antennen in den Ohren, dann räumte er den noch immer heftig transpirierenden Patienten ab wie einen Weihnachtsbaum zu heilige Drei Könige.

„So, übermorgen wiederholen wir das Ganze und beim nächsten Block in zwei Wochen detto!“

Wir bestürmten Markus mit Fragen, was er jetzt so fühle. Er winkte eher verächtlich ab: „Kreuzweh vom verkrampften Sitzen, sonst nichts!“ Dabei wischte er sich den Schweiß von der Stirn.

Die zwei Wochen vergingen wie im Flug, und wir trafen alle pünktlich Freitag früh im Hotel ein, natürlich neugierig, ob bei Markus schon therapeutische Fortschritte zu erkennen waren.

„Nichts, nichts“, erklärte er, nachdem ihn Dr. Stechlin erneut genadelt hatte, diesmal unter Miteinbeziehung anderer Punkte.

„Hör’ mal, ließ sich Günther vernehmen, mir fällt aber auf, daß du, seit du hier bist, deine Tschick erst in der Pause zu drehen beginnst und nicht schon während der Vorträge wie letztes Mal!“

„Schwachsinn!“ knurrte Lederstrumpf und wandte sich ab.

Mittlerweile wurden Wetten abgeschlossen, ob es Dr. Stechlin tatsächlich bis Kursende gelingen würde, Markus trotz dessen Skepsis das Rauchen zu verleiden. Um es vorwegzunehmen, die Wetteinsätze kamen nie zur Auszahlung!

Zum nächsten Kursteil und zu allen übrigen erschien Markus einfach nicht mehr! Dr. Stechlin zuckte auch nur die Schultern, er wisse den Grund ebenfalls nicht, es wäre ihm aber egal, weil die Teilnahmegebühr vollständig entrichtet wäre.

„Plötzlicher Todesfall durch Entzugserscheinungen“, unkte Günther pietätlos.

Ein Jahr später wußte ich, daß er sich geirrt hatte.

Ich traf Markus zufällig im Speisewagen des Schnellzugs von Wien nach Salzburg. Unverkennbar das gegerbte Gesicht und die notorische Zigarette im Mundwinkel.

„Sag einmal, warum hast du denn den Akupunkturkurs abgebrochen?“ brach es nach der kurzen Begrüßung aus mir heraus.

Er grinste verlegen und hustete: „Es war mir peinlich! Anfangs wollte ich den Stechlin bloß provozieren, aber dann bekam ich es richtig mit der Angst, daß der Kerl es wirklich schaffen würde, mich vom Rauchen abzubringen!“

Ohrwasch'l à la Peking

Für die praktischen Übungen mit Patienten übersiedelte der gesamte Kursus in einen Hörsaal der neuen Veterinärmedizinischen Universität, jenem weitverstreuten Backstein-Glasgebäude-Konglomerat, das in punkto Liebenswürdigkeit und Charme hinter der veralteten, schäbigen, beengten ehemaligen Tierärztlichen Hochschule in der Linken Bahngasse ebenso hoffnungslos nachhinkte wie eines dieser amerikanischen Starbucks-Lokale dem Wiener Kaffeehaus. Zumindest für jemanden mit meinem nostalgischen Geschmack!

Der alte Portier, der oft bei frisch eintreffenden Patienten eine sicherere Diagnosehand durch bloßes Betrachten durch das Wagenfenster bewiesen hatte als mancher Professor persönlich nach dutzenden Untersuchungen, ist mittlerweile von einem uniformierten Wachdienst ersetzt worden, der einem das Gefühl gibt, das UNO-Gebäude zu betreten, und der dem neuen Besucher einen kopierten Plan zur Orientierung auf dem Gelände in die Hand drückte.

Die alten Uni-Gebäude hatten im Verlauf ihrer mehr als zweihundert Jahre dauernden Existenz ganz spezifische Gerüche entwickelt, die es dem erfahrenen Frequentanten erlaubte, das jeweilige Institut nach olfaktorischen Kriterien zu identifizieren. Die ehrwürdigen Räume der Internen Abteilung hatten sich mit einer intensiven Aura von Pferdeurin und Studentenschweiß – wer Umgekehrtes behauptet, ist böswillig – vollgesogen, in den heiligen Hallen der Rinderklinik roch es penetrant nach prophylaktisch gegen Maul- und Klauenseuche verwendeten Desinfektionsmitteln sowie nach nicht physisch gesehenem Durchfall bei Prüfungen, in der Anatomie ließen Formalindämpfe das Auge nicht nur vor Rührung tränen, die Pathologie verfügte ohnehin über ein äußerst markantes Geruchsmuster, und den Höhepunkt bildete das Botanische Institut, über welchem höchst blumig und intensiv die Ausdünstung von Quargelbroten, der Leibspeise des fülligen Laboranten, schwebte.

Der brandneue Hörsaal Nr. 3, in dem schon ungeduldig Dr. Stechlin auf das Eintrudeln der letzten Kursteilnehmer wartete, zeichnete sich hingegen durch die im Neonlicht besonders betonte Sterilität plastifizierter Wände, Böden und Bankreihen aus, wo lediglich hie und da ein alter Kaugummi unter der Tischplatte als stummes Zeichen von Individualität klebte.

Der Kursleiter ließ den ersten Patienten hereinführen, einen baumhohen Fliegenschimmelwallach.

„Wie praktisch", flüsterte mir Günther zu, „an dem Vieh sind die Punkte schon eingezeichnet!"

Das Pferd besaß hinten einen eigentümlich stelzenden Gang, als wäre die gesamte Hinterhand steif.

„Hier haben wir einen Fall, der zwar nicht exakt dem chinesischen Akupunkturmuster entspricht, aber er wird, das versichere ich Ihnen, eine eindrucksvolle Demonstration erlauben, was Akupunktur auf orthopädischem Gebiet zu leisten imstande ist." ließ sich Dr. Stechlin vernehmen. „Ich darf Euch nun bitten, das Tier einmal zu untersuchen!"

Wir stürzten uns auf das arme Vieh wie ein Schwarm ausgehungerter Wespen auf ein Stück Würfelzucker. Die Kleintierpraktiker hielten sich vornehm im Hintergrund.

„Na, wo liegt das Übel?" fragte Dr. Stechlin nach einiger Zeit.

„Im Rücken!" lautete das Urteil, zu dem wir wie die zwölf Geschworenen in einem Mordprozeß einvernehmlich gekommen waren.

Wenn man nämlich mit dem Finger der Wirbelsäule entlang den Dornfortsätzen folgte, machte die Linie im Bereich der Lendenwirbel einen deutlichen Knick. Wirbelkippung!

„Äußerst richtig", strahlte Dr. Stechlin, als wir ihm die Diagnose mitteilten, „und was machen wir dagegen?"

„Akupunktur." sagte Günther schlicht.

„Genial! Wie sind Sie da bloß draufgekommen?!" grinste Stechlin und hielt ein Bündel langer, dünner Nadeln hoch wie Schwarzmarktkarten zu einem Cup-Finale. „Wer will anfangen?"

Hier trat der berühmte Gruppeneffekt zutage. Keiner wollte!

Blödsinn, dachte ich, vom reinen Dastehen lernt man nichts! Ich trat also vor und zog eine steril verpackte Nadel aus der Hand des Kursleiters. Dann stockte ich kurz: „Äh, wo soll ich denn die Nadel setzen?"

Dr. Stechlin sagte es mir.

Verwirrt fragte ich nach: „Ich hör' immer Davos-Methode?"

„Ja", nickte er, „kennen Sie die nicht?"

„Nie gehört!" schüttelte ich beschämt den Kopf: „Davos ist mir von diversen Schiübertragen bekannt, aber daß dort eine Akupunkturschule mit einer eigenen Methode besteht, leider nicht!"

„DAWOS-Methode bedeutet, daß man die Nadel dort setzt, da wo's weh tut!" lächelte Dr. Stechlin milde. „Also, frisch ans Werk!"

Ich fuhr prüfend unter leichtem Druck mit der Fingerspitze entlang der verschobenen Dornfortsätze. Da! Wenn ich an dieser Stelle drückte, schnaubte der Wallach unwillig und versuchte auszuweichen!

Ich faßte die Nadel zwischen Daumen und Zeigefinger, und mittels pickender Handbewegung, wie wir es gelernt hatten, stach ich sie tief in den Rückenmuskel.

Der prompte Fußtritt gegen meinen Oberschenkel überraschte mich, die Intensität des Schmerzes hingegen nicht!

Einbeinig wie ein fluchender Flamingo hüpfte ich aus der Reichweite der langen Pferdebeine und lehnte mich stöhnend an die Hörsaalwand.

Dr. Stechlin, mit der unerschütterlichen Ruhe eines echten Buddha, begutachtete die leicht schaukelnde Nadel und hielt eine andere in die Höhe: „Sehr gut! Wer ist der nächste?"

Jetzt wollte überhaupt keiner mehr!

„Vielleicht der Chef persönlich?" ließ sich Günther hören.

„Ausgezeichnete Idee", lächelte Dr. Stechlin, „dann kommen Sie gleich und heben den Vorderfuß auf! Akupunktur", hier dozierte er mit eindringlicher Stimme, „kann, wie der Kollege soeben drastisch demonstriert hat, manchmal äußerst schmerzhaft für den Patienten sein, und in der Veterinärmedizin somit ebenfalls für den Therapeuten! Daher ... immer für ausreichende Fixierung sorgen!"

Er vergewisserte sich, daß der Wärter den Wallach fest am Zaum hielt und Günther das linke Bein korrekt angewinkelt hatte, dann spickte er mit nähmaschinenartigen Handbewegungen das Areal rund um die neuralgische Stelle wie der Fernsehkoch einen Hasenrücken. Dann trat er zurück und sagte: „So, jetzt belassen wir die Nadeln ungefähr eine Viertelstunde an ihrem Sitz, Sie, Herr Kollege, dürfen das Bein inzwischen wieder absetzen, sonst muß ich mich hernach auch noch um Ihren Buckel kümmern!"

Als die angekündigte Zeitspanne verstrichen war, ging Dr. Stechlin erneut zu dem mißtrauisch glotzenden Pferd und pflückte das Nadelbüschel wie ein Backfisch Gänseblümchen.

Dann sagte er: „Und jetzt wollen wir uns das Ergebnis anschauen!"

Unter ungläubigem Gemurmel strichen wir die Wirbelsäule entlang. Die Wirbelkörper lagen wieder brav in einer Linie ausgerichtet wie Zinnsoldaten!

Dr. Stechlin entließ mit gnädiger Handbewegung Wärter samt Pferd, das deutlich besser hinausging, als es hereingekommen war, etwas, was ich von mir nicht behaupten konnte.

„Als nächstes", verkündete der Kursleiter, „stelle ich Ihnen einen interessanten Patienten vor! Ich habe ihn vor einigen Monaten behandelt und möchte, daß seine Besitzerin den Fall eingehend schildert!"

Er klatschte in die Hände wie ein orientalischer Fürst zum Zeichen, daß jetzt die Bauchtänzerinnen hereinkommen dürften.

Und wirklich: die Hörsaaltür öffnete sich und eine sehr üppig ausgestattete Dame betrat mit einem prachtvollen Schäferrüden an der Leine die Bühne.

„Darf ich vorstellen, das ist Frau Bräuer! Sie wird so nett sein und Ihnen vom Problem, das ihren Taro betroffen hatte, erzählen!"

Frau Bräuer erweckte den Anschein, als hätte sie eben am Gang noch tief Luft geholt, um nun ohne lästige Unterbrechung durch Einatmen ihre Geschichte loszusprudeln: „Also, als wir den Taro gekauft haben, sind ihm die Ohren komplett hinuntergehängt! Der Taro hat natürlich einen Stammbaum und viele Prüfungen, und mein Mann und ich wollten mit ihm zu Ausstellungen fahren! Aber mit den Ohren war es fürchterlich! Der Züchter hat uns versichert, das gibt sich, wenn er älter wird, da er nur eine Ohrknorpelschwäche hat, und hat uns ein Zusatzfutter gegeben, damit die Knorpel stärker werden. Das hat aber nichts genützt! Also sind wir mit ihm sämtliche Tierkliniken und Spezialisten abgefahren, aber alle haben gesagt, das ist angeboren, nur ein paar haben angeboten, ihn zu operieren, aber sie können auch nicht garantieren, daß es was wird, und ein paar andere haben gesagt, das ist ein großes Risiko, es können auch Krüppelohren daraus werden! Wir waren schon verzweifelt, da hab' ich vom Dr. Stechlin gelesen, also sind wir in die Schweiz zu ihm gefahren, und er hat sich den Taro

ang'schaut und hat ihn dann akupunktiert! Nach sechs Sitzungen, glaub ich (sie schaute sich hilfesuchend nach ihm um, er deutete ihr mit schmerzlichem Lächeln fünf), waren die Ohren super und sind's bis jetzt geblieben! Taro hat auch bis jetzt mehrere Preise gemacht! Wir sind so froh, bei Dr. Stechlin gewesen zu sein, gelt Taro?" Sie tätschelte dem Schäfer den Kopf, und ihr war deutlich anzumerken, daß sie Dr. Stechlin am liebsten in die Zärtlichkeit mit einbezogen hätte.

Der hingegen hob die Hände wie ein Zauberkünstler, der sich soeben bereit erklärt hatte, seinen Trick zu enthüllen, und rief in die Runde: „Also, Damen und Herren! Was habe ich gemacht, he?"

Der Lehrstoff der letzten Wochen ratterte im Schnelldurchlauf durch unsere Köpfe, leider vergeblich. Der einzige, der sich zu Wort meldete, war Taro, dem das ganze zu lange zu dauern schien: „Wuff, wuff!"

„Logisches Nachdenken, Herrschaften", mahnte der Kursleiter, „welchem Zang-Fu-Organ sind der chinesischen Theorie nach die Ohren zugeordnet?"

„Den Nieren!" ließ sich eine Kollegin zaghaft hören.

„Prächtig! Und was sorgt dafür, daß alles hübsch an seinem von der Natur vorgesehenen Platz bleibt?"

„Das Qi!" Diesmal waren es schon mehrere.

„ Jaa!" jubelte Dr. Stechlin in seiner für Schweizer atypischen Begeisterungsfähigkeit: „Der gute Taro hatte einfach einen Nieren-Qi-Mangel! Durch die Nadelung der dafür relevanten Punkte und mit ein paar Kräutern ist es gelungen, diesen Mangel zu beheben, und voilà, das Ergebnis sehen Sie hier! Ich nenne es, in Anlehnung an die berühmte Ente, *Ohrwaschl à la Peking*!"

Alle lachten! Langsam begannen wir die Mechanismen einer chinesischen Diagnose und der dazugehörigen Therapie zu begreifen. Mir aber schoß zusätzlich eine Erleuchtung durch den Kopf. Das war die Erklärung für den Joschi!

Vor gut einem Jahr hatte ich beim Krämerbauern gerade ein kleines Stierkalb mit einer starken Lungenentzündung behandelt, als der Bauer fragte: „Herr Dokta, i' würd's gern einmal mit einem Ochs'n probier'n, glauben S', wenn der Joschi da g'sund wird, daß Sie ihn mir zwick'n können?"

Mit Zwicken war die Burdizzo-Zange gemeint, die zum Abquetschen des Hodensacks diente.

Ich schüttelte den Kopf: „Das Zwicken ist schon seit einigen Jährchen zurecht aus Tierschutzgründen verboten!"

„Ja, was macht man denn da?“ jammerte der Krämer, etwas, das er sehr gut beherrschte.

„Die blutige Methode, eine kleine Operation!“

„Das is’ sicher teuer?“ lauerte der Krämer.

„Zwei Ziegelsteine sind billiger, aber die Gefahr ist größer, daß man die Finger dazwischen hat!“ grinste ich.

Joschi wurde gesund und nach ein paar Wochen Rekonvaleszenzzeit unter einer leichten Narkose und schweren Bedenken des Krämers bezüglich der Kosten mittels einiger Skalpellschnitte von seinen Stierattributen befreit.

Einige Monate später mußte ich wieder auf den Hof und erkundigte mich bei der Gelegenheit, wie es dem Joschi ging. Der Krämer deutete bei der offenen Stalltür zur Wiese hinaus und sagte: „Guat geht’s eam! Nur das Komische is’, seit der Operation laßt er die Ohrwaschl’n so hängen!“

Ich wußte damals keine andere Antwort als den blöden Witz: „Na, an seiner Stelle täten Sie auch trauern“, aber jetzt, nach der Lektion mit Taro, war mir klar: die chinesischen Nieren sind nicht nur für die Ohren zuständig, sondern auch für den weiblichen und männlichen Geschlechtsapparat, und durch die Entfernung der Hoden hatte ich Joschis Nieren-Qi geschwächt, was er seither sichtbar zur Schau trug! So genial funktioniert die TCM!

Während wir den Hörsaal zum Mittagessen verließen, ich noch immer ein wenig hinkend, erzählte ich Günther die Geschichte.

„Toll!“ sagte er. Dann zückte er einen spitzen Bleistift und fragte grinsend: „Und wie geht’s dem werten Hax’n? Soll ich dir einen Oberschenkel à la Peking machen?“

„Untersteh’ dich“, drohte ich, „wenn du mir damit zu nahe kommst, hast du gleich mehr DAWOS, als der Stechlin Nadeln!“

Im Juni, zum letzten Block des Seminars, rannten wir auch alle mit hängenden Ohren herum, aber zum Glück nicht aus dem gleichen Grund wie der arme Joschi.

An diesem Wochenende würde Dr. Stechlin die Abschlußprüfung vornehmen, und er hatte uns bereits freundlich, aber eindringlich gewarnt: „Meine Lieben, Ihr habt zwar für den Kursus bezahlt, glaubt aber nicht, daß Ihr euch damit automatisch die positive Bestätigung erkauft habt! Dieses Seminar ist die Grundstufe zum Fachtierarzt, und da können wir nur kompetente Leute brauchen. Gerade auf den

Gebieten der Komplementärmedizin geschehen, weil diese Behandlung zur Zeit Mode wird, oft die haarsträubendsten Unzulänglichkeiten, die diese Methoden dann wieder zu Recht in Verruf bringen!

Das werde ich nicht dulden! Ihr habt gesehen, was die TCM kann, erweist euch ihrer daher würdig und lernt! Ihr sollt den Kurs zumindest als Barfußärzte verlassen, aber sicher nicht als bloßfüßige! Die fliegen bei mir!"

Als Student hatte mich dieses Schicksal insgesamt viermal ereilt, dreimal zu recht, ich war also mit diesem Gefühl durchaus vertraut, aber in der Jugend nimmt man das Durchrasseln, im Gegensatz zu den verärgerten Eltern, nicht so tragisch. Hingegen als gestandener Akademiker wollte ich mir diese Blöße natürlich ersparen und büffelte nach Tagen anstrengender Visiten mehr oder weniger munter in die Nächte hinein.

Trotzdem kam mir dieser verregnete graue Prüfungsmorgen wie eine Zeitmaschine vor! Ich fühlte mich um fünfzehn Jahre zurückversetzt, den Kopf schwirrend voll Wissen, das ich im Moment nicht zuordnen konnte, eine trockene Kehle, weiche Knie und die dunkle Ahnung, die schwierigsten Fragen gestellt zu bekommen und die leichtesten nicht zu beantworten in der Lage zu sein.

Den Kandidaten im alten China wurden hohle, mit Wasser gefüllte Tongefäße in Form menschlicher Körper präsentiert, die an den wichtigen Akupunkturpunkten winzige Löcher besaßen. Diese Öffnungen waren mit Wachs verklebt und lackiert worden, so daß sie sich von der übrigen Keramik nicht unterschieden. Der Prüfling mußte nun auf Geheiß einzelne Punkte stechen, hatte er sie richtig getroffen, zeigte dies nach Herausziehen der Nadel der feine Wasserstrahl an.

Uns blieben diese Gießkannen glücklicherweise erspart, dafür mußten wir die Punkte auf lebenden Tieren mit Farbkreide einzeichnen. Mir brach vor Aufregung sofort das Kreidestück ab, was Dr. Stechlin zum sarkastischen Kommentar veranlaßte: „Wenn es Ihnen schon beim Patienten nicht gelingt, dann lassen Sie wenigstens die Nadel heil! Immer diese Großtierpraktiker mit ihrer Kraft!"

Günther bekam die Aufgabe gestellt, den im wüsten Zickzack verlaufenden Gallenblasenmeridian auf den Kopf eines Pferdes zu übertragen. Das Pferd hielt nicht still, und Günther erwies sich als ziemlich nervös und zitterig, jedenfalls brummte Dr. Stechlin bei der Begutachtung: „Na, das schaut ja eher aus wie ein böser Aktienkurs am Schwarzen Freitag, aber die wichtigsten Punkte haben Sie getroffen, also lassen wir's gelten!"

Schließlich ging es an die Zeugnisverteilung, und ich bekam gemeinsam mit Martin ein „Ausgezeichnet" (wer's nicht glaubt, es hängt gerahmt in meiner Ordination), was mir seitens Günther den mißmutigen Titel „alte Strebsau" einbrachte. Er hatte allerdings auch bestanden, wie die meisten, bloß fünf Kollegen traf die Ehre, sich nächstes Jahr bei Dr. Stechlin wieder einzufinden.

„So", stöhnte ich, als wir im Dauerregen das Tor der Universität durchschritten, „der einzige Punkt, der mich heut noch interessiert, ist der: wo gibt's hier ein anständiges Bier?"

Wieder daheim im schönen Salzburg wartete ich natürlich mit Ungeduld auf die erste Gelegenheit, meine wertvollen Kenntnisse an den Mann, vielmehr an das Tier, zu bringen. Ich hatte mir ein elegantes Lederetui zugelegt, das sich im allgemeinen Praxisbetrieb hinterher als gänzlich unbrauchbar herausstellte, und darin alle Arten von Akupunkturnadeln nach Länge und Material fein säuberlich geordnet wie ein Tafelklassler vor dem ersten Schultag seine Buntstifte im Federpennal.

Ich saß, im wahrsten Sinn des Wortes, auf Nadeln!

Karin amüsierte sich über mein ungeduldiges Scharren in den Startlöchern und meinte süffisant, wenn ich so unbedingtes Verlangen nach dem Hantieren mit einer Nadel hätte, einige Knöpfe an meinen Arbeitsmänteln säßen bereits ziemlich locker, das wäre eine gute Vorübung.

Man sieht, daß auch die liebste Ehefrau manchmal furchtbar profan sein konnte!

Irgendwer höheren Ortes schien mit mir Mitleid zu empfinden, denn schon am nächsten Morgen riß mich das Telefon gegen fünf Uhr aus dem Schlaf.

Der Erlmoarbauer schnaufte vernehmlich in den Hörer: „A Kuah hat gestern g'kälbert, und heut' in da Frua, wia i' in 'n Stall kumm, hat's *aus'taucht* und steht mir nimma auf!"

Hm! Ein Gebärmuttervorfall! Wie geschaffen für die hohe Kunst der Akupunktur! Vorbei die Zeiten des mühsamen Stopfens und Massierens der aufgrund des Blutstaus geschwollenen Gebärmutter durch die schmale Vulva, wenn einem nach einer halben Stunde die Arme zu erlahmen begannen, weil das Organ widerspenstig immer wieder versuchte, erneut herauszuquellen. So eine Reposition bedeutete, trotz Wehenhemmung, zumeist mühseliges und heikles Stückwerk!

Diesmal würde ich elegant das Qi für mich arbeiten lassen, das dafür verantwortlich war, alles an seinem Platz zu halten, wie wir es gelernt hatten! Durch Hebung des „abgesunkenen Qi“ würde in Nullkommanix die lästige Blutstauung zurückgehen!

Den Rat des alten Tierarztes Novotny negierend, nie zu schnell zu einem Uterusprolaps zu eilen, da manches Mal wichtige Blutgefäße beschädigt sein könnten und da wäre es besser, die Kuh verblute vor dem Tierarzt als nach ihm, hüpfte ich der Reihenfolge nach zuerst aus dem Bett, in die Kleider und ins Auto. Unterwegs, um munter zu werden, ließ ich das Fenster herunter und mich von der kühlen Morgenluft umwehen und memorierte rasch die nötigen Punkte, Blase 22, 23, 27, 28, Milz, Niere und so weiter. Der Gipfel des Silberpfennig glänzte bereits rötlich in der aufgehenden Sonne! Es würde ein strahlender Tag werden.

Trotz meines unverzüglichen Aufbruchs erwartete mich der Erlmoar schon ungeduldig – er sollte froh sein, daß der alte Novotny bereits in Pension war – und führte mich in den Stall.

Die Kuh lag ziemlich teilnahmslos auf ihrem Stand, hinter sich, in ein Leintuch eingewickelt, die rote Fleischmasse der ausgestülpten Gebärmutter, teilweise noch mit Nachgeburtsresten behaftet.

Unsere Animationsbemühungen, sie zum Aufstehen zu bewegen, ließen sie kalt.

Apropos kalt. Gewissenhaft prüfte ich ihre Körpertemperatur und die Farbe der Lidbindehäute, um eine etwaige Gebärparese oder eine innere Blutung auszuschließen. Es fiel mir nichts Besonderes auf.

„Wir werden sie im Liegen reintun müssen“, sagte ich zum Erlmoar. Er nickte. So etwas hatte er schon einmal gehabt.

Während er die Hinterbeine der Kuh mit Stricken fixierte, machte ich eine Injektion in das Rückenmarkt, um die Bauchpresse auszuschalten. Soweit verlief die Prozedur wie gewöhnlich

Aber jetzt. Mit geheimnisvoller Miene zückte ich mein Etui und begann unter leichten Drehbewegungen, die Nadeln in den Kuhrücken einzubohren. Der Erlmoar schaute fassungslos zu: „Was machen S’ denn da, Herr Dokta?“

„Akupunktur! Das ist die neueste Methode! Dadurch wird die Gebärmutter locker, und wir ersparen uns das langwierige Stopfen! Eins, zwei, drei, sechs, acht Nadeln! Fertig!“

Der Bauer schüttelte ungläubig den Kopf: „Naa, also was heutzutag alles gibt?“

Nach ein paar Minuten, ich hatte inzwischen die Reste der Eihäute entfernt und den Uterus mit Desinfektionsmittel gereinigt, ging ich hinter der Kuh auf die Knie und drückte sachte die Gebärmutter in die Scheide. Ich war selbst verblüfft, wie leicht das ging. Mir kam vor, als stopfte ich einfach ein Wäschebündel in die Waschmaschinentrommel, so widerstandslos ließ sich das Gewebe manipulieren. Eineinhalb Minuten später war die Gebärmutter wieder in der Kuh, als wäre sie nie heraußen gewesen.

„Na, hab ich zuviel versprochen?" Zufrieden erhob ich mich.

Der Erlmoar war sichtlich beeindruckt: „Des is' ja fast net zum glaub'n, a so was! "

Das selbstgefällige Lächeln, mit dem ich zu einer Erklärung anheben wollte, gefror mir im Gesicht, als mein Blick wieder auf die Kuh fiel. Sie lag mit geschlossenen Augen da und schnaufte plötzlich heftig, der Brustkorb hob und senkte sich pumpend! Ich machte einen Satz nach vorne zum Kopf und riß ihr die Augen auf … papierweiße Schleimhäute!

„Verdammt, sie verblutet!" Ich stürzte zum Auto und packte einen Arm voll Infusionsflaschen, raste in den Stall zurück, die Kuh verdrehte die Augen, zappelte zweimal mit den Beinen und kam zitternd zur Ruhe. Sie war tot!

Der Erlmoar glotzte mich an: „Was war denn des jetzt?"

Ich zuckte die Schulter: „Tja, wahrscheinlich hat sie durch den Vorfall eine innere Sickerblutung gehabt, daher ist sie auch nicht mehr aufgestanden! Wie ich sie untersucht habe, habe ich keine Anzeichen dafür festgestellt! Und durch die Akupunktur, die das Blut nach innen bewegt, ist die Blutung offenbar massiv geworden! Das einzige Tröstliche ist, daß für sie sowieso keine Chance bestanden hat, denn wenn ich die Gebärmutter, wie üblich, langsam hineinmassiert hätte, wäre die Blutung auch in Gang gekommen! Tut mir sehr leid!"

Der Erlmoar kniff die Lippen zusammen und murmelte: „Auf jeden Fall kann man sag'n, daß diese Akupunktur ziemlich wirkt!"

Ich war angenehm überrascht, in der Situation ein solches Lob zu erhalten: „Gelt? Finden Sie auch?"

„G'wiß", er deutete grimmig auf den Kadaver, „weil so schnell is' mir wirklich no koane hin'word'n!"

Der Veteran

Das Telefon meldete sich!

Karin weilte gerade im Ort bei ihrer Friseuse, wo neben den Haaren beiläufig auch die neuesten Gerüchte auffrisiert wurden. Solche Termine will sie von Störungen unbehelligt wahrnehmen, daher blieb mir nichts anderes übrig, als selbst das Gespräch anzunehmen.

„Christ, bist es du?“

Man mag mich für verzopft halten, aber diese Art von Anrede schätze ich ebenso sehr wie …

Ich wollte den Anrufer schon kalt mit dem Hinweis „meine Freunde sagen zu mir Herr Doktor“ abservieren, als ich die Stimme erkannte: „Kollege Novotny?“

„Wer sonst?“ kam es retour, als wäre das die natürlichste Sache der Welt, als würde er mich für gewöhnlich dreimal täglich anrufen!

„Ich möchte dich fragen, ob du noch diese Woche für ein, zwei Stunden zu mir kommen kannst!

„Äh, ja, selbstverständlich, wenn Sie es wünschen?“

„Natürlich wünsch’ ich es, sonst tät ich dich schwerlich deswegen anrufen“, schnaubte mein akustisches Gegenüber, „und zwar, weil ich meinen Haushalt auflöse und in ein Altersheim übersied’l! Die Appartements dort sind zwar ganz ordentlich, aber nicht so groß, als daß ich alles mitnehmen kann. Daher hab’ ich beschlossen, dir die ganzen Bücher zu schenken, wenn du willst! Ich weiß, daß du so alte Sach’n schätzt und sammelst und sie daher in gute Hände gelangen. Sonst vergammeln sie auf einem Flohmarkt, nachdem meine Frau und meine Tochter auch schon tot sind! Und weitere leibliche Kinder sind mir jedenfalls nicht bekannt!“

„Ich fühle mich geehrt“, sagte ich, „wohin ziehen Sie denn?“

„Das erzähl’ ich dir alles, wenn du da bist, dann ist es billiger als am Telefon! Servus!“

Karl Novotny stellte ein veritables Veterinärrelikt dar. Er mußte über neunzig sein und stammte, wie der Name erraten läßt, ebenfalls aus Wien. Er war ein Bekannter eines Bekannten meines Vaters und hatte mich seinerzeit, als ich mich kurz mit Zweifeln herumschlug, ob ich dieses Studium wirklich ergreifen sollte, da die Begeisterung von uns Aspiranten damals, Ende der Siebziger Jahre, mit düsteren Zukunftsszenarien seitens der Standesvertretung überschüttet wurde wie ein unnötiges Lagerfeuer mit Wasser, darin bestärkt, am Berufswusch, soferne es sich wirklich um einen Wunsch handelte, festzuhalten. Daß ich heute meine Erlebnisse zu Papier bringen kann, verdanke ich ihm.

Er war nicht mehr aktiv, als ich meine ersten gummibestiefelten Schritte in die Praxis machte, und stand trotzdem immer mit Rat in kniffeligen Situationen für den hilfesuchenden Grünschnabel parat.

Zwei Tage später drückte ich die Taste seiner Gegensprechanlage, das einzige sichtbare moderne Attribut an seinem Haus. Mit dem sechsten Sinn des altgedienten Tierarztes spürte er, daß ich es war, denn ohne zu fragen, röhrte es aus dem Lautsprecher: „Komm rein, die Tür' ist offen!"

Ich betrat mit einer gewissen Scheu die heiligen Hallen. Obwohl der alte Novotny schon seit fast dreißig Jahren nicht mehr praktizierte, hatte sich der typische Geruch nach Jodoform, ätherischen Ölen und anderen stark duftenden Ingredienzien in den Wandpanneelen hartnäckig festgesetzt wie ein Erbschleicher vor einem Krankenbett.

Im Wohnzimmer thronte mein alter Kollege auf dem Diwan, vor sich auf dem Tisch zwei Bücherstapel, markantes, sonnengebräuntes Gesicht mit der leichten Hakennase unter den wasserblauen scharfen Augen und dem weißen Haarkranz, und reichte mir die feingliederige Hand, die sicher einigen tausend Kälbern ans Licht der Welt verholfen hatte.

„Servus! Freut mich, daß du pünktlich bist! Das zeugt erstens von Respekt, der der heutigen Jugend vielfach abgeht, und zweitens, daß du dir eine ordentliche Uhr leisten kannst! Wie geht's beruflich?"

„Danke, ich kann nicht klagen! An manchen Tagen wird es fast zuviel!"

„Kalte Mittagessen und kalte Ehebetten sind die untrüglichen Zeichen einer florierenden Tierarztpraxis", dozierte er, „apropos kalte Betten, wie geht es deiner lieben Frau?"

Er hatte Karin vor einigen Jahren auf dem alljährlichen Tierärzteball kennengelernt, als er dort ein letztes Mal wie weiland Johannes Heesters auftanzte und champagnisierte, und war seither der fixen Meinung, daß, obwohl ich ein leidlich netter Kerl war, sie trotzdem viel zu schade für mich wäre.

Ich hatte den Eindruck, das war einer der seltenen Momente, wo der alte Knabe bedauerte, noch unter dem Kaiser geboren worden zu sein.

„Melde gehorsamst, gut!“ antwortete ich mit leichter Ironie. „Aber wie soll es ihr denn sonst gehen mit mir?“

Er sah mich durchdringend an: „Tierarztfrauen sind eine bedauernswerte Spezies! Kaum gemeinsame Freizeit mit einem Partner, der abends seine blauen Flecken zählt und beständig nach Stall stinkt!“

„Und wie geht es Ihnen, wenn ich fragen darf?“ warf ich ein, um von diesem heiklen Thema wegzukommen.

„Naja, wie man's nimmt! Da oben“, er tippte mit dem Zeigefinger gegen die Schläfe, „ist, soweit ich es beurteilen kann, noch alles in Ordnung! Aber je weiter nach unten, umso schlimmer wird's“, seufzte er.

Ich lachte: „Soweit ich mich erinnern kann, haben Sie zu Ihren Patientenbesitzern immer gesagt: ‚Gar nix soll ein alter Hund haben?‘“

Ein verschmitztes Lächeln tauchte auf seinen Zügen auf: „Genau dasselbe wird sich mein Hausarzt von mir denken!“

Dann wurde er wieder ernst und zeigte auf den Bücherberg: „Schau, deswegen hab' ich dich angerufen! Ich weiß, die meisten oder fast alle Werke sind veraltet, aber manche der darin angeführten Methoden sind es wirklich wert, nicht in Vergessenheit zu geraten. Die Altvorderen waren auch nicht blöd! Und einiges wird sogar im Zeitalter der Schulmedizin wieder neu entdeckt, wie der Aderlaß, die Phytotherapie und ähnliches! Mir ist zu Ohren gekommen, daß du, bei aller Aufgeschlossenheit gegenüber der modernen Medizin, was auch richtig ist, stets auf der Suche nach verschollenem alten Wissen bist. Vielleicht findest du in diesen antiken Schwarten den einen oder anderen nützlichen Hinweis! Und wenn nicht, sind sie auf jeden Fall von historischem Interesse!“

„Ich versuche immer, alles zum Wohl meiner Patienten einzusetzen, ob es nun anerkannt ist oder nicht, wirken muß es!“ bekräftigte ich.

„So ist es! Wer heilt, hat recht! Die Medizin ist keine Wissenschaft, auch wenn sie es behauptet! Jetzt erzähl' ich dir einmal die Geschichte mit dem Chloralhydrat!“

Er lehnte sich zurück und strahlte mich an: „Du weißt vielleicht, daß ich in jungen Jahren Assistent beim alten Woditsch war! Einmal hat er mich zu einer Kuh mit Bronchitis geschickt! Weil sie auch Fieber hatte, entschloß ich mich, ihr eines dieser neuen Sulfonamide zu geben. Ich zog also aus der braunen Medizinalflasche mit der bewußten Aufschrift eine entsprechende Dosis auf und verpaßte sie der kranken Kuh intravenös. Als ich heimkam, fragte mich der Chef, wie es denn gegangen sei! ‚Prima‘, antwortete ich, ‚ich hab der Kuh von dem neuen Sulfonamid gegeben!‘ ‚Was für ein Sulfonamid‘, fragte darauf der alte Woditsch stirnrunzelnd, ‚wir haben doch im Moment kein Sulfonamid?‘ ‚Freilich‘, antwortete ich im Brustton der Überzeugung und hielt ihm die Flasche vor die Nase. ‚Um Himmels willen‘, stöhnte er, ‚das ist doch gar kein Sulfonamid, in der Flasche hab' ich doch bloß eine Chloralhydratlösung zur Narkose für ein Pferd abgefüllt. Aber weil es der Bauer unkastriert verkauft hat, ist die Lösung übriggeliében! Jetzt hast du die Kuh damit umgebracht!‘

Am nächsten Tag hab' ich mich nicht hingetraut, aber am darauffolgenden bin ich hingefahren und hab' ganz schüchtern gefragt, was mit der Kuh ist. Da hat der Bauer g'sagt: ‚A Wunder, vierundzwanzig Stund' hat's g'schlaf'n, aber heut is' sie wieder pumperlg'sund!‘“

Ich lachte ungläubig: „Und? Haben Sie ihr wenigstens nachträglich ein Sulfonamid gespritzt?“

Novotny hob grinsend die Schultern: „Weiß ich heut nicht mehr! Wahrscheinlich nicht, weil wir ja keines in der Praxis g'habt haben!“

Er nahm das oberste Buch und strich bedächtig über die vergilbten Seiten: „Ah, der Übele, eine Fundgrube für Wirkstoffe und ihre Dosierung: *Pelletierinum tannicum, Liquor ferri aceti,Liquor saponi saponatus, Oleum therebintinae, Vinum stibiatum*“, rezitierte er liebevoll. „Apropos *vinum*, was hältst du von einem Schluck Wein? Rotwein, dort im Schrank. Weißwein kann man nur in Wien beim Heurigen trinken! Ach Gott, jetzt auf so einem Heurigenbankl unterm Nußbaum, einen reschen Veltliner im Glasl!“

Ich holte die Flasche und zwei Gläser: „Warum sind Sie eigentlich nie nach Wien zurüchgekehrt?“

Er verzog geringschätzig die Mundwinkel nach unten: „Meine Frau wollte nicht von hier fort! Und wie sie gestorben ist, war es für mich auch zu spät, nochmals irgendwo neu zu starten! Du weißt ja, alte Bäume pflanzt man nicht mehr um!“

„Und jetzt gehen Sie in ein Altersheim? Das ist doch schließlich auch eine Veränderung!“

„Gezwungenermaßen! Das Haus ist für mich allein zu groß und zu kostspielig. Schau, ich hab mit meiner Frau gut gelebt, wir haben in der Pension Reisen gemacht und uns nichts abgehen lassen. Dabei ist das Ersparte draufgegangen. Von meiner Rente kann ich das Haus nicht mehr halten. Ich muß es verkaufen, um damit das Heim zu finanzieren! Wer rechnet denn schon damit, daß er so lang lebt wie ich! Apropos lang leben! Hab' ich dir schon erzählt, wie mir in jungen Jahren ein Seilbahnunfall um ein Haar das Leben gekostet hätte?“

Apropos war die Lieblingsfloskel vom alten Novotny. Damit verschaffte er sich spielend den Übergang zu seinen Geschichten und Schnurren, von denen er offensichtlich zu jedem Thema eine parat hatte.

Diese kannte ich nicht!

Er nahm einen festen Schluck vom Rotwein und schaute dann sinnierend ins Glas: „Den Hochkogelbauern kennst du ja! Ah, Blödsinn, was red' ich denn da? Den kannst du gar nicht mehr kennen, der is' ja schon mehr als zwanzig Jahr' verlass'n. Kein Wunder, bei der Lage! Die Jungen hab'n noch so lang g'wart', bis die Kinder schulpflichtig worden sind, dann sind s' ins Tal runterzog'n. Im Winter war das immer mühsam und manches Mal höchst g'fährlich, den steil'n, engen Traktorweg rauf zum Hochkogelhof zu nehmen.

Aber der Weg is' auch erst viel später 'baut word'n, ganz früher hat's g'heißn: eine Dreiviert'lstund' zu Fuß, bis in den sechz'ger Jahren der damalige Bauer, das war der Korbinian, wenn ich mich net täusch, eine Seilbahn hat bau'n lass'n. Eh nur eine Materialseilbahn mit Holzstützen, und das Wag'l war eigentlich mehr so eine bessere Obststeig'n, aber es war doch eine ziemliche Erleichterung, nimmer alles selbst oder mit'n Pferd rauftrag'n zu müss'n. Natürlich war die Anlage nicht für den Personenverkehr zug'lass'n, aber ebenso natürlich hat sich damals kein Mensch drum g'schert. Die Kinder sind damit' zur Schul' g'fahr'n, die Bauersleut am Sonntag in d' Kirch'n und der Tierarzt in die Gegenrichtung zur krank'n Kuh!

Also hab ich damals unten vom Talhütt'l ang'läutet, das war so ein Wandapparat aus schwarzem Bakelit mit einer Kurbel, wenn man die rasch draht hat, hat's oben am Berg g'scheppert, dann haben die g'wußt, daß wer rauf will, und schick'n das Wag'l runter.

Also ich läut', gleich drauf springt neben mir der Motor an, das Rad'l fangt sich zum Dreh'n an, und während das Transportkist'l langsam talwärts herunterg'schlich'n ist, hab ich mein Klumpert z'sammpackt und auf'paßt wie ein Haftlmacher, daß i' nix Wichtiges vergiß! Weil das ist schön blöd, wennst wegen einem Flasch'l oder einem Pulver noch einmal runter und rauf mußt! Kannst dir ja vorstell'n!"

Ich nickte. Es war mir auch schon einmal passiert, daß ich auf einer Alm, wohin man ein schönes letztes Stückchen zu Fuß gehen muß, daraufgekommen war, daß ich die Rektalhandschuhe unten im Auto vergessen hatte. Vor die unerfreuliche Wahl gestellt, bei der herrschenden Schwüle den Weg nochmals zu machen, hatte ich mich zähneknirschend dazu durchgerungen, die Untersuchung hüllenlos durchzuführen. Ich weiß nicht, welche Bräunungscreme Sie persönlich verwenden, aber ich garantiere Ihnen, es gibt in jedem Fall eine wirkungsvolle Variante!

Der Alte fuhr fort: „Wie ich im Wag'l drinn g'sess'n und so den Hang hinaufg'schwebt bin, umgeben von dem prachtvollen Bergpanorama, hab' ich mir gedacht, die armen anderen Menschen in ihren staubigen Büros oder Fabrikshallen! Dieses Mitleid hat bis ungefähr zwei Drittel der Wegstrecke angehalten, plötzlich gab's einen ziemlich starken Ruck, das Wag'l bleibt mit mir steh'n, und auf ja, nein ging das Seil wieder bergab! Zuerst hab ich glaubt, ich hätt' einen Albtraum, aber wie mir der Fahrtwind den Hut heruntergeblasen hat, bin ich munter geworden! Noch ungefähr zehn Meter bis zur Geländekante, und dann wird's verdammt steil und vor allem hoch! Da sind zirka vier Meter unter mir ein paar dichte Stauden, ich visier' sie an, schnapp meine Tasch'n und hupf runter! Zerkratzt hat's mich genug, aber wenigstens is' sonst alles heilgeblieben! Wie ich so wie ein Kukkuck im fremden Nest sitz', beobacht' ich, wie die Holzgondel unten ungebremst in das Talhüttel einiteufelt! Tusch hat's bis zu mir rauf g'macht, eine Staubwolk'n is' in die Höh' g'fahr'n, und die ganze Pawlatschen is' z'sammgeklappt wie ein Kartenhaus! Also wenn ich da drinn hocken geblieben wär, dann brauchert ich jetzt nimmer in a Heim übersiedeln! Geh, schenk nach, i' hab's ja eh überlebt!"

Die letzten Worte waren an mich gerichtet, der ich die drastische Schilderung mit offenem Mund und innerlichem Schaudern verfolgt hatte.

Novotny trank einen Schluck: „Also ich klaub' mich selbst aus dem Gehölz heraus und mach' mich mit ein bisserl weichen Knien daran, den letzten Rest des Weges direkt über die Wiesen zum Hochkogelhof raufzusteigen. Oben schrei' ich einmal ‚Halloooh!', keiner rührt sich! Dann schau ich in die Bergstation, wo die Seilwinde steht, auch keiner! Das Haus ist offen, ich rein und schrei noch einmal ‚Halloooh!', da hör' ich aus der Stub'n ein leichtes Wimmern! Liegt die Bäuerin auf dem Diwan, kaasweis im G'sicht, und streckt mir ihre linke Pratz'n entgegen. Haben ihr bis auf den Daumen alle Finger g'fehlt! Weißt, die Seiltrommel von der Winden is' an sich zu klein für die ganze Seillänge, und damit sich das Kabel trotzdem schön darauf aufwickelt, haben die Hochkogler immer mit der Hand die Seilführung übernommen. An dem Tag war die Bäuerin durch irgend etwas abgelenkt, und das Drahtkabel hat ihr alle vier Finger schön sauber abg'quetscht! Im

Schock hat sie alles liegen und stehn'lass'n und is' ins Haus z'ruckg'rennt, ohne vorher die Brems'n von der Apparatur zu betätigen! D'rum is' das Wag'l so unvermittelt wieder runterg'schoss'n!"

Ich schluckte: „Und? Was haben Sie dann gemacht?"

„Z'erst hab ich den Wacholder aus der Kredenz g'holt und mir ein paar Stamperln vergönnt, weil geblutet haben die Fingerstümpfe vor lauter Schock eh noch nicht. Dann hab ich der Hochkoglerin ein Stamperl verabreicht, derweil ich die Wunden mit dem restlichen Schnaps desinfiziert und abgebunden hab! Dann bin ich in den Stall gegangen und hab die Kuh behandelt, wegen der ich schließlich da war, und zum Schluß bin ich mit der Bäuerin zu Fuß hinunter zum Auto und hab sie zum Doktor geführt! Verrechnet hab ich aber nur die Visite für die Kuh!"

Der Alte erzählte das so selbstverständlich und gelassen, ohne jede Prahlerei, daß ich wieder nur die Courage der alten Generation bewundern konnte.

„Die sogenannte gute alte Zeit war offensichtlich auch für den Tierarzt eine harte!"

„Ja, aber auch eine lustige! Nimm zum Beispiel die Anfänge der künstlichen Besamung! Damals war es undenkbar, zu jeder Kuh extra hinzufahren, einfach, weil zu den meisten Höfen keine anständigen Wege führten! Daher waren einzelne Besamungsstandpunkte eingerichtet, praktischerweise bei Wirtshäusern, wo die Bauern mit ihren stierigen Kühen zusammenkamen und der Tierarzt gleich mehrere Tiere auf einen Haufen befruchtete. Während die Kühe an einer Haltestange wie die Westernpferde vor dem Saloon angebunden warteten, vertrieben sich ihre Besitzer die Wartezeit bei Kartenspiel und Alkohol. Beim Grabenwirt war eine solche Station. Ich bin damals ziemlich verspätet hingekommen, weil ich an meinem Beiwagenmotorrad, im Beiwagen war der Samencontainer untergebracht, zwei ‚Patschen' auf einen Schlag hatte, nach dem Krieg waren die Reifen ein Klumpert', und als ich endlich eingetroffen war, waren alle schon so besoffen, daß keiner mehr wußte, welche Kuh ihm gehörte, und eine wüste Streiterei begann!"

Ich mußte bei der Vorstellung lachen: „Da hat sich ja mitlerweile im Zeitalter des Hofcomputers und der Ohrmarken einiges geändert!"

„Ja, aber trotz des technischen Fortschritts wie Röntgen, Labor, Ultraschall und in manchen Praxen sogar Computertomographie sind die Arbeitsbedingungen für den gewöhnlichen Landtierarzt weitgehend gleichgeblieben! Was steht euch denn heute noch anderes zur Diagnose im Stall zur Verfügung als die einfachen Sinne, Sehen, Hören, Riechen, Tasten, gepaart mit etwas Erfahrung und Glück, he?"

„Sie haben den Geschmackssinn vergessen!" grinste ich.

„Ferkel!" schmunzelte er belustigt. „Nein, sogar das Instrumentarium des Großtierpraktikers hat sich im wesentlichen seit den letzten Jahrzehnten kaum verändert! Apropos Instrumente! Ich hab noch ein paar! Vielleicht kannst du sie brauchen! Zumindest als Reserve! Komm' mit."

Er griff nach einem Stock, der neben ihm gelehnt und den ich gar nicht bemerkt hatte, erhob sich etwas mühsam, schritt aber dann, ohne den Stock wirklich zu benützen, relativ rasch den langen Flur entlang und öffnete eine Türe, die in ein ganz in weiß gehaltenes Zimmer führte.

Der alte Ordinationsraum!

Zwei altmodische Glaskästen, ein ebensolcher Schreibtisch samt unbequem wirkendem hölzernen Drehstuhl vermittelten genau die Atmosphäre, die mich in meiner Jugend an der Fernsehserie „Der Doktor und das liebe Vieh" über den schottischen Tierarzt James Herriot so fasziniert hatte.

Als ich dazu bemerkte, daß der abgewetzte Ordinationstisch noch mittels Handrad höhenverstellbar war, kannte meine Begeisterung keine Grenzen mehr.

Der alte Novotny hüstelte verlegen: „Wahrscheinlich kommt dir das ziemlich antiquiert vor, aber diese Dinge haben mir stets gute Dienste geleistet, und ich gehöre der Generation an, die an Wertbeständigkeit geglaubt hat. Außerdem waren die Leute zu meiner Zeit nicht so anspruchsvoll wie heutzutage!"

„Im Gegenteil", brach es aus mir heraus, „ich finde das historisch höchst bedeutsam. Man sollte das Zimmer in einem Veterinärmuseum ausstellen!"

„Soso", schmunzelte er wieder, „und mich lebensecht mumifiziert, wie ich gerade einen ausgestopften Dackel behandle, was? Na vielen Dank für das Kompliment!"

„Aber nein!" stotterte ich. „So war das nicht gemeint, ich … ich wollte damit nur sagen …!"

„Ist schon gut", unterbrach er mich, „ich weiß ja, daß du alten Sachen eine gewisse Ehrfurcht entgegenbringst, deswegen hab' ich dich ja hergerufen! Aber jetzt schaun wir, was an Instrumentarium noch verwertbar sein könnte!"

Während er einen der Glasschränke knarrend öffnete und mehrere Werkzeuge auf dem Ordinationstisch ausbreitete, musterte ich den Rest des Raumes. Die zwei langen, weißlackierten Regalreihen, die sich jetzt leer präsentierten, aber offenbar früher zur Medikamentenaufbewahrung dienten, wie der angelaufene Messingmörser und das einsame Apothekergefäß bewiesen, waren mit einer handfesten Staubschicht bedeckt. An den Wänden hingen in dunklen Holzrahmen mehrere vergilbte Kalenderfarbdrucke, welche tierärztliche Themen behandelten, wie beispielsweise eine Rindergeburt, die Hufbehandlung eines Pferdes oder die Sektion eines Schweines.

Über dem Schreibtisch befand sich eine Schwarzweißfotografie, auf der ein fescher Reiter mit Pferd zu sehen war.

„Sind das Sie?“ fragte ich.

Novotny tippte so inbrünstig mit dem Stock gegen das Bild, daß zu befürchten war, es würde herunterfallen: „Natürlich bin das ich! Jeder anständige Tierarzt konnte früher reiten! Das war selbstverständlich, schon wegen der vielen Pferde damals. Mein Vater, der in der Gegend von Baden Tierarzt gewesen war, ist noch zu seinen Visiten geritten. Erst als er dann älter wurde, hat er sich einen sogenannten Doktorwagen zugelegt, eine kleine zweiachsige Kutsche mit hochklappbarem Verdeck, die von einem Pferd gezogen wurde. Damit hat er vormittags zwei bis drei Besuche auf den Höfen absolviert, zu Mittag wurde gegessen und das Pferd versorgt, dann hat er sich ein Stündchen Nachmittagsschlaf gegönnt, dann wurde wieder angespannt und die restlichen zwei bis drei Abendvisiten absolviert. Stell’ dir bloß vor: mit sechs Visiten am Tag gelebt wie ein Herr!“

„Damit würde man heute glatt verhungern!“lachte ich. „Aber Sie hatten ein sehr schönes Pferd!“

„Das war der Max! Ein Wallach! Das beste Pferd, das du dir denken kannst! Und das gescheiteste! Viel klüger als die meisten Leute und ich selbst!“

„Oho!“

„Nix oho! Wie ich hierhergekommen bin, hab’ ich ihn einem alten Kurarzt abgekauft! Am ersten freien Sonntag bin ich gleich auf den Schieferkogel hinaufgeritten, zur Gollnerhütte, aber die war noch zu, und unterwegs hat’s zu regnen begonnen! Also haben wir geschaut, daß wir auf der anderen Seite wieder hinunterkommen! Oben, bei der ersten Weggabelung, will der Max unbedingt nach rechts, aber ich will den Bachweg nehmen, weil der auf der Karte die Diritissima darstellt. Der Max zieht wieder nach rechts, ich denk’ mir: ‚Du Luder, mir stellst du keinen Baum auf‘, ich zwing ihn g’radaus, er schnaubt unwillig, marschiert dann aber in die Richtung, die ich vorgebe! Was soll ich dir sagen? Ein Weidezaun nach dem anderen, aber keine Holztore, sondern verknotete Drähte zum Aufmachen!

Inzwischen waschelt es wie aus Schaffl’n, der nächste Zaun und gleich wieder einer! Von dem vielen Auf- und Absteigen hab’ ich eher das Gefühl g’habt, ich massier’ das Pferd, statt daß ich reite. Endlich sind wir unten an der Landstraße, kommt mir der alte Breitnerbauer auf seinem Fuhrwerk entgegen!

‚Na, sag’ ich, der Bachweg von der Gollnerhütt’n herunter ist ja reinste Schwerarbeit wegen der vielen Zäune, vor allem bei so einem Sauwetter‘, da blinzelt er mich unter seinem triefenden Filzhut an und schüttelt den Kopf über soviel Unverstand: ‚Ja mei, Herr Dokta, warum san S’ denn net glei ob’n nach rechts ab’bogen, der Weg is’ nur ein kleins Stück’l länger, aber koa oanziger Zaun! Den Bachweg nimmt heute koaner mehr!‘ Wie er das sagt, ich schwör’s dir, da hat sich der Max nach mir umg’schaut und mir einen derart vorwurfsvollen Blick zugeworfen, der besagt hat, na, jetzt hörst es, das Denken soll man doch seinem Pferd überlassen! Seit dem Moment hab’ ich mich immer nach den Einheimischen g’richt, auch wenn’s manchmal vier Füß’ g’habt haben!“ Er grinste und schaute liebevoll auf den verewigten Max.

„Aber jetzt laß uns endlich die Instrumente durchgeh’n, mir tun die Füß’ weh!“

Nach ungefähr zwanzig Minuten lagen in zwei Kartons, säuberlich mit Zeitungspapier umwickelt, einige metallische Klistierspritzen und solche, mittels derer man früher bei männlichen Tieren bei Deckseuchen Penisspülungen vorgenommen hatte, ein gläserner Irrigator, ein Plessimeter aus Horn zum Abhorchen der Lunge, Kastrierkluppen, ein enormes Pferdemaulgatter, das mit seiner Kurbel an einen mittleren Wagenheber erinnerte, elegant geformte Glasspritzen, altertümliche Zahninstrumente, und, von aktueller Bedeutung, weil ich meine immer irgendwo liegen lasse, eine Nasenzange und zwei Stauketten.

Als ich die Schätze im Wagen untergebracht hatte, war mir zumute wie nach einem Besuch beim Weihnachtsmann persönlich.

Der alte Novotny ließ es sich nicht nehmen und begleitete mich hinaus. Beeindruckend stand seine hochgewachsene, wenn auch schon leicht gebeugte Gestalt im Türrahmen.

„Vielen Dank für alles“, sagte ich, „auch für die unterhaltsamen Geschichten! Und alles Gute für Ihren Umzug, wenn ich helfen kann, dann sagen Sie es mir bitte!“

„Werde schon hinkommen, mach dir keine Gedanken! Schlimmstensfalls bieg' ich einfach falsch ab, wie damals mit dem Max, dann holen sie mich schon! Freut mich, wenn ich dir einen Gefallen tun konnte, mach's gut und viel Glück! Apropos Glück! Laß ja deine Frau von mir grüßen!"

„Mach ich! Und wenn Sie sich eingelebt haben, kommen wir Sie besuchen und bringen Ihnen einige Flascherln Wein vom Wiener Heurigen mit!"

„Da müßt Ihr euch aber beeilen", knurrte er und schlug die Tür zu.

Auch mit dieser Prognose sollte der erfahrene Fuchs, wie zeit seines Lebens, richtig liegen.

Vier Wochen, nachdem er ein sonniges Appartement im Altersheim bezogen hatte, beendete der greise Tierarzt Novotny seine ausgiebige Erdenvisite.

Er war friedlich im Sessel eingeschlafen, wie mir seine Pflegerin tröstend berichtete, als ich einige Tage später mit zwei Flaschen Veltliner in der Hand hilflos in seinem leeren Zimmer stand.

Nur einmal hatte er noch die Augen geöffnet und einen imaginären Bauern angeherrscht: „Jetzt halt mir doch endlich die Kuah einmal g'scheit fest, du Simperl!"

Haarige Angelegenheiten

In ihrer winzigen Jausenstation am Hof bewirtete die Molkbäuerin, Frau Pfaffenbichler, seit vielen Jahren liebevoll, wenn auch bescheiden, ihre Gäste, meist müde Wanderer auf dem Rückweg ins Tal.

Es gab Butterbrot, Schmalzbrot, Käsebrot und als seltenen kulinarischen Höhepunkt zuweilen Speckbrot.

Seit ihr Mann, der Molkbauer, beim Versuch, einen durch einen Erdrutsch verklausten Graben freizubekommen, von einer nachfolgenden Mure weggerissen worden und erst Wochen später in einem Wehr tot aufgefunden worden war, bewirtschaftete Frau Pfaffenbichler gemeinsam mit ihrer einzigen Tochter Heidi die kleine Landwirtschaft.

Im vorigen Sommer war aus Heidi wegen biologischer Notwendigkeit plötzlich Frau Gansberger geworden, und das junge Ehepaar bezog zu dritt den Molkhof. Sofort begannen einschneidende Veränderungen auf dem alten, bisher sehr traditionellen Anwesen. Ein neuer, luftiger Stall wurde gebaut, der Viehbestand durch Zukauf von erstklassigen Zuchttieren aufgestockt, die Holzfassade des vierhundertjährigen Bauernhauses liebevoll restauriert, und wo betagte Elemente nicht mehr zu retten waren, wie Teile des Balkongeländers, diese aufwendig nachgeschnitzt.

Auch die Jausenstation erfuhr eine Erweiterung und Aufrüstung der Küche, so daß nicht mehr nur zufällig vorbeikommende Labungsbedürftige einkehrten, sondern schön langsam gezielt Ausflügler auf einen Imbiß oder geselligen Umtrunk vorbeischauten.

Es läßt sich denken, daß diese Innovationen mit einigen Kosten verbunden waren und der umtriebige Bankdirektor, nicht meiner, der tut so etwas nicht, sich an manchen Tagen auf den Weg machte, um die Gäste zu zählen!

Frau Pfaffenbichler pflegte dann bei solchen Gelegenheiten, wenn ich zufällig was im Stall zu tun hatte, die vom Herddunst geröteten Hände zu ringen und zu jammern: „Mei, Herr Dokta, waun des nua guat geht! Die Heidi und da Schorsch san ja fleißig wia koa zweiter, da gibt's nix, aber's braucht ja nur wieda a Unglück g'scheh'n, und alles is' pfutsch zweg'n der Schuld'n!“

Der Schorsch verdrehte bei diesen Reden die Augen, und ich fühlte mich bemüßigt, ihm zu sekundieren: „Frau Pfaffenbichler, die Jungen wollen da was aufbauen, schau'n Sie nur, wieviele Leute schon am Vormittag da sitzen gegenüber früher, die Heidi und Sie backen die besten Schmalzkrapfen weit und breit, und im Stall achten schon Ihr Schwiegersohn und ich, daß nicht allzu viel schiefläuft! Haben Sie Vertrauen!"

„Sie hab'n ja sicher recht, Herr Dokta, aber i' kann halt so schlecht schlaf'n vor lauter Sorg'n!"

Trotz dieser schien der Aufschwung am Molkhof weiter in Fahrt zu kommen, und die Sonne lachte auch an diesem Freitag auf das saubere Anwesen herunter.

Im Stall aber herrschte Düsternis.

Stumm sahen die beiden Bauersleute auf das sterbende Kalb!

Ich kniete im Stroh und versuchte verzweifelt, noch die Spur irgendeiner Vene zu ertasten, um vielleicht doch mit einer Infusion die Lage zu wenden, aber vergeblich! Das kleine Tier lag teilnahmslos auf der Seite, die Augäpfel einen Zentimeter weit in die Höhlen eingesunken, aus dem After floß ein ätzend stinkender, gelbgrüner Durchfall, der Körper unter dem struppigen Fell und die trockene Nase waren eiskalt. Kein Wunder, die Körpertemperatur betrug nur mehr sechsunddreißig Grad!

Ich gab auf. Kopfschüttelnd erhob ich mich und putzte notdürftig meine Knie ab, an denen das durchfallfeuchte Stroh klebte: „Da ist nichts mehr zu machen, das Kalb ist moribund! Der Kreislauf ist total zusammengebrochen, sämtliche Venen sind kollabiert! Tut mir leid!"

Der Schorsch nickte grimmig, und Heidi seufzte: „Das ist jetzt schon das Dritte in einer Woche!"

„Wieso das Dritte?" fuhr ich herum. „Warum haben Sie nie was davon gesagt?"

„Weil bei den andern zwei ist's no schneller 'gangen! Die hab'n am Vorabend noch Milch g'trunk'n, und in der Fruah war'n s' schon tot! Und des bei den Kälberpreisen heutz'tag!"

„Haben die auch Durchfall gehabt?" fragte ich.

Schorsch nickte: „Ja, aber wir hab'n ihnen eh einen Tee 'geb'n und 'trock'nete Schwarzbeer'n, sonst a guates Durchfallmittel!"

„Kinder", stöhnte ich, „das ist kein gewöhnlicher Durchfall, das ist eine *Coli-Eneritis* oder Kälberruhr! Da müssen die alten Hausmittel versagen!"

„Woher kummt des?"

„Meist beginnt es mit einer Darmentzündung durch eine Virusinfektion mit sogenannten Rota- oder Coronaviren, und in dem geschädigten Darm vermehren sich die Coli-Bakterien, die in jedem Verdauungstrakt, egal ob Vieh oder Mensch, normalerweise vorkommen, explosionsartig. Und unter diesen Bakterien gibt es Stämme, die Endotoxine, also innere Gifte, produzieren, und die machen die Organe, hauptsächlich die Nieren und die Blutgefäße, kaputt! In den letzten Jahren bekommen wir es immer häufiger mit solchen Formen zu tun. Ich habe einige Betriebe, da ist das ein echtes Problem!

In so einem Fall gibt's nur eins: Sofort beim ersten Anzeichen eines Durchfalls bei Kälbern jünger als zwei Wochen mit einem Mittel die Bakterien erschlagen, bevor sie noch in ausreichender Menge Toxin bilden können. Denn wenn das einmal im Körper ist, kann man es nicht mehr neutralisieren!

Manche Fachleute behaupten, Antibiotika würden hier die Sache eher verschlimmern, weil sie die Darmflora weiter schädigen, aber, glauben Sie mir, ich habe die Erfahrung gemacht, daß das als einziges hilft, vorausgesetzt, es geschieht rechtzeitig!"

Beide nickten eingeschüchtert.

„Und was ist jetzt mit dem Kaibl da?" fragte Schorsch.

„Das liegt im Koma und wird bald sterben, aber keine Sorge, es ist nicht mehr bei Bewußtsein!"

Im selben Moment begann das Tier mit der Schnappatmung, das Mäulchen öffnete und schloß sich ein paar Mal, die dünnen Beine streckten sich noch ein letztes Mal, und der Körper wurde schlaff.

„Sehen Sie, es ist vorbei! Das Kalb kommt in die Tierkörperverwertung, dort wird es von einer Kollegin seziert, ich schreibe noch heute den Sektionsauftrag, dann werden Organproben entnommen und an diverse Untersuchungsanstalten verschickt, damit wir die genaue Erregerdiagnose bekommen! Also, es bleibt in Zukunft dabei! Sowie der Durchfall losgeht, ruft Ihr mich an!" schärfte ich den Bauersleuten ein.

Der Tag bot noch eine Premiere! Kaum war ich zu Mittag daheim in die Garage gefahren, meldete sich das Telefon! Der Schieferbauer blökte hinein: „Herr Dokta, mir brauch'n Sie zu an Kaiserschnitt!"

Kaiserschnitt! Der Schiefer war ein netter Kerl, aber von Geburtshilfe verstand er nicht viel! In der Vergangenheit hatte er mich schon viermal zu einem Kaiserschnitt gerufen und jedes Mal, gottlob, hatte sich die Aufregung als harmlose Lageberichtigung entpuppt.

Zu Karin, die wenig amüsiert mit dem fertigen Essen dastand, winkte ich beruhigend ab: „Keine Bange, wahrscheinlich bin ich in einer halben Stunde wieder da! Stell es halt solange warm!"

„Leber warm stellen! Pah, Männer!“ maulte sie verächtlich.

Ich fuhr schon wieder rückwärts aus der Garage hinaus und sah am gegenüberliegenden Hang bereits den Schieferhof liegen. Sieben Minuten später war ich da und sprang voll Elan aus dem Wagen. Während ich Geburtsmantel und -koffer in den Stall schleppte, fragte ich munter: „Welche ist es denn?“

„A neue!“ Der Schiefer führte mich zur am hinteren Ende des Ganges gelegenen Abkalbebox und zeigte hinein!

Mir klappte der Unterkiefer herunter! Da drin stand in voller Pracht ihres großen Bauches eine kleine Hochlandkuh, mit Hörnern wie ein Auerochse, jedes über einen Meter lang, und dem typischen rotbraunen Zottelfellbehang, der es in der Länge mit dem Geweih aufnehmen konnte.

„S' … s' … seit wann haben Sie denn eine Galloway?“ stotterte ich, einigermaßen aus der Fassung gebracht.

„Seit vier Woch'n! Da Bua hat s' sich ein'bült! San eh sauteuer, diese Viecher!“

Sie war eine brave Kuh und ließ es sich ohne große Schwierigkeiten gefallen, daß ich den Geburtskanal untersuchte. Verdammt, ausgerechnet diesmal mußte der Schiefer recht haben! Das Kalb da drin war ebenso überdimensioniert wie die äußerlichen Attribute seiner Mutter!

„Na, was hab' i' g'sagt?“ triumphierte der Schiefer, der offensichtlich lieber die Kosten für einen Kaiserschnitt berappen wollte, als wieder unrecht zu haben.

„Sehr witzig“, stöhnte ich, „und wie sollen wir das Vieh scheren? Das dauert ja bis morgen!“

Der Schiefer zuckte die Schultern. Operationstechnisch wollte er mir nicht dreinreden.

Die weitere Prozedur versank in rotem Nebel vor meinen Augen! Wie in Trance schnipselte ich mit der Schere die verfilzten Zotteln soweit weg, bis ich anschließend mit dem Klingenrasierer ein glattes, haarloses Operationsfeld herstelllen konnte. Bis dahin dauerte es über eine halbe Stunde, der Rücken schmerzte von der leicht gebückten Haltung, und in den Fingern bekam ich dauernd einen Krampf, so daß ich fürchtete, bei der eigentlichen Operation das Instrumentarium nicht mehr führen zu können.

Irgendwie, irgendwann zogen wir schließlich mit vereinten Kräften ein haariges Stierkalb aus den Tiefen des Kuhbauches, und während des Vernähens der Wunde mußte mir die Schieferbäuerin den

Rücken mit Arnikaschnaps einreiben, weil ich vor lauter Muskelverspannungen nicht mehr wußte, wie ich stehen sollte.

Erschöpft fiel ich ins Auto, und als ich nach insgesamt drei Stunden heimkam, gab es Spiegeleier, die Leber war mittlerweile so hart wie meine Nackenmuskeln.

Eine Woche später kam der Anruf vom Molkbauern. Ein Kuhkalb, fünf Tage alt, hätte heute früh erste Anzeichen von Durchfall gehabt! Als ich ungefähr eine Stunde später eintraf, spritzte der flüssige Kot bereits in gelbem Bogen durch die Box. Sonst zeigte sich das Tierchen, das eine hübsche braunweiße Fellzeichnung besaß, noch durchaus munter und begann sogar trotz vierzig Grad Fieber, emsig an meiner Hand zu saugen. Ich gab ihm etwas gegen die Darmentzündung, versorgte es mit einer Elektrolytlösung und ließ den Bauer ein hochwirksames Antibiotikum zum Einflößen da.

Beruhigt machte ich mich an die übrigen Tagesvisiten.

Die Beruhigung verschwand schlagartig, als am nächsten Morgen um Viertel nach sechs das Telefon läutete. Am anderen Ende war die junge Molkbäuerin, ihre Stimme klang besorgt: „Entschuldigung, daß ich so früh stör', aber das Kalb von gestern ...!"

„Ja, was ist damit?" rappelte ich mich im Bett hoch.

„Dem geht's goar net gut!"

Geht's dem Patienten schlecht, geht's auch dem Tierarzt schlecht. Zumindest ist das stets bei mir der Fall. Sinnlos daher, sich noch einmal für eine halbe Stunde umzudrehen.

Ich ließ mir einen dreifachen Mokka herunter, der sogar die Mumie vom alten Ramses wieder zum Laufen gebracht hätte, und fuhr im rosigen Morgenlicht hinauf zum Molkgut.

Die würzige Luft, das fröhliche Zwitschern der Amseln konnten mich nicht aufmuntern.

Verdammt, warum zeigte sich das verflixte Vieh sogar schlechter als gestern, gleich wie am Vortag hätte ich gerade noch gelten gelassen.

Die Bäuerin hatte vollkommen recht! Der Kleine stand zwar noch, aber ziemlich wackelig vor Schwäche, von einem Saugreflex war keine Spur mehr vorhanden, und das Hinterteil war klebrig und kotverschmiert. Die Körpertemperatur betrug nur mehr achtundreißig Grad, also schon Untertemperatur.

„Halten Sie bitte das Kalb fest", sagte ich zur Jungbäuerin. Ich schob die Nadel mit dem Infusionsschlauch in die Halsvene, was das Tier ohne besondere Abwehr mit sich geschehen ließ. Das bedeutete nichts Gutes. Während die gelbe Flüssigkeit in der Flasche unter leichten Bläschen weniger wurde, überlegte ich krampfhaft, was ich darüber hinaus unternehmen könnte. Mir fiel nichts ein.

Die Infusion war zu Ende, ich zog die Nadel ab.

Da faßte mich die Bäuerin am Arm: „Das Stierkaibl da drüben, das fangt auch mit'n Durchfall an! Das ist einen Tag jünger!"

Obwohl der Stuhl bei diesem Tier bislang nur etwas weicher als üblich war, zeigte das Thermometer ebenfalls schon über vierzig Grad. Ich spulte vorsichtshalber die gesamte Behandlungspalette ab, ich wollte auf Nummer Sicher gehen!

„Ich komm' morgen früh automatisch nachsehen, Sie brauchen nicht anzurufen!" versprach ich zum Abschied.

In der Nacht schlief ich schlecht, dauernd kreisten meine Gedanken um die kranken Kälber vom Molkhof. Draußen hatte es inzwischen heftig zu regnen begonnen, ein Segen für die trockenen Böden, aber das stete Rauschen, das sonst eine beruhigende Wirkung auf mich ausübte, verfehlte diesmal seine Wirkung. So gegen drei Uhr stieg ich aus dem Bett, leise, um Karin nicht zu wecken, und tapste im Finstern vom Schlafzimmer in das Arbeitszimmer. Dort knipste ich die Schreibtischlampe an, stapelte sämtliche einschlägigen Lehrbücher vor mir auf und begann, im grellen Lichtkegel nach möglichen Ursachen für diesen dramatischen Krankheitsverlauf zu stöbern. Das dämmerige Morgenlicht begann schon langsam durch die Fensterscheiben zu sickern, da stieß ich auf einen sich verschämt verbergenden sechszeiligen Absatz, der von Kryptokokose handelte.

Ich klappte das Buch zu, den Mund zum Gähnen auf und machte mich nach dem Mokka auf den Weg zum Molkhof. Gegen den Garten hin schlief Karin friedlich im ersten Stock und hatte von meiner wissenschaftlichen Nachtwache überhaupt nichts mitbekommen.

Es regnete noch immer! Durch die Fenster des Stalls konnte man Licht erkennen. Neben der Tür lag etwas, mit einer Plane zugedeckt. Ein dünnes Beinchen mit zarten Klauen schaute darunter hervor.

Ich schlug die Decke zurück! Das Stierkälbchen, das gestern erst mit dem Durchfall begonnen hatte, lag starr und leicht verkrümmt vor mir.

Voll böser Ahnung betrat ich den Stall, wo der Schorsch gerade mit dem Besen beschäftigt war.

„Guten Morgen! Das eine Kalb hab' ich schon gesehen! Was ist mit dem anderen, der *Kusn* (lokale Bezeichnung für Kuhkalb)?"

Der Bauer stützte sich auf den Besenstiel: „Nimmer vüü, leb'n tuat's no, aber wia lang is' die Frag!"

Das Tier lag ausgestreckt im Stroh, die tief eingesunkenen Augen blickten leblos in die Weite, der Durchfall rann nicht mehr, sondern quoll puddingartig heraus.

Ich ging in die Hocke, nahm mit der rektalhandschuhbewehrten Hand eine Kotprobe auf, stülpte den Handschuh um und verknotete das obere Ende wie ein Plastiksäckchen.

„Ich bin überzeugt, der Grund für die Schwere des Durchfalls und für den raschen Verfall der Kälber trotz Behandlung könnte daran liegen, daß sie zusätzlich an einer Infektion mit Kryptosporidien leiden. Das sind mikroskopisch winzige Darmparasiten, gegen die nur ein spezifisches Medikament hilft. Gibt man dieses nicht, kann man sich auf den Kopf stellen, die Tiere sterben! Ich habe daher so einen Kanister mitgebracht, davon geben Sie dem nächsten Kalb gleich ab dem zweiten Lebenstag, eine Woche lang die beschriebene Dosis! Es ist zwar ziemlich teuer, aber bis wir den Befund von der heutigen Stuhlprobe in den Händen haben, müssen wir einfach riskieren, auf Verdacht zu behandeln!"

Der Bauer sah den Behälter skeptisch an, dann nickte er doch: „In Ordnung, tote Kaibl'n sind auch net billig!"

Ich atmete tief durch! Jetzt blieb mir nur noch, das arme Kuhkalb mittels Spritze zu erlösen.

Ich hasse diese Arbeit, aber in dem Fall war sie notwendig.

Deswegen und aufgrund des strömenden Regens, der Unausgeschlafenheit und des leichten Kopfwehs ohnehin schlecht gelaunt, traf ich vor der Praxis ein. Das Durchfallsäckchen wie eine Einkaufstasche schwingend, stieg ich aus dem Auto. Da entdeckte ich zu meinem Mißvergnügen die Umrisse von Frau Sippel samt Kater hinter den Fenstern des Warteraums. Verflixt, ich hatte glatt vergessen, daß wir ja für heute einen Termin vereinbart hatten. Frau Sippel eilt der Ruf eines eher schwierigen Naturells voraus – und dass sie manchmal ziemlich unangenehm sein konnte.

Seufzend ergab ich mich in mein Schicksal und warf mich in das weiße Ordinationsgewand. Gott sei Dank hatte Frau Sippel am Telefon erwähnt, daß es sich lediglich um das Fell von ihrem Peter handeln würde, es „sei nicht schön"! Das klang kurz und schmerzlos.

Von wegen!

Bei Peter handelte es sich um einen äußerst stattlichen Halbperserkater, dessen Haarkleid den beklagenswerten Zustand der völligen Verfilzung, schlimmer noch als die italienische Wirtschaftspolitik, erreicht hatte.

„Hören Sie, Frau Sippl, Sie haben gesagt, Peters Fell wäre nicht schön …!“protestierte ich.

„Ist es ja auch nicht!“

„Natürlich nicht, aber unter einem nicht schönen Fell verstehe ich Haarbruch, Glanzlosigkeit, Schuppen und ähnliches! Der da hat Fellplatten wie die Außenverkleidung eines Schützenpanzers, das dauert ja mindestens eine Stunde, bis ich die wegbekomme! Warum sind Sie damit nicht in den Hunde- und Katzen-Trimm-Salon in der Bezirkshauptstadt gefahren?“

„Nein, das muß ein Tierarzt machen, mein Peterle braucht dazu eine Narkose, sonst läßt er keinen an sich heran. Das letzte Mal im Tiersalon war das arme Kätzchen danach einen ganzen Tag beleidigt! Und der Mann eine Woche lang arbeitsunfähig“, fügte sie beiläufig hinzu.

Das waren ja schöne Aussichten!

Ich überrumpelte Peter, indem ich ihn am Genick packte, hochhob und ihm die Narkosespritze durch die Haarpackungen hindurch verpaßte. Sein fauchender Unmut, gewürzt mit einigen scharfen Krallen, kam zu spät!

Einige Minuten danach schlummerte er geruhsam auf dem Ordinationstisch.

„Lassen Sie sich ruhig Zeit“, meinte Frau Sippl, „ich treffe mich inzwischen mit meiner Freundin zum Einkaufen, und dann geh'n wir ins Cafe!“

Während sich sein Frauchen einer Konsumationsorgie betreffend Schuhen und Schlagoberstörtchen hingab, bahnte ich mir mit der Schermaschine mühselig den Weg durch Peters Körperdschungel. Das Kopfweh wurde stärker, die feinen Unterhaare segelten durch die Luft und kitzelten in meinen Nasenlöchern, drangen mir in den Mund, juckten am Hals!

Ich hatte das „Dejà vu“-Erlebnis wie beim Schiefer seiner Hochlandkuh: die verdammte Wolle wollte kein Ende nehmen.

Endlich hatte ich Peter doch so weit, daß er mühelos in jedem Nudistencamp Aufnahme gefunden hätte, und während ich die Kälberkotprobe zum Versand an das Parasitologische Institut der Veterinärmedizinischen Universität wasserdicht einpackte, berechnete ich im Geiste, was Frau Sippl zu bezahlen hatte. Da die Summe, die herauskam, höher war als bei jedem Friseurweltmeister, verwarf ich sie wieder und begnügte mich mit der Hälfte. Schließlich konnte ich mir ja den Haarspray sparen.

Frau Sippl kippte fast aus ihren neuen Schuhen, glücklicherweise waren sie zu eng dazu, als ich ihr den kahlen Schmusekater präsentierte.

„Ja um Gott's willen!" kreischte sie und schlug die Hände vor dem Gesicht zusammen. „Ja wie schaut denn der arme Peterl aus? Ja was hab'n denn Sie mit ihm g'macht, Herr Doktor?"

„Na ihn von dem verfilzten Pelz befreit, das haben Sie ja gewollt!"

„Ja aber doch nicht gleich glatzert scher'n! Ich hab' geglaubt, Sie tun ihm ein bisserl die Haarsträhnen ausfrisieren! Naa, das zahl' ich net!"

Allmählich wurde ich grantig. Da starben einem Jungbauern die Kälber, und er beklagte sich nicht, und diese Schreckschraube machte ein Gezeter um ein paar Haare, die in einigen Wochen wieder nachwachsen würden: „Jetzt passen Sie einmal auf, Frau Sippl", knurrte ich, „erstens hätte bei diesem Fell nicht einmal der Maskenbildner von King Kong noch eine Chance gehabt, zweitens, wie Sie vielleicht sehen, hat der ‚arme Peterl' bereits beginnende Ekzeme, weil durch den Haarpanzer keine Luft mehr an die Haut gekommen ist, und drittens wird, falls Sie diese Behandlung nicht bezahlen, mein Anwalt dafür sorgen, daß Sie ebenfalls Haare lassen werden und wahrscheinlich gerupfter dreinschauen als Ihr Kater im Moment!"

„Gemeinheit", schimpfte die Dame erbost und schnappte den schlafenden Kater, „ich werde mich über Sie bei der Tierärztekammer beschweren!" Sie watschelte in ihren zu engen Schuhen hinaus.

Na, dann soll sie doch! Ich hatte ein gutes Gewissen und darüber hinaus andere Sorgen!

Nach einigen Tagen fand ich in der Post einen Brief von der Universität. Parasitologisches Institut! Der Befund! Endlich!

Hastig riß ich das Kuvert auf und schluckte: alles negativ, keine parasitären Elemente gefunden!

So, jetzt ist Dreck Trumpf, wie die Bayern sagen.

Ich wählte die Nummer vom Molkgut. Heidi, die Bäuerin meldete sich.

„Ja, hier ist der Tierarzt. Ich habe soeben Nachricht von der Uni bekommen, die Kotprobe ist negativ, keine Kryptosporidien! Tut mir leid, mein Verdacht war falsch!"

„Ja, aber woran sind unsere Viecher dann g'storb'n?"

„Hm, wenn ich das wüßte! Jetzt müssen wir halt auf den Sektionsbefund vom ersten Kalb warten, vielleicht kommt da noch was raus!"

„Und was machen wir mit dem teuren Mittel? Der Schorsch hat den Kanister schon angebraucht, weil seit gestern hab'n wir wieder Zwillinge!"

„Heben Sie das angefangene Medikament auf, ich nehme es zurück. Es war ja mein Fehler."

„Und was ist, wenn der Durchfall wieder losgeht?"

„Fragen Sie mich was Leichteres", stöhnte ich und legte auf.

Als Karin vom Unterricht heimkam, bemerkte sie sofort meine Niedergeschlagenheit. Sie setzte sich neben mich und legte ihre kühle beruhigende Hand auf meinen Unterarm: „Was ist los?"

Ich erzählte ihr die Misere und meine Ratlosigkeit: „Dabei hätte ich gewettet, daß es sich um Kryptosporidien handelt!" rief ich. „Sonst fällt mir nichts mehr ein, verdammt noch einmal!"

„Wohin hast du gesagt, sind die Organe eingeschickt worden? Nach Mödling? Dann ruf doch dort an! Vielleicht gibt es schon Ergebnisse, und sie haben sie nur noch nicht abgeschickt!"

„Ach, das glaubst du wohl selbst nicht!" Manchmal konnte ich bokkiger sein als ein Dreikäsehoch, der sein Lieblingsspielzeug verloren hatte.

„Also dann hör auf zu jammern!" sagte Karin und stand auf.

Ich schaute ihr nach, wie sie ins Vorzimmer ging. Sie hatte, wie meistens, recht. Wer bin ich denn? Vogel Strauß?

In Mödling meldete sich ein freundlicher Herr: „Ja, wir haben leider mit dem Computer ein größeres Problem, dadurch müssen die Befunde von Hand geschrieben werden wie früher, und das dauert! Wie war der Name des Tierbesitzers? Georg Gansberger? Nein, Kryptosporidien haben wir keine gefunden …!", ich sackte zusammen, „aber massenhaft Antikörper gegen Kryptosporidien in der Darmwand!"

„Das heißt …?" fragte ich

„Kryptosporidiose! Eindeutig! Daneben Rotaviren und E.-coli-Bakterien!"

Ich hätte den Mann umarmen und küssen können, aus technischen Gründen tat ich dies aber ausgiebig bei Karin.

Dann rief ich sofort wieder beim Molkhof an: „Mittel weitergeben!" schrie ich in den Apparat. „Ja nicht absetzen!"

Die beiden Zwillingskälber erkrankten natürlich auch an Durchfall, aber diesmal war ich mir meiner Sache sicher. Dadurch, daß wir die Parasiten in Schach hielten, wurden die Tiere nicht so geschwächt, daß ihr Immunsystem zusammenbrach, sondern unter der Mithilfe der Medikamente die Infektion überstehen konnten. Dennoch bedurfte es einer mehrtägigen Intensivbehandlung, bis das Fieber nachließ und die Darmentzündung abgeklungen war. Aber sic meisterten die Krise!

„Ganz schön haarige Sache, trotzdem!“ meinte der Schorsch respektvoll, als die Kälber begannen, wieder lebhaft herum zu springen, wie das gesunde Jungtiere eben tun.

„Apropos haarig! Schau'n Sie nur ihr Fell an“, deutete ich auf die handgroßen kahlen Stellen am Kopf, an Vorder- und Hinterbeinen und im gesamten Hinterbackenbereich, wo die rosa Haut hervorleuchtete wie bei einem Marzipanschweinchen, „das sieht man die Toxinwirkung der Bakterien! Sie haben wirklich aggressive Stämme im Bestand! Aber keine Sorge! Die Tiere sind über den Berg, und das Fell wächst wieder nach! Am besten wäre es, Sie würden sie bei schönem Wetter einige Stunden ins Freie lassen, die frische Luft wird ihre Erholung beschleunigen!“

„Sofort, Herr Dokta!“ rief der Bauer freudig. „Und Sie setz'n sich jetzt auf a Bankl und ess'n a ausgiebige Jaus'n als Dank für Ihre Bemühungen!“

„Eine Jaus'n ist nicht nötig, aber zu einem guten Schnapserl auf den Erfolg sag ich nicht nein!“

Ich nahm auf der Terrasse Platz, und während die Heidi mir einen großen Vogelbeer samt Strudel, „einen schönen Gruaß von da Muatta“, vorsetzte, sah ich mit Vergnügen, wie meine halbnackten Patienten auf der Wiese neben mir herumtollten. Ich mußte dem Bauern nur sagen, daß er aufpassen solle, daß sie keinen Sonnenbrand abkriegten.

Befriedigt stopfte ich eine Pfeife, lehnte mich an die warme Holzwand im Rücken, schloß die Augen und genoß die kostbaren Minuten des Triumphes in dieser „haarigen Angelegenheit“, wie es der Schorsch treffend ausgedrückt hatte.

Da hörte ich das Näherkommen zweier Leute, ich schaute auf und sah, wie sich ein Ehepaar mittleren Alters an den Nebentisch setzte. Ich grüßte kurz und machte die Augen wieder zu.

Plötzlich rief die Frau: „Schau mal, die zwei Kälber da! Die haben ja fast keine Haare! Ob die gerade in der Mauser sind?“

Da dröhnte seine Stimme: „Red' doch keinen Blödsinn, eine Mauser können doch nur Vögel haben!“

Naja, dachte ich, man kann sagen, was man will, naturwissenschaftlich sind wir Männer im großen und ganzen dem schönen Geschlecht doch noch überlegen.

Beim nächsten Satz des „Experten“ aber zerbiß ich fast den Pfeifenstiel!

„Ich kann dir sagen, warum die so ausschau’n! Das sind mit Sicherheit schon ziemlich alte Kälber und kriegen einfach eine Glatz’n, so wie ich!“

Alles, was Hörner hat, fliegt

Den Jahreshöhepunkt für das Vieh stellt regelmäßig der Almsommer dar.

Die Almen sind für das Leben im Gebirge sowieso von zentraler Bedeutung, kein Heimatfilm kommt ohne diesen Schauplatz aus. Ein wilder Wilderer mitten am Dorfplatz würde äußerst deplaziert wirken, aber einer, der oben zwischen den Latschen kauert und dort mit geschwärztem Gesicht und ebensolchen Gedanken dem jeweiligen Jagerloisl, Jagerhiasl oder Jagerfranzl auflauert, das ergibt die richtige Dramatik.

Dieser wiederum pirscht meist erfolgreich durch den Tann und vorzugsweise auf die ebenso jeweilige Sennerin, die Zenzi, die Kathi oder die Resi, welche immer im Dirndl auftritt und mit einem Dekolleté ausgestattet ist, daß man sich frägt, warum sie sich überhaupt die Mühe macht, zusätzlich noch Milchkühe zu versorgen.

Kurz, die Alm gehört zum Gebirge wie der OP zum Krankenhaus, aber das ist eine andere Serie!

Der einzige, der die Almsaison weniger schätzt, ist der arme Tierarzt.

Meine Freunde beneiden mich öfters, weil sie der fixen Meinung sind, ich hätte die nötige Muße, diese Idylle auch zu genießen. In den meisten Fällen ist es aber so, daß man die schlechte Straße hinaufrattert, oben flucht, wenn die Kühe noch nicht im Stall sind, und sofort wieder denselben Weg hinunterrumpelt zur nächsten Alm, auf die man vielleicht zuvor schon hinüberschauen konnte. Leider liegt oft ein ausgiebiger Graben dazwischen, so daß eine halbe Stunde Fahrtzeit gar nichts ist.

Mit sechs bis sieben Almvisiten am Tag neben der anderen Arbeit besteht somit wenig Gefahr, sich zu langweilen.

Natürlich ist die Zeit auf der Alm, je nach Wetter zwei bis drei Monate, nicht frei von Gefahren für die Tiere. Verletzungen, Absturz oder Blitzschlag kommen häufig vor, wobei ein Viehverlust durch Blitzeinwirkung noch das geringste Übel darstellt, da diese Schäden von der Versicherung gedeckt sind.

Die Versicherungen ihrerseits wissen natürlich um die Begehrlichkeit vieler Tierbesitzer und verlangen stets eine Bestätigung dieser Todesursache durch den Tierarzt.

Dadurch kommt es fallweise zu kuriosen Szenen.

In meinem ersten Praxissommer erreichte mich der Anruf eines Bauern, ich war damals so perplex, ich könnte heute beim besten Willen seinen Namen nicht nennen, der mir lauthals verkündete: „Herr Dokta, mir is' a Kuah ab'kugelt!"

Da schau her, dachte ich bei mir, es gibt doch noch ehrliche Menschen, und fragte in der Annahme, meine Hilfe würde benötigt: „Ist sie schwer verletzt?"

Kurze Pause, dann kam die dröhnende Antwort: „Tot is'!"

„Ja, da kann ich Ihnen auch nicht mehr helfen, da müssen Sie die Tierkadaververwertung anrufen!" erklärte ich naiv.

Kurze Pause

„I hab' mir 'denkt, Sie schreib'n mir was für die Versicherung!"

Hoppla, Nachtigall ich hör' dich trapsen! Aber blöd stellen kann ich mich auch: „Ah, Sie sind gegen Absturz versichert, das ist wirklich vorsorglich und löblich, kommt nämlich selten vor!"

Längere Pause.

„Naa, gegen Absturz bin i' net versichert, aber geg'n Blitz!"

„Ja war denn in den letzten Wochen irgendein Gewitter? Mir ist keines bekannt, es war doch eher ziemlich trocken, die Bauern jammern mich doch eh alle deswegen an!"

Noch längere Pause.

„Naa, a Wetter war koans!"

„Und wo soll dann bitteschön der Blitz hergekommen sein?"

Ganz lange Pause.

„I' siach schon Herr Dokta, mit Ihnen kann man net red'n!" Bumms, aufgelegt!

Ein anderer bewies eine durchaus kreative Ader, als er mich zu seiner *Blitzkuh* rief: „Mir hab'n s' schon hoambracht, sie liegt schon da herunt'n auf'n Hof, Sie brauch'n gar net erst auffi auf die Alm!"

Sehr zuvorkommend, aber auch ein bißchen verdächtig! Denn oft ist der Fundort, was zum Beispiel einen feuchten Untergrund, die Nähe zu einem Wasserlauf oder sogar Einschlagspuren in benachbarten Baumstämmen betrifft, viel aussagekräftiger als der Tierkörper selbst.

Als ich vor dem bereits aufgedunsenen Kadaver einer schönen Pinzgauerkalbin stand, deutete der Bauer stolz auf die rechte Kruppe und sagte: „Da seh'n S' sogar, wo da Blitz einig'fahr'n is'!"

Wirklich war im Fell eine sternförmig verästelte Hautveränderung deutlich auszumachen, das Haarkleid sah versengt aus. Ich mußte mir das Lachen verbeißen! Abgesehen davon, daß nur zu einem gering-

sten Prozentsatz sogenannte Blitzmarken an den Tieren aufgefunden werden, die überwiegende Anzahl der Todesfälle wird durch indirekte Blitzeinwirkung wie Lungenzerreißung oder Bodenspannung verursacht, war mir die vorliegende Blitzfigur nur zu gut bekannt.

Vor einigen Wochen hatte die Bauernzeitung einen fachlich ganz guten Artikel über Blitzunfälle veröffentlicht und zur Illustration ein Foto beigefügt, das wiederum, eben aufgrund der seltenen Drastik solcher Erscheinungen, dem Standardlehrbuch für Rinderkrankheiten, welches uns im Studium mehrere Semester lang begleitet hatte, entliehen worden war.

Jeder Student im klinischen Abschnitt kannte diese Abbildung!

Der erfinderische Bauer hatte diese Vorlage akribisch auf den Kadaver kopiert, man konnte meinen, sogar abgepaust!

„Also schön", sagte ich und schaute ihm fest in die Augen, „wo ist der Lötkolben?"

„Welcher Lötkolben?" kam es verunsichert retour.

„Der, mit dem diese wunderschöne Blitzmarke nachgezeichnet wurde!"

„Herr Dokta, Sie wird'n doch net glab'n, daß i' Sie einileg'n will!"

„Sie sicher nicht, aber irgendwer schon!" Ich erklärte ihm die Sachlage: „Aber wenn Sie meine Skepsis anzweifeln, können wir ja das Tier sezieren und das Gewebe der Hautpartie histologisch untersuchen lassen, um zu sehen, wie tief die Brandspuren gehen …!" Ich hatte, ehrlich gestanden, keine Ahnung, ob dies überhaupt möglich wäre, aber ein Schuß ins Blaue schien mir angesichts des Falls, der noch mehr als der Kadaver stank, durchaus angebracht.

Volltreffer!

„Aber wann des nur, sag'n wir, ein schwacher Blitz g'wes'n is'!" Ihm wurde angesichts der drohenden Wissenschaft sichtlich unheimlich.

„Sagen wir, das einzig Schwache an der Sache ist die Beweisführung!" entgegnete ich trocken. „Ich schlage vor, wir vergessen das Ganze!"

„Wenn S' moanen", begab er sich auf den Rückzug, „aber i' bin mir ganz sicher, daß des der Blitz g'wes'n is' und daß Sie sich womöglich irr'n ...!"

„Gut!" Ich zog ein Skalpell aus der Tasche und machte Anstalten, die Haut rund um die obskure Stelle abzulösen.

„Is' schon guat, Herr Dokta", fiel er mir in den Arm, „mach'n S' Ihna koa Müah, was kriag'n S' denn füar die Visit'n?"

Diese zwei Beispiele stellen allerdings nur zwei sehr schwarze Schafe unter der Bauernschaft dar, das muß zur Ehrenrettung letzterer betont werden!

Als viel problematischer als Blitzunfälle erweisen sich immer schwere Verletzungen wie Beinbrüche, da sich hier die Bergung schwierig gestaltet. Früher war es relativ einfach. Da gab es den Katastrophenfonds des Landes, der zuständige Bürgermeister oder Amtstierarzt forderte das Bundesheer zum Assistenzeinsatz an, und ein Militärhubschrauber flog das Opfer einfach von der Alm herunter.

Dann wurde es komplizierter!

Da die hohe Politik in unserem schönen Land bekanntlich stets verantwortungsbewußt und sparsam mit dem Geld der Steuerzahler umgeht, von den winzigen Ausnahmen wie Dienstlimousinen, Repräsentationsspesen, Personalentscheidungen und Prestigeobjekten einmal abgesehen, entschloß sich im Jahr 2000 der Landesrat, diese Flugbergungen einzustellen und es der Phantasie des Tierbesitzers zu überlassen, wie er seine Kuh nach Hause brachte.

Da dies zwangsläufig zu untragbaren Situationen und Tierleid führen mußte, war klar.

„Das ist doch unglaublich!" schimpfte ich gegenüber Karin, als sich wieder so ein kleines Drama abgespielt hatte, bei dem eine sonst gesunde Kuh wegen einer banalen Hüftgelenksluxation oben am Berg getötet werden mußte, weil keine Chance bestanden hatte, das Tier von dieser unzugänglichen Stelle zu bergen. „Dic Fortbewegungsmittel der Politiker werden immer luxuriöser, aber hier regiert der Sparstift. Und das Hirnrissigste an der Sache ist, daß Tiere, wenn sie erst tot sind, schon ausgeflogen werden, weil die mögliche Konfrontation mit halbverwesten Kadavern das touristische Interesse berühren könnte!"

„Dann unternimm doch was", sagte Karin ruhig und schenkte mir etwas Tee nach, „durch bloßes Herummosern hat sich noch nie irgendetwas geändert!"

Donnerwetter, die Frau hat ja recht!

Getreu der alten Weisheit *vox populi, vox dei* wählte ich die Telefonnummer der Kronenzeitung. Dort stieß ich erfreulicherweise und erwartungsgemäß auf offene Ohren, zwei Tage später erschien der nachstehende Artikel und schwupps, nach nicht einmal einer Woche hatte der Landesrat seine Weisung zurückgezogen.

„Gut gemacht!" sagte Karin und küßte mich auf die mangels Haaransatz leider bereits mehr als reichlich vorhandene Stirn.

Seither flogen die Hubschrauber wieder, wenn auch nicht die vom Bundesheer, sondern von Privatfirmen.

Der Grund, weshalb man bald nicht mehr auf die Heereshubschrauber zurückgriff, wurde mir im Verlauf eines sonntäglichen Einsatzes eindringlich vor Augen geführt.

Der Himmel zeigte sich mit dicken grauen Wolken bedeckt, und es war ziemlich windig. Ich war gerade nach einem schweren Fall von Milchfieber bei einer Friesenkuh nach Hause gekommen und ergänzte einige wichtige Medikamente der Autoapotheke, da läutete das Telefon. Karin kam mit der Handgurke in die Garage: „Der Veterinärdirektor!" flüsterte sie.

„Schönen guten Tag, Herr Kollege", klang die vertraute Stimme des obersten Chefs, der ebenfalls Notdienst versah, „ich habe soeben für die Bodenalm einen Hubschrauber aus Aigen im Ennstal angefordert! Dort oben liegt eine Kalbin mit einem gebrochenen Bein! Der Bauer wartet unten im Tal beim Jagdhaus zwecks Einweisung. Das Tier muß zum Transport natürlich sediert werden. Nachdem Sie auch Dienst haben und wesentlich näher dran sind als ich, möchte ich Sie bitten, den Fall zu übernehmen. Wenn Sie sich schon in der Zeitung für die Hubschrauberbergung einsetzen, dann müssen Sie auch die Konsequenzen tragen. Der Hubschrauber kommt um elf Uhr zwanzig! Schauen Sie, daß Sie pünktlich an Ort und Stelle sind! Ja, noch was! Haben Sie schon einmal so etwas gemacht?"

„Die Tiere verenden qualvoll!“

Veterinär schlägt Alarm: Wegen Sparkurs werden verletzte Kühe nicht mehr von den Almen geborgen

Diese Situation ist jedem Landwirt vertraut: Eine Kuh verletzt sich auf der Alm oder stürzt ab. Früher konnte das Tier mit einem Hubschrauber geborgen werden. Ein zumeist qualvoller Tod blieb ihm so erspart. Jetzt schlägt Dr. Johann Christ, Tierarzt aus Bad Hofgastein, Alarm. Auf unseren Almen verendet mittlerweile das Vieh: Aus Kostengründen werden nämlich nur noch Totbergungen durchgeführt.

Foto: Konrad Rauscher

Dr. Johann Christ zeigt die Probleme durch den Wegfall der Bergung verletzter Tiere auf.

VON HARALD BRODNIG

„Es war Ende Juli“, erzählt der Veterinär besorgt. „Da stürzte in Rauris eine Kuh in eine 20-Meter-Schlucht.“ Das Tier blieb zum Glück unverletzt. Aber mit der Rettung des Paarhufers, der zudem feststeckte und sich nicht selbst befreien konnte, haperte es.

Pinzgaus Amtstierarzt Walter Winding in Zell am See musste bei der Frage nach einer Hubschrauber-Bergung abwinken: „Tut uns leid. Das wird nicht mehr bezahlt.“

Landesrat Wolfgang Eisl hatte den Sparstift angesetzt und den Kostenersatz für Lebendbergungen gestrichen. Sprich: Erst wenn das Tier tot ist, was oftmals erst nach einem tagelangen Todeskampf der Fall ist, wird es mit einem Hubschrauber von der Alm ins Tal geflogen.

Der Kuh aus Rauris blieb dieses Schicksal zum Glück erspart. Als Nebenerwerbsbauer konnte der betroffene Besitzer erst am Wochenende ausrücken. Bis dahin wurden Heuballen und Wasservorräte zu der Kuh auf den Berg hinaufgeschafft. Dann wurde das Tier mit mehreren Helfern ausgeschaufelt.

Dr. Johann Christ: „Bei einem anderem Fall musste die Kuh erschossen werden. Sie hatte sich bloß den Fuß gebrochen und hätte gerettet werden können. Aber drei Tage ohne Wasser und Futter überlebte sie nicht. Ich plädiere schon aus Tierschutzgründen dafür, dass das Land Salzburg hier wieder einspringt. Die Tiere verenden ja äußerst qualvoll.“

Das Problem: Die betroffenen Landwirte können in den meisten Fällen aus finanziellen Gründen die Bergungen per Hubschrauber gar nicht aus eigener Tasche bezahlen. Und auch das Bundsheer hat mittlerweile bereits die Rettungsflüge für Tiere eingestellt.

Landesrat lenkt nach „Krone“-Bericht ein: „Im Notfall die Bergungen durchführen“

„Lasst unsere Kühe nicht sterben“

Dieser „Krone“-Bericht sorgte für Wirbel: Weil Landesrat Wolfgang Eisl den Sparstift angesetzt hat, wird für verletzte Kühe auf unseren Almen keine Hubschrauber-Bergung mehr durchgeführt. Zu teuer! Erst wenn das Tier tot ist, wird es mit dem Helikopter ins Tal geflogen. Jetzt lenkt der Finanzchef des Landes ein.

VON H. BRODNIG

„Unfassbar“, sagt Tierschutzbeauftragte und Landtagsabgeordnete Gertraud Wagner-Schöppl. „Das widerspricht unserem Nutztierschutzgesetz, wonach Tiere von vermeidbaren Aufregungen und Ängsten verschont bleiben sollen.“

Bekanntlich war es zu Vorfällen gekommen, wo abgestürzte Kühe qualvoll verendet waren, weil sie nicht geborgen wurden. Tierarzt Johann Christ aus Bad Hofgastein hatte das aufgedeckt.

Auch weitere Amtskollegen waren von der unterlassenen Hilfeleistung gegenüber Tieren entsetzt. Dr. med. vet. Daniela Danckert aus Salzburg: „Die Kühe, die uns mit ihrer Milch, ihrem Fleisch und ihrem Leder versorgen und im Fall der Weidetiere auch eine wichtige Form der Landschaftspflege erfüllen, verdienen unseren Respekt. Es ist beschämend. Ich kann nur anbieten, dass ich die Kosten einer solchen Bergung aus meiner eigenen Tasche bezahle.“

Nach dem „Krone“-Bericht lenkt Landesrat Wolfgang Eisl aber ein: „Wenn eine Chance für das Tier gegeben ist, wird es auch gerettet.“

Übrigens: Eine Bergung kommt gleich teuer wie die Kosten einer Salzburger Kunst-Kuh.

Ich verneinte.

„Oh, das macht nichts! Sie müssen nur berücksichtigen, daß die Tiere meist unter erheblichem Schock stehen, das heißt, durch das Adrenalin ist eine höhere Dosis als üblich nötig, anderseits kann natürlich der Streß den Kreislauf beeinträchtigen, was eine niederere Dosis als sonst erfordert. Na, viel Glück, wird schon schiefgehen!“

Nach diesen äußerst hilfreichen Ratschlägen legte er auf.

Ich schaute auf die Uhr! Wenn ich sofort losfuhr und sämtliche Geschwindigkeitsbeschränkungen auf der Strecke ignorierte, konnte ich es schaffen. Die Strafmandate würde ich einfach dem Veterinärdirektor schicken.

Zehn Minuten vor dem Termin bremste ich mich in einer Staubwolke vor dem Jagdhaus ein. Der Bauer, der auf der Hausbank gewartet hatte und jetzt einem Müller ähnlicher sah, kam hustend auf mich zu. Er stammte aus dem Flachgau und trieb sein Jungvieh den Sommer über schon seit mehr als zwanzig Jahre auf diese Bodenalm, hoch über unseren Köpfen!

„No nia hat's was 'geb'n", schüttelte er den Kopf, „aber die Kalb'n hat's regelrecht in den Bach einig'staucht! Wenn der Kopf net auf so oan mordstrumm Stoan zum lieg'n kommen war, war' s' eh dersoff'n!“

„Wann haben Sie sie denn gefunden?“ Ich packte inzwischen Narkosemittel, Kreislaufmittel, Nadeln, Spritzen und Staukette in einen kleinen Rucksack.

„Heit! Heit in da Fruah! Lang kann s' no net da lieg'n ! Da Simmerl, mei Bua, hat's beim Nachschau'n entdeckt und mi glei mit sein' Handy ang'ruaf'n. Nachher hab' i sofort beim Land an'gruaf'n, und seit zehne bin i' mitn Viehhänger da und wart auf'n Hubschrauber!

Ein näherkommendes dumpfes Flap, Flap, Flap ließ plötzlich die Luft vibrieren!

„Da kommt er!“ Mit der ausgestreckten Hand deutete ich zwischen die in Wolken gehüllten Berggipfel. Ein dunkler Punkt schälte sich aus dem Grau und kam wie eine behäbige Libelle auf uns zugeflogen. Die *Alouette* wirbelte beim Aufsetzen verständlicherweise noch mehr Staub auf als mein Auto. Ein drahtiger Oberwachtmeister sprang heraus: „Morgen, sind alle da? Dann nichts wie los, wir sind eh spät genug dran!“

Doch der Pilot, ein Vizeleutnant mit knorrigem, aber leicht gereizt wirkendem Gesicht, winkte herrisch ab und schrie heraus: „Nur der Tierarzt! Bei den Fallwinden heute weiß ich sowieso nicht, wie ich die Kiste hochkriegen soll!“

„Ja aber ich hab' keine Ahnung, wo die Kalbin liegt!" rief ich zurück und kletterte auf die Rückbank der Kabine.

„Na der Chef wird uns schon erklär'n, wie wir sein Viech finden! Also los, Mann!" brüllte der Vize.

Der Bauer, sichtlich enttäuscht, daß er nicht mitfliegen durfte, begann eine lange und umständliche Schilderung, von der ich im Rotorlärm überhaupt nichts verstand.

Dem immer saurer werdenden Gesichtausdruck des Piloten nach zu schließen, verpaßte ich nicht viel, denn plötzlich schrie er: „Schon gut, wir finden's auch so!", haute die Kanzeltüre zu und ließ die Turbine aufheulen.

Leicht schwankend hob die Maschine ab. Der Pilot hatte nicht übertrieben. Man spürte richtig, wie die kalten Windböen von der Gipfelregion herab auf das Flugzeug drückten, daran rüttelten. In weiten, mühevollen Windungen schraubte sich der alte Hubschrauber den steilen Berghang hinauf.

„Ist das noch die Alouette 204? Die mit dem Baujahr 1963?" brüllte ich nach vorne.

Der Oberwachtmeister zog den Kopfhörer vom linken Ohr, drehte sich überrascht um und grinste anerkennend: „Nicht schlecht, Herr Specht, ja das ist so eine alte Dame!"

Ich lächelte geschmeichelt: „Naja, als Reserveoffizier hat man das alles einmal gelernt. Zum Glück ist die Maschine wenigstens noch acht Jahre jünger als ich!"

„Na und, was hilft uns das bei diesem Scheißaufstieg?" ließ sich der grantige Vize vernehmen. „Wir haben ja keine Ahnung, wie gut ***Sie*** noch beeinander sind!"

Der Kerl war ein echter Humorbolzen! Aber gerechterweise mußte ich zugeben, er hatte wirklich alle Mühe, den betagten Helikopter nach oben zu manövrieren. Endlich erreichten wir das Ende des dunklen, fast schwarz wirkenden Bergwaldes und unter uns dehnten sich in leichter Schräge die saftigen Bergwiesen der Bodenalm mit ihren verstreut liegenden Hütten und Käsern aus. An einem sonnigen Tag mußte das ein Postkartenbild abgeben, aber heute, bei diesem trüben Wetter, wirkten die dahinter ragenden Felswände mit ihren finsteren Wolkenhauben bedrohlich.

„Da lang!" Der Co-Pilot deutete Richtung Norden. Der Vize nickte und zog die Maschine in einer engen Kippschleife nach Norden. Eine Minute später konnten wir das dünne schwarze Band des Wassergrabens erkennen, und dann sahen wir die Kalbin! Der Pilot brachte den Hubschrauber ohne Bodenberührung in der Nähe einer riesigen, von Wind und Wetter zerklüfteten Lärche herunter, der Wachtmeister und ich sprangen aus der Maschine und liefen in gebückter Haltung zu dem verletzten Tier. Es war, wie es der Bauer geschildert hatte. In dem ungefähr eineinhalb Meter tiefen v-förmigen Einschnitt lag die Kalbin, bewegungsunfähig zwischen die steilen Grabenwände gepreßt, mitten im Wasser, da ihr Hinterteil das dünne Rinnsal aufgestaut hatte, so daß es ihr über den gesamten Körper lief. Allein der Kopf ruhte auf einem Felsbrocken, der aus der schlammigen Böschungswand herausschaute und bisher verhindert hatte, daß das arme, entkräftete Tier ertrank.

Das linke Vorderbein, soviel konnte ich aus der Distanz feststellen, wies eine abnorme Drehung auf. Offensichtlich Gelenksfraktur!

Keine Zeit zu verlieren. Ich schätzte das Gewicht des Tieres, füllte die Spritze mit dem Narkotikum und stieg vorsichtig in den Graben. Weberknechtartig mit beiden Beinen links und rechts gegen die Böschung verspreizt, beugte ich mich kopfüber hinunter und verzurrte die Staukette um den Rinderhals, der sich gänzlich unter Wasser befand. Dann stach ich ruckartig die Nadel in die gestaute Vene, wobei ich aufpassen mußte, nicht das Gleichgewicht zu verlieren. Eine blutrote Schleierfahne, die vom gurgelnden Bächlein davongetragen wurde, zeigte mir den Treffer an. Keuchend, weil mir das Blut in den Kopf stieg, injizierte ich das Sedierungsmittel. Die Kalbin war bereits ziemlich unterkühlt, und der Kreislauf dementsprechend beeinträchtigt, so daß ich nur hoffen konnte, die richtige Dosis erwischt zu haben.

Der Oberwachtmeister kam mit Gurten zu uns heruntergeklettert, die wir der Kalbin mühsam unter den Leib schoben. Die Riemenenden hingen an der Hubschrauberkufe und durch sanftes Emporschweben wurde der Tierkörper soweit hochgelupft, daß wir zwei ihn schnaufend über den Grabenrand wälzen konnten. Dabei rutschte der Oberwachtmeister aus und fiel unter lautem Klatschen rücklings in das Schlammbad.

„Volle Deckung ist nicht befohlen!“ mußte ich grinsen.

„Himmelhergottsakramentverdammtnochmal etc. etc.!“ fluchte der nun vorbildlich getarnte Unteroffizier beim Herausplantschen.

Aber sein Vorgesetzter gönnte ihm keine Schonfrist: „Weiter, weiter!“ schrie der Vize. „Wir müss’n uns beeilen! Schaut aus, als ob ein Gewitter aufzieht!“

Mit vereinten, aber letzten Kräften rollten wir das mittlerweile völlig passive Jungrind in das am Boden aufgebreitete Transportnetz,

wobei ich tunlichst auf das verletzte Bein achtete, und der Oberwachtmeister befestigte statt der Gurten das Netz an die Unterseite des Helikopters.

Dann signalisierte er mit hocherhobenem Daumen die Abflugbereitschaft.

„Gut gemacht!“ brüllte der Vize. „Ihr bleibt derweilen da heroben, sonst schaff ich das G’wicht nicht! Ich hol’ Euch gleich nach!“

Wir wichen vor den stärker singenden Rotorblättern zurück, die Maschine stieg hoch, das Netz zog sich dabei eng um die reglose Kalbin zusammen, und der Hubschrauber flog in ungefähr hundert Metern Höhe mit seiner Last über die Alm hinweg, bis er am entfernten Rand nach unten in die Tiefe verschwand. Nur das Knattern war noch leise zu hören.

Wir hockten uns ins Gras. Der Wachtmeister zog eine völlig durchweichte Packung Zigaretten aus der Brusttasche, betrachtete sie mißmutig und schob sie wieder in den Overall zurück.

„Sie haben nicht zufällig was zu rauchen?“

Ich zuckte bedauernd mit den Schultern: „Leider, bin Pfeifenraucher!“

Er nickte resigniert, als hätte er von mir nichts Besseres erwartet, und streckte sich dann auf dem Rücken aus. Versonnen blinzelte er in die Wolkentürme, die sich unheilvoll zusammenballten. Ein leichtes Grollen hallte aus der Ferne.

„Der Vize hat wahrscheinlich recht! ’s gibt ein Gewitter! Hoffentlich kommt er noch rechtzeitig zurück! Hab’ keine Lust, da heroben Blitzableiter zu spielen!“

Die Ruhe, nur vom Wind in den Grashalmen und dem weitab vernehmbaren Glockengebimmel der weidenden Kühe untermalt, wurde plötzlich wieder durch den charakteristischen Helikopterlärm unterbrochen.

Die alte Alouette schwebte heran, und wir stiegen ein, wobei der Vize einen äußerst skeptischen Blick auf die Erdkrusten an der Fliegerkombination seines Kameraden warf.

Nach unten ging es problemlos, und als wir landeten, stand zu meiner großen Erleichterung die Kalbin bereits, wenn auch leicht schwankend, auf ihren drei gesunden Beinen.

Zur Verabschiedung gab mir der Vizeleutnant sogar die Hand: „Also Kompliment, Herr Tierarzt, so eine perfekte Narkose hab' ich noch nie erlebt! Vollkommen ruhig am Transport und herunten wieder putzmunter! Wahrscheinlich schon oft gemacht?"

Ich schüttelte den Kopf: „Reines Anfängerglück!"

„Na, auf jeden Fall tadellose Leistung! So, jetzt schaun' wir, daß wir noch bei halbwegs guten Bedingungen heimkommen!"

Die Maschine hob ab und entschwand rasch im grauen Himmel.

Ich half noch dem Bauern und einem blonden jungen Mann, offenbar der mittlerweile ebenfalls von der Bodenalm heruntergestiegene Simmerl, die Kalbin vorsichtig in den Hänger zu bugsieren, dann fuhr ich befriedigt nach Hause.

Unterwegs rief ich den Veterinärdirektor an, um ihm von der erfolgreich abgeschlossenen Bergungsaktion zu berichten.

„Bravo! Und, keine Schwierigkeiten gehabt?"

Nicht ohne Stolz erwähnte ich das Lob des Hubschrauberpiloten. „Alles in allem scheint mir das aber keine große Sache zu sein", fügte ich hinzu.

Der Veterinärdirektor lachte: „Nur nicht so siegesgewiß, Herr Kollege! So was kann ganz schön ins Auge gehen! Natürlich sind die Narkotika mittlerweile auch besser geworden! Aber vor einigen Jahren, Sie waren noch gar nicht da, hat in einem benachbarten Bundesland ein Tierarzt unter ähnlichen Bedingungen den Zuchtstier zum Transport sedieren müssen. Wahrscheinlich hat er sich dabei verschätzt, jedenfalls ist das Vieh unterm Flug narrisch geworden und hat im Netz so zu zappeln begonnen, daß die Schwingungen den altersschwachen Hubschrauber in der Flugstabilität gefährdet haben. Der Pilot hat einen Absturz befürchtet und, weil er über menschenleerem Gebiet war, keinen anderen Ausweg mehr gesehen, als die Last über einem Jungwald einfach auszuklinken!"

„Das arme Tier“, stammelte ich verblüfft.

„Ja so kann man es sehen! Noch ärmer wär’ aber beinah ein Pensionist drangewesen, der gerade beim Schwammerlsuchen war und nicht schlecht erschrak, als keine zehn Meter neben ihm so ein achthundert Kilo schweres Stierbröckerl durch die Äste heruntergerauscht kam!“

„Wahnsinn!“

„Genau! Und daran sieht man, daß das Gefährlichste am Schwammerlbrocken nicht immer die Schwammerln sind!“

Sexy Hexi

Intime Verhältnisse am Arbeitsplatz, wie sie immer wieder in den besten Firmen und Kanzleien vorkommen, sind, ohne den Kleintierkollegen irgendetwas unterstellen zu wollen, wenigstens, was die Landtierpraxis betrifft, eher die Ausnahme.

Zum einen spricht der Zeitdruck und die ständige Rufbereitschaft dagegen, zum anderen, daß man unweigerlich mit einem je nach Tagestätigkeit variierenden Aroma nach Ziegenbock, Silo, Pferdeschweiß, Schweinestall und feuchtem Hund gesegnet ist, welches sich in seiner ausgeprägten Wirksamkeit höchstens für Eroberungszüge gegen die Hunnen anbieten würde, nicht jedoch für solche durch fremde Betten!

Natürlich gibt es auch hier Lebenskünstler, ich erwähne dies ausdrücklich ohne Neid, welche sich über ungeschriebene Naturgesetze hinwegsetzen. Als berühmte Ausnahme der obigen Regel möchte ich nur jenen legendären Kollegen posthum nennen, der in den Anfangsjahren der KB zwischen zwei künstlichen Befruchtungen immer noch in der Lage war, eine natürliche einzuschieben. Böse Zungen sagen ihm nach, daß er im Laufe der Jahre mehr Kinder als Kälber auf den Höfen zurückgelassen hatte, oder wie es mir gegenüber einmal ein Bauer, dessen Kuh ich gerade auf der Alm besamt hatte, drastisch ausdrückte: „Voriges Jahr um die Zeit hat's der Kollege besamt, mein Lieber, war das ein Defizit! Der Almweg war zum zahl'n, die Kuah hat net aufg'nommen, eine halbe Flasch'n Vogelbeer war weg, aber wenigstens is' die Bäuerin net schwanger worden!" erklärte er grinsend, bevor ihm ein nasser Geschirrfetzen durch das Hüttenfenster ins Genick geflogen kam. Im Fensterrahmen erschien das vor Ärger oder Verlegenheit gerötete Gesicht seiner Bäuerin: „Red' doch keinen so einen Blödsinn vor dem Herrn Dokta! Man muaß sich ja schämen!"

Wie gesagt, das ist die Ausnahme!

Spötter werden jetzt behaupten, das wäre gar nicht die Ausnahme, ich solle bloß nicht von mir auf andere schließen!

Darum gestehe ich hiermit, daß einige wenige Male der verbotene Eros auch mich umflattert hatte wie eine hungrige Motte den Kleiderschrank. Im Gegensatz zum Kollegen war bei mir die Kastentür aber zugeblieben!

Es war Sonntag, einer der heißesten Tage in diesem Sommer, und das wollte etwas heißen! Seit Wochen hatte es nicht geregnet, die Wiesen bestanden nurmehr aus vereinzelt stehenden dürren Grasstengeln zwischen braunen Erdflecken. Der Wasserstand der Ache war besorgniserregend gesunken, und sämtliche Bauern stöhnten wie ihr Vieh unter der seltenen Dürre. „Haben Sie koan Regen bei Ihnen, Herr Dokta?“ war die Standardbegrüßung in diesen Tagen, so wie sie mich voriges Jahr in jenem nassen Sommer dauernd angeraunzt hatten: „Woll'n Sie net endlich wieder die Sonn' scheinen lassen?“ Das beweist, daß die Bauern ihrem Tierarzt, zumindest was das Wetter anbelangt, eine bemerkenswerte Kompetenz zubilligen!

Heuer war es, wie gesagt, sehr heiß, und ich saß daheim, weil ich zum Wochenend-Bereitschaftsdienst eingeteilt war. Karin hatte sich mit einer Freundin am See verabredet, allerdings erst nach längerem Zureden meinerseits: „Schau, Solidarität kann äußerst hilfreich in Notsituationen sein, beim Schwitzen ist sie eher von untergeordneter Bedeutung! Du jammerst sowieso öfters, daß du mit mir im Urlaub so selten zum Baden kommst, nütz' die Gelegenheit, es hat keinen Sinn, wenn wir beide dasitzen! Heut' ist eh nicht viel los! Offenbar ist es zu heiß, um krank zu sein!“

Karin nahm schließlich den Vorschlag an, der aber gar nicht so selbstkasteiend war, wie er vielleicht klingen mochte. Erstens ist mir persönlich ein Badetag viel zu langweilig, zweitens konnte ich mir beim besten Willen nicht vorstellen, wo angesichts der zu erwartenden Menschenmassen das Vergnügen liegen sollte. Ich stellte mir vielmehr die Situation vor, wie sie mir ein Studienkollege einst nach einem brütenden Wochenende am Montagmorgen geschildert hatte, während er sich ächzend und vorsichtig wegen seines Sonnenbrandes an meiner Seite im Audi Max niederließ: „Wahnsinn“, stöhnte er, „gestern im Krapfenwaldbad! So viele Leute im Becken! Drei Meter tief hab' ich tauchen müssen, damit ich zum Wasser gekommen bin …!“

Ein Mann mit einer Pfeife fühlt sich nie einsam, also saß ich bedächtig rauchend im Schatten der drei Birken in unserem Garten und versuchte, mich auf die öde Lektüre der aktuellen Veterinärnachrichten über die neuesten EU-Bürokratieschikanen zu konzentrieren, damit mir wenigstens dabei ein kalter Schauer den Buckel herunterrann.

Da läutete das Telefon.

„Herr Dokta? Hier is' Kreuzbauer! Bei uns hat sich a Kalbin auf der Alm verletzt, mein Mann bringt s' mit'n Hänger herunter, er is' ungefähr in einer Stund' dahoam, laßt er ausrichten!“

Der Kreuzhof war einer meiner entlegensten Bauernhöfe und trug seinen Namen zu Recht, weil es von ihm weg nicht mehr weit zum Gipfelkreuz war. Das Paar war, obwohl auch schon Mitte Dreißig, bislang kinderlos, er ein arbeitsamer fröhlicher Bursche mit blonden Haaren, sie eine dunkelhaarige, an der Schwelle zur attraktiven Molligkeit stehende Frau, die vor ihrer Heirat Kellnerin im Gasthof Lindenwirt gewesen war. Mit der Landwirtschaft hatte sie es nicht so dick, trotzdem schien die Ehe der beiden zu funktionieren.

In einer Stunde also! Da hatte ich noch Zeit für einen Kaffee!

Als ich auf dem still daliegenden, sonnendurchglühten Hof ankam, konnte ich zu meinem Mißvergnügen weder Traktor noch Viehanhänger entdecken.

Die Kreuzhoferin hatte mich bereits erwartet und kam mir entgegen. Sie trug kurze Leinenshorts und ein Leinenleibchen, beide so offenherzig geschnitten, daß sie auf jedem Kostümfest den ersten Preis als Anatomielehrbuch erhalten hätte! Was soll's! Es war bekanntlich heiß und jeder Luftzug am Körper willkommen!

„Mein Mann is' noch net da!" sagte sie bedauernd. „Er hat telefoniert, ihm is' beim Hänger ein Rad gebroch'n, es wird noch eine guate Stund' dauern!"

Noch eine Stunde! Wegfahren und wiederkommen zahlte sich bei diesem weiten Weg nicht aus, außerdem wußte ich nicht, wohin ich überhaupt hin sollte!

„Na schön, es ist eh nichts los. Wenn es Ihnen recht ist, werde ich hier auf ihn warten!"

„Aber ja, selbstverständlich! Kommen S' doch ins Vorhaus, da ist's schön kühl! Woll'n S' vielleicht was zu trinken?"

„Einen gespritzten Most, wenn Sie haben, bitte!"

Ich ließ mich behaglich auf der Langbank nieder, die in der kühlen Dämmerigkeit des Vorhausgewölbes stand, und lehnte mich dankbar an die dicke Mauer.

Die Kreuzhoferin brachte mir das Glas mit Eiswürfeln, da erkannte man die geschulte Kellnerin, und während ich einen tiefen Schluck nahm, setzte sie sich, obwohl die Bank noch reichlich Platz bot, ziemlich dicht neben mich!

„Verflucht heiß heute!" begann ich meine nicht sehr einfallsreiche Konversation.

„Furchtbar", stöhnte sie und fuhr sich unter schmachtendem Blick demonstrativ mit der Hand über das schweißglänzende Dekolleté. Mir wurde unbehaglich.

„Wo hat sich denn die Kalbin verletzt?“ begann ich den Faden wieder aufzunehmen.

„Am Fuß!“ antwortete sie und hob ihr Bein so, daß ich bei besserer Beleuchtung zweifellos Einblick in ihre Unterwäsche, so überhaupt vorhanden, erhalten hätte.

Zum Glück kam gerade der dicke Hauskater durch den Gang marschiert und hüpfte mir auf den Schoß.

Dankbar für die Unterstützung kraulte ich ihn zwischen den Ohren, was er mit vernehmlichem Schnurren quittierte.

„So ein Kater hat's guat, ich möchat auch g'streichelt werden!“ sagte die Kreuzhoferin und rückte noch näher.

Ich rutschte ans Ende der Bank. „Hehe, das würd', glaub ich, Ihrem Mann nicht sehr gefallen!“ versuchte ich es mit einem lahmen Scherz. Hastig griff ich zum Glas, weil mein Mund plötzlich ziemlich trocken war.

„Der is' eh net da“, lächelte sie und drückte sich fest an mich, daß ich ihren feuchten Schenkel an meinem spürte.

Ich verschluckte mich, hustete und stand ruckartig auf, ohne auf den verdutzten Kater Rücksicht zu nehmen. Es war Zeit, die Szene zu beenden: „Äh, da ist mir soeben eingefallen, ich könnte inzwischen noch eine Visite am Oberhaaghof machen, die schieb' ich ja schon eine Woche lang vor mir her!“ Kein Wort wahr, aber die Notlüge ist manchmal der elegantere Weg.

„Rufen Sie mich einfach an, wenn Ihr Mann da ist!“ Rasch eilte ich zum Auto. Beim Wegfahren sah ich die Kreuzhoferin im Haustor lehnen. Sie warf mir einen verächtlichen Blick nach, wie ein Metzger einem Vegetarier, der angesichts einer üppigen Schlachtplatte Reißaus nahm.

Mir egal! Soll sich jemand anderer den Magen verderben!

Nach ungefähr einer Stunde gesunden Waldspazierganges meldete sich der Kreuzhofer am Handy, er wäre jetzt daheim, er habe sich von einem Nachbarn einen Transportwagen ausgeliehen.

Die Kalbin hatte eine ziemlich üble und tiefe Schälwunde am linken Hinterbein, teilweise bis zum Knochen reichend!

„Sie is' in eine Viehsperre hineingetreten“, erklärte der Bauer, „und wie mir dann der Hänger z'sammbrochen is', is' sie nochmals auf den Hax'n draufg'fall'n!“

Ich schnipselte einige Hautfetzen, die sowieso nicht mehr anwachsen würden, weg, nähte andere, bei denen die Chance auf ausreichende Durchblutung noch einigermaßen intakt schien, mit den Muskelsträn-

ken zusammen, goß reichlich Wundbalsam über das offengebliebene Fleisch und legte einen dick gepolsterten Verband darüber.

„So, das bleibt jetzt einige Tage drauf, dann komme ich wieder und sehe nach der Wunde!"

Frau Potiphar hatte sich während der gesamten Prozedur nicht blikken lassen.

Der Kreuzhofer betrachtete seine verbundene Kalbin und sagte: „Tut mir leid, daß ich Sie so lang' aufhalten hab' müssen! Ich hab' den Viehhänger erst vorige Wochen über ein Inserat von einem anderen Bauern sehr preiswert g'kauft, und da hat er ganz ordentlich ausg'schaut. Erst wie dann auf dem rumpeligen Almweg das Rad ab'brochen ist, hab' ich g'merkt, daß alles ziemlich verrostet ist!" Er seufzte: „Heutzutag' kann man sich auf koan mehr verlassen!"

Dann grinste er freundlich und stupste mich leicht gegen den Arm: „Außer auf unser'n Tierarzt! Dem kann man blind vertrau'n!"

Er wußte gar nicht, ***wie*** recht er hatte!

Als ich abends Karin von meinem Erlebnis erzählte, kicherte sie: „Avancen noch in Deinem Alter! Den Tag mußt du dir im Kalender rot anstreichen!"

Muß ich nicht!

Im Herbst waren wir für ein Wochenende nach Wien gefahren, wo ich einen recht vielversprechenden, aber letztlich unergiebigen Vortrag mit dem Thema „Fruchtbarkeitsstörungen beim Pferd" über mich ergehen lassen mußte. Am Abend hatten wir uns mit Freunden beim Heurigen getroffen, und nach der Sperrstunde beschlossen Karin und ich, wieder ein Mal das lang vermißte städtische Nachtleben auszukosten. Ich hatte in der Zeitung gelesen, daß in der Nähe der Börse vor kurzem eine neue Bar namens *Planters* eröffnet worden war. Die sollte laut Beschreibung ein im englischen Kolonialstil gehaltenes Eldorado für Whiskyliebhaber sein.

Ich wußte gar nicht, daß es in Wien von diesen nur so wimmelte, denn schon beim Eingang gewann man den Eindruck, das gesamte britische Empire habe sich heute und hier verabredet.

Umkehren ging nicht mehr, wir wurden von der trunksüchtigen Masse unbarmherzig in die hallenähnlichen Räume des Lokals geschoben und gestoßen, wo bereits ein verbissen geführtes Gedränge wie auf den Schlachtfeldern des Burenkrieges herrschte. Das einzige, das in dieser Atmosphäre an die Kolonialzeit erinnerte, war neben einigen Plüschlöwenköpfen und Plastikstoßzähnen an den Wänden die

Raumhitze, die einem das Gefühl gab, sich entweder entlang des Äquators zu bewegen oder schon in einem Kral auf mittlerer Flamme geröstet zu werden. Die Pseudoafromusik, die aus großen Lautsprechern trommelte, verstärkte letzteren Eindruck

„Wie wir hier etwas zu trinken ergattern sollen, ist mir schleierhaft! Wir werden vor Durst umkommen!“ brüllte ich meinem lieben Weib, das sich an mich klammerte wie Tarzan an die Liane, ins linke Ohr. Wie aus dem Boden gewachsen (es mußte auch so sein, denn anders war es nicht vorstellbar) stand plötzlich ein Ober vor mir: „Zu trinken, Sir?“ Ich war so perplex, daß ich automatisch auch für Karin einen Whisky bestellte, obwohl sie keinen mochte. Macht nichts, trink ich ihren eben auch! Die rotierenden Menschenstrudel hatten uns mittlerweile unbemerkt Richtung Bartresen gespült, wo ich mich an einem winzigen Plätzchen mit derselben wilden Entschlossenheit festklammerte wie ein Schiffbrüchiger an einem vorbeitreibenden Balken. Mit der Beharrlichkeit und Armkraft des routinierten Tierarztes, der sich zwischen dicht an dicht gedrängten Rinderleibern Bahn zu schaffen versteht, vergrößerte ich meinen Brückenkopf so weit, daß ich Karin neben mich ziehen konnte. Kaum stand sie sicher neben mir, jammerte sie. „Ich muß aufs Klo!“

„Gute Reise!“ wünschte ich, denn das macht man bei einem langen Abschied, und trank ihren Whisky. Ihren Platz behauptete ich ebenfalls.

Plötzlich spürte ich eine sanfte Hand auf meiner rechten Schulter: „Bist du alleine hier?“

Ich drehte mich um und glotzte aus zwanzig Zentimetern Entfernung in ein nicht unhübsches Gesicht mit weichen Zügen, dunklen Augen, einem aufmunternden Lächeln, alles umrahmt von seidigen halblangen Haaren.

Schade, daß alles zu einem Jüngling gehörte!

„Na, so ganz allein?“ wiederholte er. „Ich bin übrigens Gaylord!“

Ich drehte meinen Kopf zurück und betrachtete mich im wandgroßen Barspiegel direkt gegenüber. Ein Mann mit Brille, äußerst spärlichem Kopfhaar, Vollbart, Pfeife und zugegebenermaßen intelligentem Gesichtsausdruck, der meinen Anzug trug, starrte zurück. Ich träumte also nicht!

„Nein, ich bin nicht allein da“, knurrte ich, „und wenn, würde es auch nichts ändern!“

Der Bursch war von der hartnäckigen Sorte: „Warum schickst du deinen Freund nicht ein bißchen weg und probierst es mit mir?“ Sein

Lächeln wurde immer gewinnbringender, noch dazu, da er jetzt neben mir stand.

Mir schwirrte der Kopf. Freund? Ich hör' immer Freund! Für wen oder was hält mich der Kerl eigentlich? Ich kenne mich jetzt seit fast fünfzig Jahren! Nie im Leben hätte ich von mir gedacht, Attraktivität auch in diese Richtung zu versprühen. Außerdem war ich um einiges älter als er. Na gut, junge Ägyptologen freuen sich schließlich auch über Mumien!

„Schluß jetzt", fauchte ich, „ich bin der Sultan von Salzburg und mit meinem ganzen Harem da! (Das letzte war nicht einmal gelogen.) Den einzigen Posten, den Sie bei mir noch buchen können, ist der des Obereunuchen! Interesse an der Operation? Wenn nicht, dann ersuche ich Sie höflichst, mich jetzt in Ruh' zu lassen!"

Das wirkte! Er zog sich mit einem beleidigten Blick zurück, als hätte ich ihm eben den Lottozettel mit dem Jackpot zerrissen, und verschwand in der Menge.

Plötzlich war Karin wieder da. Ich freue mich stets, wenn ich meine Frau sehe, aber noch nie war sie mir so wertvoll wie damals. Sie beachtete aber meine Liebesbezeugungen anfangs nicht so richtig und stöhnte statt dessen vorwurfsvoll: „Was für ein Gedränge! Und du hast schon den zweiten Whisky unten, und ich hab' noch nicht einmal einen Tropfen getrunken!

Ich stieß mich vom Tresen ab: „Bestell' dir, was dein Herz begehrt! Ich muß jetzt nämlich auch hinaus, aber ich glaube, ich benütze vorsichtshalber die Damentoilette!"

Nach diesem bizzaren Ereignis war ich eigentlich der Meinung, mich könne ab nun nichts mehr erschüttern.

Bis zu dem Tag, wo ich Frau Sburna kennenlernte.

Karin erreichte mich im Auto: „Eine Frau Sburna hat angerufen, ihre Schlange hat was mit den Augen!"

„Dann soll sie, zum Teufel noch mal, zu einem Kleintierpraktiker oder noch besser gleich in eine Klinik fahren! Wer versteht denn schon etwas von Schlangen?"

„Das hab' ich ihr auch gesagt, aber sie hat kein Auto! Sie will, daß du kommst!"

Das auch noch!

„Ich laß' sie schön grüßen und ihr ausrichten, der liebe Gott hat nach der Welt auch die Taxis erschaffen", knurrte ich wenig kooperativ.

„Mit einer Schlange im Taxi? Na, ich weiß nicht!“

Karins Skepsis war nicht ganz von der Hand zu weisen.

„Das hab’ ich gern: keinen fahrbaren Untersatz, aber Schlangen zu Hause! Also schön, gib mir die verdammte Adresse, ich schau mir das Biest einmal an!“

Der Wohnblock hatte auch schon bessere Zeiten erlebt, genauso wie der Lift. Ich entschied mich für die Treppe!

Im zweiten Stock öffnete sich auf mein Läuten eine Türe und eine recht üppig ausgestattete Dame im Bademantel, mit einer kupferfarbenen Haarpracht strahlte mich an: „Herr Doktor? Das ist aber lieb, daß Sie sich herbemühen! Bitte kommen Sie weiter!“

Da sie im Türstock stehenblieb, mußte ich mich an ihr vorbeidrücken. Ihr Alter war schwer zu schätzen, vom Parfüm hatte sie jedenfalls zu viel erwischt.

Ich stolperte mit meiner Tasche in die Wohnung und sah ohne rechte Begeisterung in einem Glaskasten eine auf dem Sandboden liegende, orangerote, mit in länglichen Abständen schwarzweißen Ringen gezeichnete Schlange.

„Ist die giftig?“ fragte ich.

„Aber nein!“ Frau Sburna holte das gut einen Meter lange, sich ringelnde Reptil aus dem Terrarium und drückte es liebevoll an die Brust: „Das ist mein Hektor, mit dem trete ich schon über zwei Jahre lang auf! Wissen Sie, ich bin nämlich Tänzerin, und während ich auf der Bühne tanze, windet sich Hektor über meinen ganzen Körper. Das ist sehr erotisch!“

„Sehr“, log ich, „und was ist Hektor für eine Schlange?“

„Eine Königsnatter, völlig harmlos! Nur seine Verwandten, die Korallennattern, die sind hochgiftig. Man erkennt den Unterschied in der Färbung! Die weißen Felder sind von den roten durch schwarze Ringe getrennt. Bei den giftigen Schlangen fehlen die schwarzen Segmente. Oder wie die einfache Faustregel lautet: if white follows red, you are dead, hahaha!“ (Wenn weiß folgt auf rot, bist Du tot.)

„Ha“, machte ich und starrte Hektor an. Frau Sburna schien auf dem Gebiet von Schlangen einiges zu wissen, trotzdem, wenn es mir Professor Grzimek versichert hätte, wäre mir wohler gewesen. Außerdem bezweifelte ich stark, daß das Natternmännchen, wenn es von seinem Showauftritt nichts sehen konnte, wirklich viel versäumen würde, aber bitte: ein Tier in Not ist Gebot!

Ich pflückte Hektors Kopf mit Fingerspitzen aus dem Busen seines Frauchens hervor und betrachtete die trüb wirkenden Augen.

„Wann hat er sich das letzte Mal gehäutet?"
„Oh, erst vor ein paar Tagen!"
„Und seither hat er die Augenveränderungen, ja?"
„Genau!"
„Dann ist alles klar! Die alte Haut hat sich über den Augen nicht gelöst, sehen Sie, da kleben noch Fetzen darüber, und deshalb wirkt das Ganze so milchig!" Ich ersuchte Frau Sburna, eine Schale Kamillentee zuzubereiten, tränkte, nachdem das Gebräu abgekühlt war, einen Tupfer darin und weichte damit die Hautkruste vorsichtig auf. Mit Hilfe einer Pinzette war es dann leicht, den Überzug abzulösen. Das Ergebnis waren zwei klare schwarze Augen, mit denen mich Hektor ausdruckslos anstarrte!
„Sie sind ein Genie, Herr Doktor!" strahlte Frau Sburna und verfrachtete ihren Partner wieder in seinen Glaskasten. „Setzen Sie sich bitte, ich komm' gleich wieder!"
Ich ließ mich in einen der beiden Fauteuils sinken, der bereits so durchhing, daß ich daß Gefühl hatte, auf dem Boden zu sitzen. In der berechtigten Annahme, sie würde ihre Geldbörse aus dem Nebenzimmer holen, summte ich befriedigt ein paar Takte Carmen: *auf in den Kampf, Torreheheherro!*
Als wie treffend der Titel sich entpuppte, stellte ich bei der Rückkehr von Frau Sburna fest. Sie hatte offenbar für Parfümnachschub gesorgt, denn die Wolke war im wahrsten Sinn des Wortes umwerfend, mit der sie, eine Cognacflasche und zwei Schwenker in der Hand, wieder erschien.

„Kommen Sie, trinken wir einen Schluck auf die Heilung von Hektor!"

„Sehr freundlich, Frau Sburna, aber, äh, ich habe leider noch einiges zu tun …!"

„Sagen Sie doch Eva zu mir!" unterbrach sie mich neckisch.

„Frau Sburna", betonte ich, „es wäre mir recht, wenn Sie mich jetzt bezahlen würden, ich muß weiter!"

„Das Problem ist, Herr Doktor, ich hab' grad kein Geld im Haus …!"

„Das macht nichts, ich schick' Ihnen einfach in den nächsten Tagen meine Honorarnote", sagte ich und versuchte, aus dem Sessel hochzukommen.

Sie vereitelte den Versuch, indem sie sich plötzlich mit ihrem gesamten Gewicht auf meinen Schoß setzte. „Aber Herr Doktor, können wir uns nicht anders einigen?" gurrte sie und drückte ihre stattliche Oberweite gegen mein Kinn. „Mit meinem Vermieter halt' ich es immer so!"

„Ich bin kein Vermieter, Frau Sburna!" krächzte ich mühsam und leicht betäubt unter dem Frottee ihres Bademantels heraus. Die Szene erinerte mich stark an ein historisches Vorbild: eine halbnackte Eva und eine Schlange! Allerdings bildete hier der arme Hektor den bedeutend harmloseren Teil des riskanten Duos!

Sie lächelte verführerisch und öffnete die obere Hälfte des Textils. Eine der bedeutendsten Erfindungen der Menschheit, nämlich der BH, war an ihr offenbar spurlos vorübergegangen!

Ich kämpfte einen verzweifelten Kampf gegen Schwerkraft und Übergewicht: „Frau Sburna!" keuchte ich. „Lassen Sie mich gefälligst aufstehen! Ich bin zufälligerweise verheiratet!"

„Aber kleiner Dummkopf", kicherte sie und präsentierte mir ihren wurstförmigen Ringfinger, „das bin ich doch auch!"

So, das reichte jetzt endgültig. Die einzige Verlegenheit, die diese sogenannte Tänzerin offenbar kannte, war die Geldverlegenheit! Unter Mobilisierung der letzten Kräfte katapultierte ich mich aus dem ausgeleierten Möbelstück hoch, wobei die liebestolle Schlangenballerina ebenso unvermittelt auf dem Boden zu sitzen kam wie damals der Kater am Kreuzhof. Sie hatte auch denselben beleidigten Blick.

Daß sich bei dieser Aktion ihr Bademantel ganz entfaltet hatte, nahm ich nur mehr aus den Augenwinkeln wahr. Die Tasche packend und auf den Flur stürzend, war eins! Die Lifttür stand offen, und da nach der soeben überstandenen Bedrohung alles für mich seinen Schrecken verlorenhatte, sprang ich hinein.

Während die Kabine mit mir rumpelnd hinunterfuhr, begann sich mein Kopf langsam wieder zu ordnen. So ein unverschämtes Luder! Na, der würde ich eine Rechnung schicken, in der das seelische Schmerzensgeld nicht zu knapp enthalten war. Wenn sie sie, wie anzunehmen, nicht bezahlen würde, würde ich einfach meinen Schwager Herbert, den Anwalt, mit der Einforderung beauftragen. Dann hätte ich endlich etwas Positives aus der Verwandtschaft zu ihm!

Ich grinste bei dem Gedanken: Am besten, ich würde ihm empfehlen, das Geld am Ort persönlich einzutreiben!

Bauernschläue

Jeder, der den Josef Hirzer, vulgo Kogelhofbauer, kennt, wird mir bestätigen: Es kann mit ihm manchmal äußerst nervenaufreibend sein!

Seine Frau ist nach fast dreißg Ehejahren zu demselben Schluß gekommen und zu ihrer zweiten Tochter gezogen, worauf sich dort wiederum der Schwiegersohn verabschiedet hat.

Der Verursacher dieser familiären Kettenreaktion war an sich ein heller Kopf, leider setzte er das im Verkehr mit anderen nicht ebenfalls voraus, das heißt, er hielt sich durchwegs für schlauer.

Sein Vater, der alte Hirzer, dürfte, wenn man den Gerüchten Glauben schenkte, ein weit ärgeres Kaliber gewesen sein. In den Dreißiger Jahren aus der Steiermark zugewandert, hatte er mit Vieh-, vor allem mit Pferdehandel, soviel Geld verdient, daß er damals den Kogelhof erwerben konnte. Meist nicht auf ehrliche Art. Er kaufte mit Vorliebe billigst alte und ausgelaugte Arbeitspferde auf, die er mittels *Hittrach*, der im Salzburger Land unbekannt war und ist, in feurige Rösser verwandelte. Bei Hittrach, oder Hüttrauch, handelte es sich um die arsenhaltigen Ablagerungen in den Kaminen, welche in wohldosierter Form ein glänzendes Fell, Gewichtszunahme und ein temperamentvolles Gehabe für kurze Zeit herbeiführten. Dann verkaufte er die gedopten Tiere um teures Geld. Wenn der stolze Besitzer seine Neuerwerbung heimführte, bekam er zum ebenso stolzen Kaufpreis ein Säckchen Spezialpferdefutter mit auf den Weg, natürlich auch mit Arsen angereichert, damit die Wirkung noch eine Weile andauerte. Daß das auf Dauer nicht gut gehen konnte, lag auf der Hand, aber wenn nach einigen Wochen der totale und endgültige Zusammenbruch der Pferde eintrat, war es für Reklamationen zu spät! Dann war halt falsche Fütterung, zuviel Arbeit oder eine rätselhafte Krankheit schuld! Auch ein Grenzstein verblieb, sobald der Hirzer von ihm den Eindruck gewonnen hatte, dieser stünde zu seinen Ungunsten, nicht lange auf seinem Platz.

Da seinerzeit die heute vielgeübte politische Korrektheit unbekannt gewesen war, hieß der Hirzer im weiten Umkreis nur „der Zigeunerbauer“!

Der jetzige Hofinhaber, ein schmächtiges Männchen mit dünnem Haarkranz, war natürlich viel zivilisierter, aber trotzdem ein Paradebeispiel von dem, was der Städter halb ehrfürchtig, halb abwertend als „mißtrauische Bauernschläue“ bezeichnet.

Ich hatte an diesem Tag gerade die von der Veterinärbehörde vorgeschriebene periodische Blutuntersuchung an den Rindern des Kogelhofes beendet, da faßte mich der Bauer am Arm und zog mich zu den Kälberboxen: „Da hab'n ein paar den *Grind*“, sagte er, „hab'n Sie was zum Schmier'n dabei?“

Grind ist eine Hautpilzerkrankung, durch *Trichophyton verrucosum* verursacht, daher auch korrekt als Trichophytie bezeichnet. Tatsächlich hatten einige Kälber die typischen kreisrunden Flecken mit kleieähnlichen Belägen um Augen und Mund.

„Ja, natürlich!“ Ich kramte aus der Autoapotheke eine Dose hervor. Es existiert zwar eine industriell hergestellte Salbe namens Sporyl, die auch meistens sehr gut gegen den Pilz wirkt, manche Arten sind aber hartnäckig, daher verwende ich eine Salbe, teuer aber verläßlich, die mir nach alter Rezeptur ein ebenso alter Apotheker zusammenmischt.

Die Zusammensetzung stammte vom verstorbenen Kollegen Novotny. Begreiflicherweise lasse ich mir das Mittel reichlich auf Vorrat mischen, und da dabei Naturfett verwendet wird, härtet die Salbe mit der Zeit aus, dunkelt nach und wird unansehnlich. Über einem Wasserbad erwärmt, erlangt sie jedoch ihre Streichfähigkeit wieder und hat mich noch nie in punkto Wirksamkeit im Stich gelassen.

„Hier“, sagte ich, „ein bißchen warm machen und einmal täglich auftragen!“

Zwei Wochen später hielt mich der Kogelhofer zurück, als ich nach einer Besamung in den Wagen steigen wollte: „Herr Dokta!“ begann er mit falsch freundlichem Lächeln. „Vorigen Sonnntag, wo Sie koan Dienst g'habt hab'n, war der Wochenendvertreter da. Dem hab' i' die Salb'n zoagt! Er hat g'sagt, die is' schon hin, die müass'n S' z'rucknehmen! Dafür hat er mir die da geb'n!“ Er hielt mir eine Sporyldose unter die Nase.

Ah so! Der gute Herr Hirzer hat sich nach einem billigeren Medikament umgeschaut!

Ich mußte mich sehr bemühen, eine gröbere Antwort hinunterzuschlucken: „Wie Sie meinen! Ihnen und dem Herrn Kollegen aber ins Stammbuch geschrieben: Wenn ich überzeugt bin, daß Medikamente nicht mehr wirken, geb' ich sie nicht her!“

Einigermaßen verärgert fuhr ich ab. Daheim bemerkte ich, daß der Kogelhofer den Behälter nicht nur geöffnet, was er ja mußte, sondern auch schon etwas herausgekratzt hatte, man sah deutlich die Löffelspuren. Somit konnte ich die Salbe nur mehr wegwerfen!

Wieder einige Wochen später wurde ich erneut auf den Kogelhof gerufen. Diesmal war das Dauergrinsen aus dem Hirzerschen Gesicht verschwunden: „Herr Dokta, i' wird mit dem verfluacht'n Grind net fertig! Jetzt hab' i' mir schon den ganz'n Stall damit versaut!"

Er deutete anklagend im Kreis herum: „Da, da, da und da!" Aus den kreisrunden Flecken der Kälber waren mittlerweile große kahle Flächen entstanden, teilweise mit blutigem Schorf vom Scheuern bedeckt. Auch einige Kühe glichen inzwischen einem Fleckerlteppich, und sogar das Roß zeigte schon verräterische Tupfen.

„Und das Ärgste is', i hab' mi' selber ang'steckt! Da, schau'n S' her!" setzte er im vorwurfsvollen Unterton fort und krempelte beide Hemdsärmel hoch. „Wissen S', wia des beißt?" Obwohl ich mich bemühte, mir beim Anblick der feuerroten schuppenden Hautstellen nichts anmerken zu lassen, spürte der Kogelhofer instinktiv meine Schadenfreude: „Ja, lach'n S' nur inwendig! Seit zehn Tag renn i' zum Dokta, aber den seine Mitt'ln helfen so guat wia gar nix! Und wer is' schuld? Sie! Weil Sie mir damals a hinige Salben geb'n hab'n!"

Hoppla, jetzt war ich schuld! Das ist ja die Höhe: „Das mit der ‚hinigen Salbe' war, wie ich erinnern darf, die Meinung des verehrten Kollegen und von Ihnen! Aber keine Sorge, ich hab' hier eine ausgezeichnete Medizin für Sie und die Tiere. Kennen Sie die? Allerdings haben Sie jetzt halt ein bißchen mehr Arbeit!"

Mit diesen süffisanten Worten streckte ich ihm die angebrauchte Grinddose, welche ich zu entsorgen vergessen hatte, entgegen.

Natürlich erkannte er sie wieder! Aber er hatte jetzt keine Wahl! Allerdings versuchte er noch einen geordneten Rückzug: „Und was is', wenn das Zeug da aa net hilft?" brummte er mißmutig, wohl in der Hoffnung, mich zu einem Preisnachlaß zu bewegen.

Aber kein Gedanke! Triumpfe verdienen es, ausgekostet zu werden! Jeder im Ort wußte, daß der Kogelhofer seit dem Auszug seiner Frau, vielleicht auch schon vorher, etwas mit der Besitzerin des Cafe Jägerstüberl hatte!

„Gesetzt den Fall, meine Salbe bleibt ebenfalls erfolglos, dann", begann ich gedehnt und geheimnisvoll, „ja dann … wird die Wirtin vom Jägerstüberl auch bald den Grind haben!"

Der Kogelhofer brauchte noch drei Dosen wegen der angewachsenen Patientenmenge, aber die Infektion heilte bei Mensch und Tier problemlos und rasch ab, und auch die Wirtin blieb verschont.

Eigentlich wäre jetzt alles in schönster Ordnung gewesen, da kam der Kogelhofer plötzlich mit einer Neuerung: „Herr Dokta!“ ließ er sich eines Tages vernehmen. „I' hab' g'hört, daß, wenn man die Küah vor dem Melk'n befruchtet, daß es da mehr *Kusn* (Kuhkälber im Lokaldialekt) abgeb'n würd'?“

Diese Ansicht grassierte zur damaligen Zeit und ging von der Theorie aus, daß, weil erwiesenermaßen männlich determinierte Spermien schneller, aber nicht so langlebig sind wie weibliche, der Melkakt mit der damit verbundenen Hormonausschüttung die Mobilität der Eileiter erhöhen und somit den Geschwindigkeitsvorteil der „männlichen Samenzellen“ aufheben würde. Dadurch sollte sich die Chance auf Befruchtung der Eizelle durch weiblich geprägte Spermien erhöhen.

Eine falsche Theorie, wie sich bereits erwiesen hatte. Das sagte ich auch dem Bauern. Wie ich mir schon vorher ausmalen konnte, ohne Aussicht auf Erfolg.

Der Kogelhofer setzte sein wissendes Grinsen auf und meinte zuckersüß: „I' tät's aber trotzdem gern probier'n, Herr Dokta!“

„Na schön! Von mir aus! Gott sei Dank liegt der Kogelhof direkt neben der Straße, da kann ich gleich zu Beginn der Nachmittagsvisiten bei Ihnen anfangen! In der Früh um halb fünf komm' ich aber nicht, damit Sie es wissen! Und außerdem werde ich mitschreiben!“

„Ganz wia Sie woll'n , Herr Dokta, ganz wia Sie woll'n!“

Ich begann ab nun also jedes Mal meine Nachmittagstour auf dem Kogelhof, wenn dort eine Besamung anlag, und war schon gespannt auf das lange Gesicht des Bauern nach neun Monaten.

Das lange Gesicht fand auch prompt statt, leider auf meiner Seite. Die Kühe hatten brav aufgenommen und jedesmal, wenn ich zum Hirzer kam, präsentierte er mir stolz grinsend eine Box, wo sich muntere und vor allem weibliche Kälber tummelten! „Na, was hab' ich Ihnen g'sagt, Herr Dokta? Lauter *Kusn*, koa oanzig's Stierkaibl mehr, seit Sie so frúah besamen!“

Ich stand sprachlos da. Offensichtlich waren der Hirzer und ich tatsächlich die einzigen männlichen Lebewesen im Stall, wenn man vom Hofkater absah, der gerade auf eine Schale Milch vorbeischaute.

Obwohl ich noch immer an Zufall glaubte, überfiel mich leichte Panik! Was, und daran gab es keinen Zweifel, wenn der Hirzer herumerzählte, wie er gescheiter als sein Tierarzt gewesen war, und daraufhin mich alle meine Bauern bestürmen würden, auch daran gab es keinen Zweifel, ebenfalls bei ihnen vor der Melkzeit die KB vorzunehmen.

Klonen war damals noch nicht erfunden und Hubschrauber zu teuer. Wen also sollte ich bevorzugen und mit wem es mir verscherzen? Kalter Schweiß stand mir auf der Stirn, als ich benommen den Kogelhof verließ.

Da schickte einen Monat später der bewölkte Himmel mir die Rettung in Person vom Karl Stegenbacher! Der dicke Viehhändler, der immer fröhlich war (kein Wunder bei seinen Geschäftsabschlüssen) und als Markenzeichen zu seinem speckigen Hut ein rotes Halstuch trug, läutete frühmorgens um halb sieben an meiner Ordinationsglokke. „Entschuldigen S', Herr Dokta, die frühe Belästigung, aber", er deutete mit dem Kopf nach hinten zu seinem Lastwagen, „i' hab a Kaibl füar'n Hirzer mit, und das muaß sich gestern a wengerl verkühlt hab'n. Es hat mir heut nix g'soffn und huast'! D'rum bin i' glei' zu Ihnen, dami Sie eam auf meine Rechnung a Spritz'n geb'n, daß s' net no im neuen Stall a Lungenentzündung kriagt! Weil kranke Viecher liefert der Stegenbacher Karl nicht!"

Ich brummelte so etwas Ähnliches wie „Guten Morgen", zog die Gummistiefel an und kletterte über die Ladebordwand in den Transporter. Der Viehhändler folgte mir schnaufend. „Das da is' s'!"

Ein hübsch geschecktes Fleckenkalb stand im dicken Strohbelag und bestätigte das mittels eines trockenen Hustenstoßes, aus dem linken Nasenloch tropfte ein wenig klarer Schleim. Ich horchte seine Brust ab. Auf der Lunge war noch nichts zu hören! Das Thermometer piepste bei 39,4 Grad!

Als ich das Instrument aus dem After zog, fiel mir plötzlich etwas auf: „Moment einmal, das ist ja ein weibliches Kalb? Wieso kauft denn der Koglhofer eine *Kusn*, wo er doch selbst so viele hat? Ein Stierkalb als *Tuttler* (Mastkälber, denen die überschüssige Milch verfüttert wird) ließe ich mir einreden!"

Der Händler lachte, daß sein Kugelbauch unterm Hemd wie ein Vanillepudding schwabbelte: „Aber gehn S', Herr Dokta! Der Hirzer kauft doch das ganze Jahr schon wia a Narrischer die Kuakaibl'n bei mir, weil er nix wia Stierl'n kriagt!"

Ich stand einen Augenblick da wie der Ochs vorm neuen Tor! Wahrscheinlich auch mit dem entsprechenden Gesichtsausdruck. „Jetzt versteh' ich gar nichts mehr! Seit einem Jahr besame ich die Kühe vom Kogelhof extra vorm Melken, und der Bauer hat seither, so unglaublich es klingt, nur weibliche Kälber bekommen!"

Der Stegenbacher konnte nicht aufhören zu Lachen: „Ja, das hat er Ihnen g'sagt! War'n Sie schon bei einer Geburt dabei, oder hab'n Sie ein Neugeborenes geseh'n? Die versteckt er! Mir und den ander'n Bauern hat er erzählt, das macht er aus Bequemlichkeit! Wenn Sie da war'n, braucht er nachher auf'n Tierarzt nimmer wart'n und kann nach der Stallarbeit gleich zu seiner Wirtin rüberfahr'n!"

Jetzt schlägt's aber dreizehn! Nun war mir auch klar, warum bisher keiner der anderen Bauern ebenfalls die Besamung vor der Stallzeit von mir verlangt hatte. Dieser alte Gauner!

Ich bemühte mich um Fassung und einen geschäftsmäßigen Ton: „Also was das Kalb anbelangt, es hat die Grippe, aber noch nichts Besorgniserregendes! Morgen trinkt es wieder!"

Nachdem ich dem Tier eine Injektion verpaßt hatte, füllte ich den Wartefristenzettel aus, der festhielt, wie lange das Tier nicht geschlachtet werden durfte. Diesen Beleg mußte der Viehhändler dem neuen Besitzer aushändigen. Neben meiner Unterschrift schrieb ich noch den Zweizeiler hin:

Stierkälber
hat man selber!

Dann haute ich meinen Stempel darauf!

Beim nächsten Mal kam ich ausgesucht spät zur Besamung! Ich war gespannt, ob der Hirzer etwa gar eine kritische Bemerkung wagen oder sich verlegen zeigen würde. Jedoch keine Spur von beiden, sondern er grinste im Gegenteil sehr aufgeräumt: „Das mit'n Stegenbacher war a Pech! Aber sonst war die Idee doch net schlecht, oder?"

„Hervorragend!" knurrte ich! Was hätte ich ehrlicherweise auch anderes sagen können?

Irgendwann wurde dem Kogelhofer, der den Hof seit Jahren allein bewirtschaften mußte, die Arbeit zuviel, und er stellte auf Mutterkuhhaltung um. Da braucht man nicht zu melken und die Kälber zu füttern. Das Milchkontingent wurde verkauft, die besten Kühe ebenfalls.

Allerdings weist die Mutterkuhhaltung einen gravierenden Nachteil auf: Kühe, die ein Kalb säugen, werden viel später *„stierig"*, also brünstig. Oft erst vier, fünf Monate nach der Geburt. Das ist natürlich nicht sehr wirtschaftlich, daher muß man den Tierarzt beiziehen, damit dieser mit Hormonen nachhilft. Glücklicherweise stehen wir in Österreich noch nicht vor der gesundheitsbedenklichen Situation wie in anderen EU-Ländern, wo die Medikamentation hauptsächlich durch die Laien erfolgt.

Hormone sind keine Hustenzuckerl und Antibiotika keine Betthupferl, frei nach dem Motto: darf's ein bisserl mehr sein?

Der Kogelhofer hatte nun fünf Kühe, die sich seit Monaten beharrlich weigerten, zu stieren! Der Stier schaute schon genauso frustriert drein, wie der Bauer. Nach einer gründlichen rektalen Untersuchung wandte ich mich an Letzteren, während ich den gebrauchten Langarmhandschuh vorsichtig von meinem Arm abrollte: „Tut mir leid, aber bei allen fünfen find' ich keinen Funktionskörper, nur inaktive Eierstöcke!"

„Und das heißt?" jammerte der inzwischen ziemlich ergraute Hirzer.

„Das heißt, Ihre Kühe haben den Fortpflanzungsbetrieb vorübergehend eingestellt. Das ist nichts Ungewöhnliches, solange sie ihre Kälber bei sich haben!"

„Was mach'n mir denn da?"

Ich zuckte die Schultern: „Am schnellsten und sichersten geht's mit einer Spirale. Der elastische Kautschukkörper ist mit einem Hormon präpariert und wird einfach in die Scheide geschoben. Die heraushängende Schnur zeigt an, ob die Spirale noch an ihrem Platz oder herausgefallen ist. Nach zwölf Tagen ziehen Sie das Ganze am Schnürl heraus, und nach weiteren drei bis fünf Tagen, wumm, kommen die Tiere in die Brunst!"

Der Hirzer strahlte: „Was 's heutzutag nicht alles gibt!" Dann verfinsterte sich sein Blick: „Aber teuer, was?"

Ich achtete nicht darauf, sondern hatte die Spiralen bereits ruckzuck jeder Kuh eingeschoben. Als Ladeschütze bei der Artillerie wär' ich noch ganz brauchbar!

Wumm! Vier Kühe reagierten vorbildhaft mit einer deutlichen Brunst, worüber sich der Stier noch mehr freute wie der Bauer.

Allein die *Lore* (der Kogelhofer hatte trotz Mutterkuhhaltung noch Beziehungen zu seinen Tieren) zeigte sich von der spröden Seite.

Bei der Nachuntersuchung spürten meine Finger einen winzigen Follikel auf ihrem linken Eierstock. „Aha, die Spirale hat auch hier ein Ei reifen lassen, aber leider viel zu klein! Ich werde jetzt etwas probieren, ob wir daraus noch etwas machen können!" Aus dem Auto holte ich einige Nadeln und stach sie gegen den fußtrittmäßig vorgetragenen Protest der Kuh in ihre entsprechenden Rückenpartien. Ich hatte mich zur Akupuntur entschlossen, obwohl ich diese Methode bei Leuten wie Josef Hirzer sonst nicht gern anwandte. Ihnen fehlte dafür das Verständnis, und wenn es nicht klappen sollte, würde es kein Wunder sein, da das ja keine richtige Behandlung darstellte.

Trotzdem sagte mir mein Instinkt, daß es klappen könnte.

Der Hirzer teilte die Zuversicht nicht: „Wenn das net funktioniert, zahl' i' aber für d i e Behandlung nix!" maulte er.

„Na, dann drücken wir fest die Daumen, weil dann hätten wir beide was davon", antwortete ich trocken und sammelte die Nadeln wieder ein.

Vier Tage später, ich war gerade dabei, im Apothekenraum Durchfallpulver zusammenzumischen, eine Beschäftigung, bei der ich Störungen unheimlich liebe, klingelte das Telefon.

„Herr Doktor, da is' der Fichtbauer! A Kaibl hat sich an einem Nagl den Fuaß aufg'schlitzt und blüat' ziemlich heftig. I' brauchat Sie dringend!"

„Bin schon unterwegs!" Ich ließ die Pulver im Stich und hüpfte in den Wagen. Der Fichtbauer war ein unmittelbarer Nachbar vom Kogelhof, also würde ich in gut sechs Minuten dort sein.

Das war leider ein Irrtum. Nach der Abzweigung zum Bahnhof stand ein Gendarm neben seinem Fahrzeug und winkte mich an die Seite.

„Grüß Gott! Fahrzeugkontrolle!"

Damals verfügte ich noch über kein Blaulicht am Auto. „Entschuldigung, Herr Inspektor, aber es pressiert! Ein Notfall!"

Der Beamte, keiner aus unserer Gegend, blieb ungerührt: „Die Papiere bitte!"

Ich nestelte das Lederetui aus dem Handschuhfach.

„Da dürfen Sie die Fahrzeugdokumente aber nicht aufbewahren!"

„Ja", sagte ich gottergeben, „ich weiß!"

Er blätterte umständlich in den Papieren, kam schließlich zu der Überzeugung, daß ich nicht der gesuchte Serienmörder im gestohlenen Wagen war, und gab sie mir zurück.

Endlich!

„Das Pannendreieck bitte!"

„Wie bitte? Hören Sie, ich bin der Tierarzt und muß dringend zu einem Kalb, das am Verbluten ist!"

„Und wenn Sie eine Panne haben und kein Warndreieck aufstellen können, dann verbluten womöglich andere! Also bitte!"

Ich hatte es offenbar mit einem fantasiebegabten Betonschädel zu tun.

Fluchend, aber leise, kramte ich das vermaledeite Pannendreieck unter dem Beifahrersitz hervor, wobei gleichzeitig der langvermißte, völlig verstaubte Taschenrechner zum Vorschein kam.

Nachdem sich der eifrige Gesetzeshüter davon überzeugt hatte, daß mein Dreieck, wie es sich gehörte, drei Ecken aufwies, glaubte ich schon, erlöst zu sein.

„Zeigen Sie mir Ihre Autoapotheke!"

Ich glaubte, mich verhört zu haben: „Waas?"

„Die Autoapotheke", beharrte das uniformierte Nilpferd.

„Ich bitt' Sie, das ist ein Tierarztwagen, da hinten ist alles vollgestopft mit Medikamenten! Ich kann Ihnen an Ort und Stelle einen Verband anlegen, wenn Sie einen brauchen, ich kann Ihnen einen Gipshaxen fabrizieren, wenn Sie wollen, ich kann Sie gegen Lungenentzündung und Kolik behandeln, und ich kann Ihnen sogar einen Kaiserschnitt anbieten!" Und ich kann dir mit der Hufzange den Schädel einschlagen, dachte ich im Stillen.

„Bedaure! Das ist alles keine Autoapotheke!"

Schön, jetzt reichte es: „Ich sag' Ihnen was, Herr Inspektor! Sie haben mich lange genug aufgehalten, wenn das Kalb stirbt, ist das Ihre Schuld! Am besten geben Sie mir Ihre Dienstnummer und zeigen mich an, aber ich sag' Ihnen gleich, daß ich dagegen berufen werde, und zwar mit dem Argument: aufgrund der Menge an mitgeführten Medikamenten keinen Platz mehr für die Autoapotheke!"

Ich starrte ihm wild in die Augen.

Irgendetwas durfte in meinem Blick den Ausschlag gegeben haben, denn plötzlich sagte er kurz: „Fahr'n S' weiter!"

Der Fichtbauer wartete schon ungeduldig auf mich und trat unruhig von einem Fuß auf den anderen.

Da der Platz vor dem Stall momentan durch den Tankwagen der Molkerei blockiert war, der gerade den Milchtank abpumpte, parkte ich das Auto, um keine Zeit zu verlieren, kurzerhand beim Hintereingang und sprang heraus.

Ich packte meinen Operationskoffer, umrundete den imponierenden Misthaufen sehr zum Mißfallen des Hofgockels und eilte voraus in den Stall.

In einer Box stand ein Pinzgauerkalb und schaute mich vorwurfsvoll an, als hätte ich den Nagel herausstehen lassen. Von seinem linken Hinterbein tropfte das Blut stetig aus einer zehn Zentimeter tiefen Rißwunde ins Stroh.

„Wie lange blutet es schon?" fragte ich.

„Keine Ahnung! Wie ich es bemerkt hab', hab' ich gleich angeruf'n!"

Ich zog dem Tier ein Unterlid herunter. Die Schleimhaut war noch nicht besorgniserregend blaß. Blutungen sehen oft schlimmer aus, als sie in Wirklichkeit sind. Das sagte ich auch dem Fichtbauern, der die Botschaft mit hörbarer Erleichterung entgegennahm.

Trotzdem war ich bei der Allgemeinnarkose vorsichtig. Nachdem ich die Wunde ausgiebig mit Lokalanästhetikum umspritzt hatte, faßte ich die verletzte Vene mit einer Klemme und legte eine Catgutligatur um sie herum. Dann begann ich die Muskel- und Hautränder zusammenzunähen.

Plötzlich ging die Stalltür auf, und der Kopf vom Hirzer erschien. Meine Anwesenheit bemerkte er nicht, da ich neben dem Kalb hinter den Boxenplanken kauerte, und mein Auto hatte er ja auch nicht sehen können.

„Griaß di' Peter!" rief er zum Fichtbauern, der mitlerweile wieder gelassen im Stallgang stand. „I' hab' eigentlich koa Zeit net, weil i' dringend vor Mittag noch auf die Bezirksbauernkammer muaß, aber das muaß i' dir no g'schwind erzähl'n! Vor vier Tag war der Tierarzt bei mir und hat meiner Lore, damit sie stiert, einen Schipp'l Nad'ln in den Buck'l g'stoch'n! I' hab' z'erst gmoant, der will mi' fopp'n! Aber was soll i' dir sag'n? Heut is' das Luader akkurat stierig 'word'n, und grad vorhin hab' i' sie mit'n Stier zua'lass'n! Is' das zum glaub'n?"

„Ja, ja", brummte der Fichtbauer seelenruhig, „i' kenn das, das hat er bei mir aa schon öfters g'macht!"

„Na wirklich? Das is' ja direkt unheimlich", schüttelte der Hirzer den Kopf. „Allerdings muaß i' eam jetzt natürlich die Behandlung zahl'n", setzte er resigniert hinzu.

Der Fichtbauer grinste mich aus den Augenwinkeln heraus an.

„Also pfüat di' Peter! I' muaß weiter!" Der Hirzer verschwand.

Bevor einer von uns zwei noch irgend etwas sagen konnte, ging die Stalltür erneut auf und der Hirzerkopf tauchte wieder auf. Mit einem verschlagenen Lächeln sagte er: „Aber vorm Zahl'n werd' i' eam sagen, ‚wer woaß, vielleicht hätt' sie so aa g'stiert'!"

Unverbesserliche Bauernschläue!

Nach Gutsherrenart

Ihre weichen Lippen spielten sanft an meinem Ohrläppchen, dann wanderten sie sacht den Hals entlang zur Schulter. Ihr warmer Atem kitzelte im Nacken.

Bloß die stacheligen Haarborsten der Unterlippe störten ein wenig.

Bevor jetzt jemand auf seltsame Gedanken kommt, eines der spärlichen Privilegien des Tierarztes gegenüber den Humankollegen ist es, erlaubterweise ein bißchen mit den Lieblingspatienten zu schmusen.

Und *Valensina*, die junge Haflingerstute, zählte zu meinen bevorzugten Favoritinnen! Was kein Wunder ist, bei diesen schicksalshaften Begegnungen!

Im Juni vor fünf Jahren hatte mich der Lenz Rattenberger, der Sohn des Stulhofbauern, gegen Mittag von seinem Mobiltelefon angerufen: „Mahlzeit, Herr Doktor, ich hab' ein Problem: die Viola ist grad beim Hengsthalter vom Tierarzt mit Ultraschall untersucht 'worden, und sie is' nicht trächtig! Jetzt hat der Hengsthalter g'moant, daß sie sofort g'spritzt g'hört, damit sie wieder rossig wird! I' hab' sie hint'n am Hänger mit, könnt' i' glei' bei Ihnen vorbeischau'n?"

Ich dämpfte seinen Tatendrang: „Natürlich können wir die Viola spritzen, aber ich muß Ihnen zu bedenken geben, daß wir uns schon ziemlich weit im Frühsommer befinden! (Pferde stellen zum Unterschied von Rindern ihre Fortpflanzungsgeschäfte ab der zweiten Jahreshälfte ein.) Eine medikamentell ausgelöste Rosse ist bekannlich nicht immer die fruchtbarste, und wenn die Viola in drei Wochen nachroßt, kann es Ihnen passieren, daß sämtliche Hengste schon auf der Alm sind! Dann heißt's: außer Spesen nichts gewesen!"

„Hm", brummte der Lenz, „der Vater hat aa schon g'sagt: na guat, dann bleibt sie halt diesmal *galt* (leer, nicht trächtig), die letzten Jahr' hat s' eh immer brav ihre Rössln 'bracht, und dann braucht heuer koaner mehr dauernd mit ihr zum *Gaul* (Hengst) fahr'n!"

Das konnte ich mir leibhaft vorstellen. Der Stuhlhofer besaß eine äußerst empfindsame Nase für alles, was nach Arbeit roch!

Den Stuhlhofer nannten sie in der ganzen Gegend spöttisch nur: der Gutsherr! Obwohl sein Betrieb mit zwanzig Kühen nur mittlere Größe aufwies, trug er wahrhaftig das Gehabe eines Landjunkers zur Schau. Ich hatte ihn nie anders gekleidet gesehen als in grünen Kniebundhosen und grüner Joppe, da er über zwei tüchtige Arbeitskräfte verfügte: seine Frau und den Lenz!

Er selbst kannte zwei Leidenschaften, die Jagd und das Kartenspiel im Wirtshaus. Die Jagdkollegen hielten ihn für einen gewieften Kartenspieler, und die Kartenrunde ihn ebenso bereitwillig für einen guten Jäger!

Niemals hatte ich einen Menschen getroffen, der, während der Lenz seinen Wehrdienst ableistete, mehr über die Unnötigkeit des Bundesheers geschimpft hätte, als der Stuhlhofer, da ihm in dieser Zeit eine zupackende Hand abhanden gekommen war. Nicht daß ihn das persönlich getroffen hätte, denn der Stuhlhofer tat nichts, was sich nicht vom Traktor aus erledigen ließ, aber auf seiner armen Frau lastete dadurch erheblich mehr Arbeit, und das fand er einfach nicht in Ordnung.

Im Ort wurden schon Wetten abgeschlossen, ob Lenz die Gelegenheit ergreife und nach der Grundwehrzeit vielleicht freiwillig verlängern oder gar einen längeren Erholungsurlaub bei der Fremdenlegion buchen würde, jedoch nichts Dergleichen geschah.

Im Herbst ereilte mich somit der erneute Anruf vom Lenz: „Herr Doktor, mir kommt vor, die Viola kunnt' trag'n! Wär's möglich, daß Sie s' bei Gelegenheit einmal untersuach'n?"

Schon am nächsten Tag konnte ich seine Vermutung bestätigen: „Stimmt, sie ist tatsächlich trächtig!"

„Wia kann's so was geb'n? Im Ultraschall war s' laar!"

Ich selbst habe allgemein ein ziemlich schlechtes Verhältnis zu technischen Apparaten, ganz im Vertrauen, diese, seien es Computer oder Verkehrsampeln, mögen mich auch nicht, daher besitze ich kein solches Gerät und hielt mich aus diesem Grund auch mit Kritik zurück: „Na jedenfalls, was immer da drin heranwächst", dabei klopfte ich Viola sacht gegen den Bauch, „hat jedenfalls riesiges Schwein gehabt, daß wir nicht versucht haben, die Rosse auszulösen …!"

„Sonst?" fragte der Lenz.

„Sonst hätten wir abgetrieben!" Manchmal ist es eben auch in der Medizin gut, sich einer Sache zögerlich zu nähern.

Im nächsten Mai war es dann soweit! „Herr Doktor, die Viola hat heut nacht g'rösslt! A g'sund's Stutfohlen!"

„Herzlichen Glückwunsch!"

„Ja, aber sie laßt das Rössl net trink'n!"

„Wieso? Das ist doch schon ihr fünftes Fohlen?"

„Genau! Und bei der Geburt war alles in Ordnung! Der *Helm* (Nachgeburt) is' aa gleich ab'gangen, aber sie laßt's net sauf'n! Schlag'n tuat das Luader, und biss'n hat s' es aa schon!"

Das war doch zum Aus-der-Haut-fahren! Da entgeht ein Embryo glücklich der unbeabsichtigten hormonellen Euthanasie, nur um dann als lebensfähiges Fohlen verhungern zu müssen.

„Ich komme!"

Vor dem Stall wartete schon der Lenz mit sorgenvoller Miene und rieb sich den Oberschenkel: „Mi' hat s' aa schon erwischt mit ihr'n Huaf, das Luader!"

In der Box trippelte die aufgeregte Stute mit feindselig hochgeworfenem Kopf und angelegten Ohren herum. Bei unserem Eintritt wieherte sie schrill und donnerte mit einem Hinterbein gegen die Holzwand.

Sichtlich verschüchtert stand auf der gegenüberliegenden Seite auf seinen noch wackeligen Beinen ein mageres Haflingerfohlen und schaute hilflos durch die Gegend. Ein herzzerreißendes Bild!

„Wann ist es den hervorgekommen?" fragte ich.

„So umma viere!"

„Hmm, also vor acht Stunden! Da hätte es schon längst etwas trinken müssen!" Junge Fohlen verlieren wie Ferkel in den Anfangsstunden des Lebens viel Energie, die sie unbedingt auftanken müssen.

Als hätte es meine Worte verstanden, stakste das Fohlen erneut einige Schritte zur Mutter hinüber Richtung Zitzen. Augenblicklich fuhr die Stute mit ausgestrecktem Hals wie eine Furie gegen ihr Junges los, und die gelben Zähne klackten mit lautem Knall dicht vor der Nase des Neugeborenen.

Der Lenz hatte es gerade noch rechtzeitig zurückgerissen!

„Seh'n S', Herr Doktor?"

„Ich sehe!" murmelte ich finster: „Offensichtlich ein Akt von Geburtshysterie! Ziemlich ungewöhnlich für erfahrene Stuten! Probieren wir es mit einer leichten Beruhigungsspritze, vielleicht nimmt das ein wenig von der Erregung!"

Viola ließ, solange ihr das Fohlen nicht in die Nähe kam, alles mit sich geschehen. Halfter anlegen, intravenös stechen, kein Problem.

Wir warteten einige Minuten, bis das Mittel zu wirken begann, dann hievten wir das Jungtier gemeinsam Richtung Euter. Der Schlag mit dem Huf kam nicht mehr so präzise, streifte mich aber trotzdem schmerzhaft.

„So geht's nicht! Eine größere Dosis zu geben, hat keinen Sinn, dann verläuft womöglich noch die Milch. Außerdem kann ich sie nicht mehrmals am Tag spritzen! Ich fürchte, Sie werden zu Zwangsmaßnahmen greifen und mit mehreren Leuten die Stute bändigen müssen, meist fügen sich die Tiere nach einiger Zeit und lassen die Jungen dann saugen, vor allem, wenn wer anwesend ist!"

„Da spielt mir der Vater net mit, und i' kann aa net den ganz'n Tag mit dem Roß verbringen!" Er schüttelte traurig den Kopf: „Mir werd'n das Fohlen net durchbringen! Am best'n is', i' mach glei Schluß ...!"

Mutter Natur, bei allem Respekt, manchmal gehörtest du entmündigt!

„Moment!" rief ich. „Gestern hat doch die Altstute vom Unterstegbauern ein totes Fohlen bekommen! Die müßte noch Milch haben. Vielleicht haben wir Glück, und sie nimmt Ihres als Ammenstute an!"

Der Lenz hatte leider berechtigte Zweifel: „I' woaß net! Sowas klappt meistens net, und außerdem is' die Unterstegstuat'n doch a Noriker!"

„Für Rassismus ist jetzt nicht der richtige Augenblick!" knurrte ich, genervt von so wenig Pioniergeist. „Das ist die letzte Chance! Los, aufladen, ich ruf inzwischen beim Untersteg an!"

Während der Lenz das Fohlen auf weichem Stroh in den Pferdehänger bettete, erklärte sich der Unterstegbauer einverstanden, das Experiment zu wagen: "Wär schön, wenn's funktionier'n tät! Meine alte *Mira* trauert eh den ganz'n Tag!"

Voll Spannung führten wir das Haflingerfohlen langsam und vorsichtig in die Box, wo die braune Norikerstute deprimiert mit gesenktem Kopf herumstand. Als sie das Junge bemerkte, stellte sie die Ohren auf, ihre Augen wurden groß, sie beschnupperte den Ankömmling und stieß ein leichtes, aber undefinierbares Wiehern aus. Der Unterstegbauer hielt sie fest am Halfter, und wir bugsierten unser Fohlen behutsam und fluchtbereit unter den tonnenförmigen Bauch. Plötzlich hob die Stute langsam wie in Zeitlupe das linke Hinterbein.

„Achtung, sie schlagt!" schrie der Lenz.

„Warten Sie noch!" rief ich.

Es war wunderbar und unglaublich! Das Fohlen hatte sofort die fleischige Zitze gefunden und begann mit dankbarem Enthusiasmus die lang entbehrte Mahlzeit zu sich zu nehmen. Mira ließ es nicht nur gewähren, sie zog dabei das Bein noch mehr in die Höhe, um dem Kleinen den Zugang zu erleichtern. Wie ein Rüde, der gegen ein Hauseck pinkelte, stand sie unbeweglich und drehte den Kopf nach hinten. Dabei *riachelte* (schwer zu beschreibender, aber für den Kenner treffend bezeichneter Pferdelaut) sie glückselig.

Die Adoption war gelungen, das Problem gelöst. Im Film würde man sagen: Kitsch, aber was für einer!

Wir klopften uns gegenseitig auf die Schulter.

„Na, Valensina! Was sagst jetzt?" fragte der Lenz mit etwas belegter Stimme.

Aber Jung-Valensina war viel zu beschäftigt mit Schlucken, nur ihr Schwänzchen wedelte unaufhörlich hin und her.

„I' moan, da müass'n mir jetzt aa a Schnapserl trink'n!" ließ sich der Untersteg vernehmen. Er verließ nach befriedigtem Blick auf seine getröstete Altstute mit dem Lenz den Stall.

Ich blieb noch einen Moment und streichelte der Mira sanft über den Hals: „Ich dank' dir, Alte!" flüsterte ich gerührt.

Sie stupste mich mit der Nase sanft gegen die Brust und schaute mich mit ihren wissenden dunklen Augen an, als wollte sie sagen: Schon gut, aber jetzt laß uns bitte allein, das ist für mich in meinem Alter vielleicht das letzte Mal, daß ich Mutter spielen darf!

„Zu Befehl, bin schon weg!" rief ich ausgelassen und hüpfte den beiden anderen nach.

Valensina entwickelte sich großartig, nicht zuletzt dank des Umstandes, daß die Norikerstute mehr Milch gab als ein Haflinger, und mußte aufpassen, daß sie nicht nur wie eine Orange hieß, sondern nicht auch eine solche Figur entwickelte.

Das war vor vier Jahren gewesen!

Und dann kam gegen neun Uhr abends der Anruf!

„Die Valensina ist beim Röss'ln!"

Kinder, wie die Zeit vergeht! Aber für Sentimentalitäten war kein Platz, denn jede Pferdegeburt, zu der der Tierarzt gerufen werden muß, bedeutet eine heikle Sache!

Es war ein ungemütlicher Abend in einem naßkalten April, und während ich durch den beständigen Nieselregen fuhr, wunderte ich mich, daß der Gutsherr persönlich, der Stuhlhofer senior, am Telefon gewesen war.

Er saß in der Stube am Tisch, vor sich ein zerlegtes Gewehr, das offensichtlich beim Pirschgang naß geworden war. Akribisch polierte er gerade den Lauf, und es war ihm anzumerken, daß er sich dabei nicht gern durch mich stören ließ. Er deutete damit gegen das Fenster hinaus in die hereingebrochene Dunkelheit und grunzte: „Sie is' unt'n auf'n Feld, neb'n der Ach'n!"

„Was? Im Freien? Wieso haben Sie sie denn nicht wenigstens in den Stall gebracht?" Ich spürte, wie mein Adrenalinspiegel stieg.

Er zuckte die Schultern: „Hat koaner damit g'rechnet, daß' bei ihr heut Abend losgeht! Der Lenz is' net da, obwohl 's ja schließlich sein Roß is'! Is' bei irgendeiner Feuerwehrübung! Des mag i'! Viecher hab'n und sich net kümmern!" Diese Worte aus dem Mund des Stuhlhofer klangen wie der reinste Hohn. Er meinte es aber sichtlich ernst.

Ich bemühte mich um Beherrschung: „Na, dann fahren wir endlich auf's Feld runter!"

Der Stuhlhofer legte sichtlich mißvergnügt den Gewehrlauf auf den Tisch und erhob sich umständlich. Dabei sagte er trotzig: „Wenn die Dirndln net zufällig noch obig'schaut hätt'n, wär's überhaupt koan aufg'falln, daß des Roß beim *Füll'n* (Fohlen) is'!"

Das klang nach Vorwurf! Entweder dem Pferd gegenüber, das es wagte, in Geburt zu kommen, wenn sein eigentlicher Besitzer verhindert ist, oder aber den Nachbarsmädchen, daß sie so unverfroren waren, eine hochtragende Stute zu überwachen!

Während ich hinter dem Jeep vom Stuhlhofer über den weichen und glitschigen Feldweg hinunter ans Achenufer kurvte, dachte ich kurz über den Außenseiterstatus des „Gutsherren" unter den Bauern nach!

Bei uns im Gebirge ist es nämlich noch vielgeübter Brauch, zur Fohlenzeit auf einem Diwan oder einer Matratze im Pferdestall zu übernachten, wenn es sein muß, eine ganze Woche oder noch länger, um nur ja nicht den Zeitpunkt der Geburt zu übersehen und allenfalls rechtzeitig eingreifen zu können, etwa um das Neugeborene aus den Eihäuten befreien zu können, bevor es erstickt. Rösslwachen nennt man das! Oft aber kommt es vor, daß die Stute, die ungestört und unbeobachtet ihr Fohlen zur Welt bringen möchte, schon alles zusammenklemmt, bis der Bauer irgendwann einmal einem Bedürfnis, sei es nach einem heißen Kaffee oder weil er selbst schon klemmen mußte, nachgibt, und genau nach diesen paar Minuten zappelt ein nasses Fohlen im Stroh.

Ich wurde in meinen Gedanken unterbrochen, als die Bremslichter des Jeep aufleuchteten. Beinahe wäre ich dem Stuhlhofer hinten hineingerutscht. Im Scheinwerferkegel konnte ich mitten auf der Wiese die Umrisse eines auf der Seite liegenden Pferdes erkennen, zwei dunkle Gestalten in Regenpellerinen kauerten beim Kopf.

„So, da is 's!", sagte der Stuhlhofer und leuchtete mit einer Taschenlampe auf das vor Nässe glänzende Hinterende von Valensina.

Verflucht! Eine einseitige Schultergelengsbeugehaltung mit durchgetretenem Kopf!

Das heißt, der Schädel des Fohlens ragte schon gänzlich aus der Vulva heraus, daneben baumelte das linke Vorderbein, aber das rechte befand sich noch nach hinten gestreckt im Becken. Kein Wunder, daß Valensina in Schwierigkeiten steckte.

„Himmelfixnocheinmal!“ schimpfte ich. „Nix hergerichtet! Ich brauch Wasser, Handtücher und vor allem Licht!“

„Wasser hamma g'nua!“ sagte der Stuhlhofer und richtete den Lichtstrahl der Taschenlampe durch die Weiden hindurch auf die schwarz dahinfließende Ache.

„Sind Sie verrückt? Noch nie was von Starrkrampf gehört? Ich kann doch nicht das dreckige Flußwasser hernehmen!“ brüllte ich entnervt. „Los, sofort rauf zum Hof, hopp, hopp!“

Ich konnte zwar die Augen des Stuhlhofer im Finstern nicht erkennen, spürte aber, wie er sich körperlich versteifte. So hatte wahrscheinlich noch niemand mit ihm geredet. Wortlos stieg er ins Auto, und kurz darauf mahlten die Reifen im feuchten Grund hangwärts.

Nervös und ungeduldig stapfte ich neben der stöhnenden Stute in der sumpfigen Wiese auf und ab. Der Nieselregen rann mir in den Kragen. Die Mädchen saßen neben Valensinas Kopf und streichelten sie. Erwartungsvoll blickten sie ab und zu zu mir herüber. So vergingen die Minuten. Oben vom spärlich erleuchteten Stuhlhof her ließ sich niemand blicken.

Jetzt reichte es! Länger konnte ich nicht warten.

Ich rangierte den Wagen so, daß die Scheinwerfer direkt auf den Pferdehintern strahlten, und stellte das Fernlicht ein. Dann opferte ich einen meiner weißen Fleischbeschaugummistiefel und kletterte das Ufer zur Ache hinunter. Mit einer Hand klammerte ich mich an einem Strauch fest, mit der anderen füllte ich den Schaft mit Wasser. Bloß nicht reinfallen, dachte ich mir.

Mit dem vollen Stiefel keuchte ich in den „Kreißsaal“ zurück und begann, den völlig schlammverschmierten Kopf des Fohlen, das erstaunlicherweise trotz der Strangulation noch lebte – die Nüstern bewegten sich schwach – notdürftig zu säubern. Mit reichlich Desinfektionsmittel schmierte ich alles Erreichbare ein, legte mich auf den Bauch und drückte den Fohlenschädel samt Fuß zurück in den Geburtsweg. Normalerweise ist dazu eine vorherige Rückenmarkskanalanästhesie nötig, um die Preßwehen auszuschalten. Aber allein, bei einem Pferd in Seitenlage, ohne sauberes Umfeld und guter Beleuchtung, schien mir das Ganze sowieso hoffnungslos. Ich mußte auf meine Armkraft vertrauen.

Gott sei Dank war Valensina bloß ein Haflinger, bei einem Noriker wäre das ein aussichtsloses Unterfangen gewesen!

Trotzdem wurde es zur Tortur! Meine Schuhspitzen krallten sich haltsuchend in den weichen Boden, und jede Wehenpause ausnützend, schob ich das Fohlen retour. Bitte Valensina, flehte ich, nicht pressen!

Sie tat, was sie konnte, aber Wehen werden leider reflektorisch gesteuert. Dazu schnaubte sie und zappelte mit den Beinen.

Vom Kopf her hörte ich eines der Mädchen fragen: „Sie is' so arm! Können Sie ihr nicht eine Kreislaufspritze geben?"

Schnaufend hielt ich inne. Der erdige Fohlenschädel war mittlerweile gänzlich in der Stute verschwunden, aber das war nur der halbe Weg. Ich mußte ihn bis über den inneren Beckenrand zurückschieben, um mit dem Arm daran vorbeizulangen und das andere Bein hervorzuholen.

„Kinder, der einzige, der hier eine Kreislaufspritze bräuchte, bin ich. Und wenn es mir nicht gelingt, das verdammte Vieh komplett hineinzubringen, erübrigt sich sowieso alles!" keuchte ich, während ich mich krampfhaft bemühte, daß Valensina nicht wieder alles herauspreßte. Dann ging es weiter! Ich hatte das Gefühl, vor Anstrengung würde mir der Kopf platzen, und wußte gleichzeitig, wenn ich es jetzt nicht schaffen würde, hätte ich nicht mehr genügend Kraft für einen weiteren Versuch. Ächzend, fast schon wimmernd, drückte ich gegen die Fohlennase, und endlich, endlich verschwand sie hinter dem Horizont des inneren Beckenringes. Trotz meiner steifen Finger gelang es mir, das rechte Bein zu erfassen, und kontinuierlich daran entlangtastend, es zu biegen, ins Becken zu führen und gestreckt nach außen zu leiten, so daß es korrekt neben dem linken zu liegen kam. Jetzt schnell noch einmal den Kopf herein in den Geburtskanal, und eine Minute später lag ich erschöpft und waschelnaß von Frucht- und Regenwasser neben einem ebensolchen Fohlen.

Es blieb aber keine Zeit, auszuruhen. Das Junge atmete noch schwach, also gab ich ihm ein Kreislaufmittel und versorgte es mit Antibiotikum.

Auch Valensina, die ebenso fertig war wie wir, bekam eine Stärkungsinfusion und Antibiotika, und, weil ich mir gar nicht ausmalen wollte, in welche Schlammgrube ich ihre Gebärmutter wahrscheinlich verwandelt hatte, eine reichliche Portion Tetanusserum.

Vollkommen steif, eine Gipsfigur wäre momentan im Vergleich zu mir ein Bodenturner gewesen, lehnte ich mich gegen das Auto: „So, jetzt schaut bitte, daß Valensina und ihr Fohlen heute noch in einen warmen trockenen Stall kommen!" bat ich die Mädchen.

Der Stuhlhofer war bis jetzt nicht aufgetaucht, im Gegenteil, das Haus lag jetzt dunkel da!

Beim Vorbeifahren hielt ich kurz und klopfte energisch, aber das Tor war zu.

Karin zuckte kurz zusammen, als sie mich erwischte, wie ich mich im Vorhaus aus den verkrusteten Kleidern schälte: „Nanu, hast du den ersten Preis im Sumpfspringen gewonnen?"

Nachdem ich ihr von meinem Erlebnis erzählt hatte, brachte sie mir sogar einen dreifachen Cognac, während ich wohllüstig im heißen Badewasser versank.

Am nächsten Tag machte ich nach den dringendsten Visiten einen Sprung auf den Stuhlhof.

Der Lenz stand neben dem ratternden Traktor und war gerade dabei, das Jauchefaß mittels Motorpumpe zu befüllen. Ringsum duftete es nach reinem Bio!

„Der Valensina geht's gut!" schrie er mir ins Ohr. „Aber das Junge is' heut morgen tot g'wesen!"

„Wundert mich nicht!" schrie ich zurück. „Weil Ihr Vater hat sich um gar nichts g'schert. Wo ist er denn? Mit ihm hab ich noch ein Hühnchen zu rupfen!"

Der Lenz drehte die Pumpe ab und wischte sich übers Gesicht: „Na wo wird er wohl sein? Beim Bruck'nwirt Kartenspiel'n. Den *Adel'gruch* (Jauchegeruch) scheucht der feine Herr wia der Teufel das Weihwasser!" meinte er verächtlich.

Vorm Brückenwirt parkte der Jeep des Stuhlhofer! Als ich die Tür zur Wirtsstube aufstieß, kam ich mir vor wie John Wayne in einem seiner unzähligen Western, wenn er blei- und auch sonst geladen den Saloon betrat, wo der langgesuchte Widersacher am Pokertisch saß.

Leider hatte seit der Zeit des Wilden Westens der zivilisatorische Pazifismus die Möglichkeiten des Rächers und somit die Besorgnis des Betroffenen stark eingeschränkt, denn der Stuhlhofer, drehte sich nur kurz um und sagte, während er seelenruhig ausspielte: „Herr Dokta, i' woaß, weg'n was Sie do san, aber san S' so liab und stör'n S' mi in oaner halb'n Stund wieder, wann i' net so a guates Blatt hab …!"

Esoterik gefällig?

„Vorher einen Schluck Whisky pur, bis die Damen wiederkommen?" Jürgen hielt die Flasche hoch.

„Aber sicher!"

Wir waren an diesem Sonntag bei Waltraud und Jürgen zur Besichtigung ihres Hauses nach der Renovierung eingeladen. Ich mußte gestehen, mir hatte es vorher besser gefallen, ohne die bunten Wände und dem ganzen Schnickschnack.

„Sag' mal, was hältst du von Esoterik?" fragte Jürgen während des Einschenkens.

Ich verschluckte mich fast an dem Whisky: „Stellst du ernsthaft diese Frage?"

„Na, du beschäftigst dich doch seit geraumer Zeit mit Chinesischer Medizin!"

„Chinesische Medizin hat nichts mit Esoterik zu tun!" Der Tadel in meiner Stimme war unüberhörbar.

„Schon, aber Feng-Shui kommt ja schließlich auch von deinen Chinesen!

„Das stimmt, doch mit Feng-Shui kenne ich mich nicht aus! Mag sein, daß was dran ist, schließlich sind die Energieströme und das Yin und das Yang für unseren westlichen Geist auch nicht leicht erfaßbar. Warum soll die Harmonie also nicht auch den Lebensraum betreffen? Es gibt mehr Dinge zwischen Himmel und Erde, als eure Schulweisheit sich träumt, läßt schon Shakespeare seinen Hamlet sagen. Wahrscheinlich kommt das daher, weil es bei vielen mit der Schulweisheit nicht weit her ist! Aber was fragst du mich? Du mußt ja jetzt der Fachmann sein, nachdem Ihr Euer Haus entsprechend adaptiert habt!" Ich grinste.

„Zumindest ist die Harmonie auf meinem Bankkonto empfindlich gestört. Was glaubst du, was das gekostet hat! Ein Bett aus Was-weiß-ich-für-Holz mußte neu gekauft und in der Nord-Süd-Achse aufgestellt werden! Dadurch befand sich aber das Fenster über dem Kopfteil. Also mußte ein achteckiger Spiegel genau gegenüber an die Wand. Dummerweise befand sich dort die Tür zum Badezimmer! Also Tür verlegen! Damit man aber jetzt nicht sofort in der Badewanne steht, hieß es, Badezimmer umbauen!" Er stöhnte: „Der Springbrunnen im Vorhaus war auch nicht gerade billig!"

„Dafür sparst du dir jetzt den Gärtner!“ Ich deutete süffisant mit dem Whiskyglas durch die offene Terrassentür hinaus in den Garten, wo Waltraud seit geraumer Zeit dabei war, meiner armen Karin zu demonstrieren, wie beruhigend meditatives Sandrechen sein kann. Auf einer großen, mit schwarzem Holz eingefaßten Fläche lag blütenweißer, feinkörniger Sand. Nur in der Mitte ragte ein grauer kegelförmiger Steinblock heraus. Mit einem dünnen Holzrechen zeichnete unsere Gastgeberin immer neue Wellenmuster in das Kiesbett. Das Ganze erinnerte mich an eine überdimensionierte Sandkiste!

„Um das Geld für diesen Sandgarten hätte ich ein Jahr lang das gesamte Stadtgartenamt engagieren können!“ brummte Jürgen. „Und gekocht wird nur mehr nach der Fünf-Elemente-Lehre! Das wirst du gleich beim Abendessen erleben!“

„Wenn das so ist, gib mir sicherheitshalber noch einen Whisky!“

„Jetzt fängt sie auch noch mit dem Pendeln an“, murrte Jürgen, während er großzügig nachschenkte, „wahrscheinlich werden unsere Lebensentscheidungen künftig von Sir Isaac Newton bestimmt!“

„Du meinst Foucault, aber das kannst du als hoffnungsvoller Jungpolitiker nicht wissen!“ verbesserte ich boshaft, weil mein Freund seit zwei Jahren im Gemeinderat saß, mit Drang zu höheren Weihen.

„Egal! Wieso braucht deine Frau diesen ganzen Plunder nicht?“

Jetzt hätte ich ehrlicherweise zugeben müssen, daß Karin noch viel weniger esoterisch angehaucht war als ich und sich ständig grün und blau giftete, wenn an ihrem freien Tag das Friseurgeschäft überquoll von weiblichen Mondkalendersüchtigen, denen suggeriert worden war, daß heute Gartenzaunstreichen schlecht, Haarefärben aber überaus günstig wäre. Die Geschichtslehrerin in ihr pflegte dann jedes Mal verächtlich zu sagen: „Und das dreihundert Jahre nach der Aufklärung!“

Um Jürgen etwas zu ärgern, antwortete ich jedoch: „Weil sie mich hat!“

Zuerst fixierte er mich. Dann seufzte er: „Wenn Waltraud doch bloß nicht diese verflixte Rita kennengelernt hätte, diese Eibenschütz! Mit der hat alles angefangen!“

„Moment! Eibenschütz?“ Der Name war mir irgendwie geläufig. „Ist das so eine mittelgroße Hagere mit langen grauen Haaren und einer Unmenge von Ringen und Armuletten?“

„Genau die!!!“ In Jürgens Augen glomm ein Funke Mordlust auf.

Ich lachte: „Die kenn' ich! Die war im heurigen Winter mit ihrem Spaniel bei mir. Der Hund hatte eine ausgewachsene Gastritis vom dauernden Schneefressen! Aber statt daß sie ihm die verschriebenen Medikamente gegegeben hätte, hat sie ihm Heilsteine um den Hals gehängt, warte einmal, ich glaub' einen Beryll als Schutz gegen Krankheiten allgemein und einen Chalzedon gegen Magenbeschwerden! Eine Woche später war sie mit dem Hund wieder bei mir! Das arme Vieh war ziemlich abgemagert, hat dauernd gekotzt, wenig Stuhl gehabt und ein schmerzhaftes, leicht geblähtes Abdomen! Ein typischer Verdacht auf Darmverschluß! Also habe ich die beiden sofort an die Kleintierpraxis von meinen Freund Harry überwiesen. Der hat eine Röntgenkontrastuntersuchung vorgenommen und den Hund stante pede operiert! Was soll ich dir sagen? Klassischer Fremdkörperileus! Das Vieh hat die Heilsteine gefressen!"

„Dann kann wenigstens keiner behaupten, daß die Steintherapie völlig ohne Wirkung war!" kicherte Jürgen.

In dem Moment betraten unsere Frauen das Wohnzimmer: „Na, Ihr scheint euch ja Gott sei Dank auch ohne uns prächtig zu amüsieren!" meinte Waltraud.

„Klar, das macht die neue Aura Eures Feng-Shui-Heimes", gab ich zurück. „Au!"

Jürgen hatte mich getreten!

Am nächsten Morgen, glücklicherweise ein Sonntag, waren meine persönlichen fünf Elemente ziemlich in Unordnung. Fairerweise mußte das nicht unbedingt an Waltrauds Kochkünsten liegen, daran konnte auch Jürgens Whisky schuld tragen.

Trotzdem war ich nach dem gestrigen Tag stolz, über ein rationales Denken zu verfügen, auch wenn das heute ein wenig schmerzhaft war. Übersinnliches ist für mich kein Thema!

Eine Woche später war ich auf einsamer Landstraße unterwegs ins Nachbartal. *Waldo*, der große Zuchtstier vom Ganslbergbauern litt seit geraumer Zeit an einem Limax, einem schwielenartigen Hühnerauge zwischen den Klauen, welches begreiflicherweise äußerst unangenehm und oft entzündet ist. Dadurch ist natürlich auch die Deckbereitschaft des Stieres beeinträchtigt. Heute, so war es verabredet, würde ich das wuchernde Gewebe herausschneiden, damit endlich Ruhe war.

Trotzdem wir uns laut Kalender bereits mitten im Frühling befinden sollten, herrschte eine feuchte, graue Kälte vor. Im Wetterbericht hatten sie sogar Gewitter angekündigt. Gewitter! Bei zwei Grad!

Der unvermittelte Donnerschlag ließ mich zusammenzucken. Gleichzeitig öffnete der Himmel die Schleusen, und ein dichter

Schneeregen überzog die Landschaft mit einem Schleier. Ich mußte auf Schrittgeschwindigkeit abbremsen. Während ich konzentriert, über das Lenkrad gebeugt, versuchte, die Begrenzungspflöcke nicht aus den Augen zu verlieren, tauchten plötzlich die Umrisse einer sich mühsam am Straßenrand dahinbewegenden Gestalt aus der Wasserwand auf. Als ich mich auf gleicher Höhe befand, erkannte ich trotz der weiten Kapuze eine magere alte Frau. Wie kam denn die daher, weit und breit keine Autobushaltestelle! Normalerweise nehme ich nur ungern Beifahrer mit, da mein Auto immer bis auf den letzten Zentimeter vollbepackt ist, aber hier konnte ich das Weiblein in diesem Inferno nicht weitermarschieren lassen! Ich schleuderte mit der Rechten alles Zeug vom Nebensitz nach hinten, öffnete die Tür und rief: „Schnell, steigen Sie ein!“

Ihre Worte gingen im erneuten Donnergrollen unter! Ich packte sie am Arm und zog sie samt einem Schwall kalter Luft in das Fahrzeug.

„Das ist sehr nett von Ihnen, junger Mann, danke!“

Ich konnte ihr bleiches Gesicht sehen, ihre vor Kälte geröteten Hände, in denen sie einen kleinen Korb Himmelschlüssel mit Schneehäubchen hielt.

„Wo wollen Sie denn hin?“ fragte ich.

„Zur Sebastianskapelle, die Blumen in die Vase stellen!“

„Die liegt aber ganz schön weit oben! Da haben Sie sich keinen günstigen Tag dafür ausgesucht!“

„An Tagen, wo man tun muß, was zu tun ist, spielt das Wetter keine Rolle“, antwortete sie kryptisch.

Ich hatte jedoch keine Zeit, mich mit der Mystik ihrer Worte zu beschäftigen, denn meine ganze Aufmerksamkeit gehörte der immer rutschiger werdenden Straße. Für die Strecke, die ich sonst in fünf Minuten bewältigte, brauchte ich diesmal über eine Viertelstunde!

Der infernalische Schneeregen hörte ebenso plötzlich auf, wie er eingesetzt hatte, die Sicht war auf einmal klar, und das Donnergrollen verzog sich leise gegen Westen. Nur dampfende Nebelfetzen und weiße Körner am Boden zeugten von dem Unwetter.

Da waren wir auch schon bei der Weggabelung angelangt, von wo aus es links hinauf zur Sebastianskapelle ging.

Meine Mitfahrerin berührte mich am Oberarm: „Da lassen Sie mich bitte aussteigen!“

„Aber keine Spur! Das Stückerl fahre ich Sie auch noch hinauf! Wer weiß, wie oben die Straße aussieht!“

„Nein, nein! Auf keinen Fall! Das ist genug!“

Na bitte! Ich stieg aus, öffnete die Beifahrertür und half ihr aus dem Auto. Sie drückte das Körbchen Himmelschlüssel mit einer Hand an sich, ergriff mit der anderen die meine und strich mehrmals über den Handrücken. Dabei flüsterte sie: „Sie müssen heute aufpassen, Sie sind in großer Gefahr!“

Mir lag schon auf der Zunge: „Wieso, hat sich heute das Finanzamt angesagt?“, aber ich wollte die alte Frau nicht kränken.

Als ich in den Wagen stieg, hörte ich nochmals ihre Stimme: „Aufpassen!“ Dann sah ich durch die tropfnasse Scheibe, wie sie langsam in den Dunst des Bergwegs hinein verschwand.

Am Ganslberghof war der Klauenbehandlungsstand schon fertig aufgebaut, aber der Bauer hatte seine Zweifel: „I’ woaß net, der Stier is’ heut b’sonders unruhig, i’ moan, Sie müass’n eam z’erst a Beruhigungsspritz’n geb’n, sonst kriag’n wir eam nia da rein!“

Waldo stampfte unruhig auf seinem Platz und hob immer wieder den kranken Fuß. Als er uns sah, stieß er ein helles überkippendes Muhen aus und schüttelte den gewaltigen Schädel.

Jetzt bekam ich Zweifel: „Und wie soll ich ihm da drin bitteschön die Spritze verpassen? Hinten, für die Schwanzvene, ist zu wenig Platz!“

„Beim Schwoaf tät’ ich’s Ihnen aa net raten“, meinte der Ganslberger, „i’ häng’ eam am Nasenring an und versuach, den Kopf so weit wia möglich durchs Freßgatter zu ziag’n, daß Sie zum Hals kommen!“

Das war gut ausgedacht, aber Waldo spielte nicht mit!

„Hören Sie auf! So hat das keinen Zweck, der Stier wird nur noch aufgeregter! Fixieren Sie ihn so, daß er den Kopf nicht drehen kann, ich geh rein zu ihm!“ Große Lust dazu verspürte ich zwar nicht, aber auf die bisherige Weise kamen wir nicht weiter, und ich hatte nicht den ganzen Tag Zeit. Immerhin wartete auch noch die Operation auf mich.

Als ich mich an Waldos Schulter vorbeischob, konnte ich die verhaltene Wut des Tieres spüren. Der Muskelberg, immerhin tausendeinhundert Kilo, war auch sonst nicht immer leicht zu handhaben, der Ganslberger hatte mir zur Genüge von den Launen seines Prachtbullen berichtet.

Die Staukette reichte nur knapp um den Hals herum, dafür trat die Jugularvene zentimeterdick hervor! Ich hatte die Spritze vorbereitet in der Hand, ein schneller Einstich, als mich ein mächtiger Stoß gegen die Gitter in meinem Rücken schleuderte. Waldo hatte zwar den Kopf nicht bewegen können, aber blitzschnell den Körper gedreht und preßte sich jetzt mit seinem gesamten Gewicht gegen mich!

Ich hatte als Schutz gerade noch einen Arm vor die Brust reißen können, der andere hing hilflos am Körper herunter, die Spritze lag auf dem Boden! Ich konnte sehen, daß er mich aus dem rechten Augenwinkel boshaft beobachtete, als wollte er sagen: „Na, was sagst du jetzt?“ Er meinte es absolut ernst und verlagerte sogar sein Gewicht, um den Druck zu verstärken. Er wollte die lästige Menschenlaus einfach zerquetschen! Der Ganslbergbauer schrie auf den Stier ein und zerrte wie verrückt am Nasenring, was aber nichts brachte, da er selbst Waldos Kopf unbeweglich verschnürt hatte.

Lange würde ich der enormen Kraft nicht mehr Widerstand leisten können, mein Pufferarm war bereits gefühllos und wurde gegen den Rippenbogen gedrückt, so daß es mir kaum noch möglich war zu atmen. Weiße Punkte tanzten vor den Augen, und im Kopf war ein fürchterliches Rauschen! Plötzlich hörte ich wie aus weiter Ferne Waldo aufbrüllen, und der ungeheure Druck war für einen Moment verschwunden! Ich ließ mich sacken und versuchte halb benommen, auf allen Vieren aus der Gefahrenzone zu krabbeln. Hände faßten mich unter den Achseln, zogen an mir, und ich spürte, wie ich aus der Box geschleift wurde.

Dann bekam ich wieder einen klaren Blick, und das Rauschen hatte auch aufgehört. Ich konnte deutlich die erschrockenen Gesichter vom Ganslbergbauern und dem Konrad, seinem Sohn, erkennen!

Wie ich hinterher erfuhr, hatte Konrad das Schreien vom Vater gehört, zuerst geglaubt, dem wäre etwas passiert, in den Stall gelaufen, die Situation erfaßt und geistesgegenwärtig mit einem elektrischen Viehtreiber den Stier von mir weggescheucht!

Ohne dieses vielgescholtene Instrument stünde es bis heute 1 : 0 für Waldo ohne Aussicht auf Revanche!

„Mir ruaf'n Ihnen die Rettung“, sagte der Ganslberger.

„Nein, nein, geht schon wieder!“ Tatsächlich hatte ich meine Sinne wieder beieinander, und sogar das Luftholen funktionierte einigermaßen.

Trotzdem ließen mich die zwei nur unter der Bedingung fahren – Waldos Pediküre war verständlicherweise für diesen Tag kein Thema mehr –, daß ich versprach, im Spital vorbeizuschauen.

Die Röntgenuntersuchung ergab nur eine Brustkorbprellung, keine Brüche oder innere Verletzungen!

„Erstaunlich“, sagte der Oberarzt, als er die Entstehungsgeschichte meiner Blutergüsse erfuhr, „Ihr Burschen scheint mit derselben Konstitution ausgestattet zu sein wie eure Patienten!“

Er war auch nicht beleidigt, daß ich das Lachen über seinen Witz angesichts meiner malträtierten Rippen gleich wieder abbrach.

Außerdem war es falsch! Ich glaube nicht, daß sich Waldo während der nächsten Tage so vorsichtig bewegte wie ich!

Mit einigen Schmerztabletten und mit dem guten Ratschlag beladen, Ringkämpfe gegen Stiere künftig zu unterlassen, ging ich langsam hinunter zum Parkplatz, wo mein Wagen parkte. Als ich ächzend einstieg, fiel mein Blick auf eine zertretene Himmelschlüsselblume am Boden unter dem Beifahrersitz! Die alte Frau fiel mir ein!

Wie um alles in der Welt hatte sie ***das*** ahnen können?

Nach einigen Wochen und ebenso vielen Einreibungen durch Karins sanfte Hände war ich wieder der Alte. Das war auch nötig, denn für Besuche am Schrattnerhof brauchte man, ganz dem klassischen Vorbild entsprechend, einen gesunden Geist in einem gesunden Körper!

Der Schrattner war auch ohne seine Frau ein schwieriger Kunde, eigenwillig und von einem gesunden Mißtrauen, das einem Untersuchungsrichter alle Ehre gemacht hätte.

Das einzige, dem er blinden Glauben schenkte, war das Unglaubliche!

Am Schrattnerhof befand sich immer ein Ziegenbock, der, alter Anschauung nach, durch seine Anwesenheit und seinem Gestank das Unheil abwenden sollte. So ein Bock hat es nicht leicht. Schon in der Bibel wird beschrieben, wie man solche Böcke, mit den Sünden der Menschen symbolisch befrachtet, in die Wüste geschickt hat, worauf diese dort umgekommen sind und mit ihnen die aufgebürdeten Verfehlungen, und die Leute sich wie ein Akku über Nacht frei mit neuerlichen Übertretungen aufladen konnten. Daher der Begriff: Sündenbock!

Leider ist das Unheil nicht geruchsempfindlich! Immer wenn ich zum Schrattner gerufen wurde, pflanzte ich ihn: „Na, war der Bock (übrigens ein nettes Tier, von der Ausdünstung abgesehen) wieder auf Urlaub?“

Der Schrattner, der eigenduftmäßig schon längst auf die Ziegenhaltung hätte verzichten können, pflegte dann immer einen wissenden Blick aufzusetzen und grinste überlegen: „Spotten S' net, Herr Dokta, wer woaß, wia oft i' Eana brauch'n tät, wann i' den Bock net hätt'!“

Manche Argumente sind einfach nicht zu widerlegen!

Diesmal war glücklicherweise kein Tier erkrankt, sondern der Schrattner hatte sich entschlossen, sein erstes Kalb enthornen zu lassen. Enthornte Tiere ließen sich in der heutigen Zeit, vor allem bei forcierter Laufstallhaltung, einfach besser verkaufen.

Man mag zur Enthornung stehen, wie man will, die Verletzungsgefahr ist, vom Menschen abgesehen, auch unter den Rindern um ein Vielfaches geringer. Wie oft mußte ich in früheren Jahren noch am Abend ausrücken, um eine böse, manchmal lebensgefährliche Wunde zu versorgen, die eine Kuh der anderen durch einen gezielten Hornstoß beigebracht hatte. Alles Gerede von Unnatürlichkeit ist Humbug, Rinder verstehen es auch mit hornlosen Stößen, ihren Platz in der Rangordnung zu behaupten.

Somit ist gegen die Enthornung, eine ordnungsgemäße Narkose vorausgesetzt, meiner ehrlichen Überzeugung nach aus tierschützerischen Gründen nichts einzuwenden!

Als ich beim Schrattner auftauchte, machte er ein mißmutiges Gesicht: „Heut kommen S', Herr Dokta? Das is' a ungünstiger Zeitpunkt!"

„Wieso? Wenn Sie fort müssen, ist das überhaupt kein Problem! Ich brauch' bloß eine Minute, in der Sie mir das Kalb zur Narkose halten und ein Verlängerungskabel herlegen. Den Rest mach' ich allein!"

„Naa, fort muaß i' net, i' hab schon Zeit", greinte der Bauer.

„Ja, warum ist es dann ein schlechter Zeitpunkt?" fragte ich verständnislos.

„Z'weg'n dem Mond! Jetzt hab'n mir aufnehmen'n Mond, und da hoaßt's, daß die Hörner wieder nachwachs'n!"

„So ein Aberglaube", schimpfte ich, „so ein Blödsinn! Haben Sie schon einmal gehört, daß im Spital zur falschen Mondphase ein Blinddarm entfernt wurde, der dann wieder nachgewachsen ist?"

Das schien dem Schrattner einzuleuchten, wenn auch nicht zu überzeugen.

Während ich dem betäubten Kalb, das keinen Mucks machte, die winzigen Hornansätze herausbrannte, meinte er trotzig: „Und was is', wenn s' trotzdem wieder nachwachs'n?"

„Dann haben Sie ein weltberühmtes Kalb und verdienen viel Geld damit!" antwortete ich ungerührt.

Daß nichts nachwuchs, davon konnte ich mich in der nächsten Zeit überzeugen, denn die beste Kuh am Schrattnerhof weigerte sich dieses Jahr beharrlich, erneut trächtig zu werden.

„Hab'n wir noch a Chance bei der *Lindau*?" wollte der verzagte Bauer wissen, nachdem sie nach der dritten Besamung und sogar im Natursprung durch den Stier wieder nicht aufgenommen hatte.

„Ich probier' jetzt noch eine umfassende Sterilitätsbehandlung und in drei Wochen eine letzte Befruchtung", entschied ich mich.

Während ich die Lindau zum vierten Mal besamte, flehte ich im Stillen zu der Kuh: bitte sei so nett und miste im Anschluß!

Die alten Bauern hatten nämlich immer behauptet, wenn die Kuh nach dem Zulassen Kot absetzen würde, wäre das ein sicheres Zeichen, daß sie aufgenommen hätte.

Als mir das das erste Mal ein Bauer nach der KB freudestrahlend mitgeteilt hatte, war ich ernstlich im Glauben, er wollte mich auf den Arm nehmen. Als mir das danach mehrmals passierte, begann ich das Phänomen kritisch zu beobachten. In jedem Fall stimmte es nicht, aber ich mußte beeindruckt feststellen, daß die überwiegende Mehrzahl der Kühe, vor allem Problemtiere, sich bei einer anschließenden Untersuchung als trächtig erwies!

Ich gestehe, daß ich diese Erkenntnis aus Selbstschutz zwar nicht vor einem kollegialen Fachpublikum ausbreiten würde, insgeheim aber immer auf dieses Zeichen wartete.

Die Lindau erfüllte die in sie gesetzte Erwartung vollauf!

Während ich noch den Besamungsschein ausfüllte, hob sie den Schweif und setzte klatschend zwei wunderschöne Fladen so in die nasse Mistbahn ab, daß der Dreck nur so herumspritze.

„Na bitte! Jetzt ist sie trächtig!" sagte ich stolz zum Schrattner.

Der wischte sich einen frischen Patzen von der Wange und fragte erstaunt: „Woher woll'n S' denn das wiss'n?"

Ich deutete auf sein Gesicht: „Na weil sie, wie Sie vielleicht bemerkt haben, gerade Kot abgesetzt hat!"

Der Schrattner bekam einen hämischen Gesichtsausdruck: „Ja so is' das mit'n Aberglaub'n! Der Oane glaubt an den Mond und der andere an's Scheißn!"

Das Ende

Durch das offene Fenster lachte endlich einmal einer der seltenen strahlenden Frühlingsmorgen.

Obwohl die höchsten Gipfel noch Schneekappen trugen, war der sanfte Wind, der mit den Vorhängen spielte, bereits von einer angenehmen und lange vermißten Lauheit.

Der Geruch frischen Kaffees mischte sich köstlich mit dem Duft der ersten blühenden Sträucher, und das laute vielstimmige Vogelgezwitscher bildete die inspirierende Begleitmelodie zum Knuspern der Kipferl, von denen ich bereits das dritte, wie meine Frau mir ungewohnt buchhalterisch vorhielt, verputzt hatte.

Aber das war nur der Neid! Sie war nämlich in Eile, weil eine Kollegin plötzlich erkrankt war – der Anruf kam vor zehn Minuten – und Karin eine Stunde früher zum Supplieren in die Schule mußte.

Ich dagegen konnte den für Landtierärzte so seltenen Luxus auskosten, einmal ohne Termindruck und Hast den Tag zu beginnen. Der Nachbarkollege würde mich heute in der Praxis vertreten, da ich um elf Uhr in Salzburg anläßlich einer Tagung zur Biologischen Landwirtschaft auf dem Heffterhof als Vortragender geladen war. Es blieb also genügend Zeit, den Morgen gemütlich in den Vormittag hinübergleiten zu lassen.

Nachdem Karin Hals über Kopf das Haus verlassen hatte, nahm ich ein ausgiebiges Bad, las die Zeitung ausnahmsweise einmal gründlich und summte während des Anziehens teilweise richtig die Schubertsymphonie aus dem Radio mit.

Ein Blick auf die Uhr bestätigte mir, daß mein Zeitpolster eine entspannte Fahrt zulassen würde.

Ich vergewisserte mich, daß die Kravatte saß und das Vortragsmanuskript in der Sakkotasche steckte, und öffnete die Haustür: „Öha!“

Ich war beinahe mit Frau Neuling zusammengestoßen, die soeben auf die Klingel drücken wollte.

Die Neulings, er arbeitete bei einer Baufirma, hielten einige Schafe und Ziegen auf ihrem kleinen Anwesen.

Wie zum Beweis trug sie ein Lamm auf dem Arm, das keinen sehr munteren Eindruck mehr machte: „Morgen, Herr Doktor! Können Sie mir bitte mein *Lampl* anschau'n, es trinkt nix mehr, wahrscheinlich hat's ein *Nab'lg'schwär*!“ (Nabelgeschwür, gemeint ist eine Nabelentzündung.)

„Nein, es tut mir leid, aber Sie sehen ja, daß ich beim Wegfahren bin, ich hab' um elf einen Termin in Salzburg!"

„Bis elf is' eh noch lang hin! Bitte nur kurz anschau'n!"

Himmelfixlaudon! Manche Leute haben die Sensibilität von einem Caterpillar mit Motorschaden!

Aber das Lamm, obwohl nicht mehr ganz neugeboren, sah nicht so aus, als würden ihm weitere Verzögerungen zuträglich sein. Ich gab mich geschlagen: „Also, schön, kommen Sie schon herein!"

Ich nahm Frau Neuling das apathische Tierchen ab und legte es auf den Untersuchungstisch! Da fiel mir plötzlich ein, daß ich nicht zweckentsprechend gekleidet war. Schnell zog ich mir einen weißen Mantel über.

Das Lamm hatte vierzig Grad Fieber. Dazu war es schon ziemlich dehydriert! Ich untersuchte den Nabel. Der war weich und unauffällig. Aber beim Abhorchen des Brustkorbs hörte man ein Brodeln und Rasseln, daß einem Angst um das Stethoskop werden konnte: „Das Lamm hat keine Nabelentzündung! Dafür eine wunderschöne Bronchitis, wahrscheinlich schon seit einigen Tagen! Haben Sie denn das nicht bemerkt?" Ich zeigte auf den grüngelben Ausfluß in den Nasenlöchern.

Frau Neuling schüttelte den Kopf: „Aber wie ich auf den Nabel gedrückt habe, hat es gezuckt!" beharrte sie.

„Wenn Sie mir auf den Nabel drücken, zuck' ich auch zusammen", fauchte ich wenig galant.

Der Zeiger der Ordinationsuhr stand bereits auf zehn, und ich mußte hier neben der Bronchitisbehandlung unbedingt noch eine Infusion aufgrund des Austrocknungszustandes verabreichen.

Endlich überreichte ich Frau Neuling das Lämmchen, das wieder etwas frischer in die Gegend blickte, und komplementierte sie zur Tür hinaus.

Jetzt aber dalli! Ich riß mir den Mantel herunter und bemerkte dabei einen nicht zu übersehenden bräunlichen Fleck auf meinem Hemd. Wahrscheinlich vom ersten Hochheben des Tieres.

Genervt schleuderte ich das Hemd auf den Kleiderständer und raste in den ersten Stock, um ein neues zu suchen. Beim Zuknöpfen ging ein Knopf in die Binsen, aber das konnte ich momentan auch nicht ändern!

Das Leben hatte für mich wieder das alte Lied aufgelegt: pfeif auf den ausgeklügelten Zeitplan, hetz dich ab!

Der Vormittagsverkehr war zum Wahnsinnigwerden. Dazu gab es auf der Autobahn zwei Baustellen! Endlich, nach der Abfahrt bei

Anif, freie Bahn! Kein Polizist in Sicht! Also Gaspedal!

Pech, da war einer!

„A bisserl schnell, net wahr?“

„Ich weiß, Herr Inspektor, aber ich hab’s verdammt eilig!“

„Das hab’n wir alle!“

Er blätterte meine Papiere durch. Plötzlich schaute er auf das Veterinärschild am Autodach, und ein Leuchten ging über sein Gesicht: „Dr. Christ? Sind Sie der Tierarzt, der die Bücher schreibt?“

Da schau her, langsam werde ich prominent!

„Ja“, nickte ich geschmeichelt.

„Also ich hab’ Ihre Bücher g’les’n, i’ muaß sag’n, köstlich! Was ich g’lacht hab! Und meine Frau auch!“

„Vielen Dank, sehr freundlich!“

„Sagen Sie, jetzt muaß ich was frag’n! Ich hab’ einen Zwergschnauzer, sechs Jahr’ alt, der rutscht immer mit dem Popsch auf der Erd’ herum. Können das Würmer sein? Ich hab’ ihn aber grad erst vor einem Monat mit einer Paste entwurmt!“

Ich lehnte mich entspannt zurück. Eigentlich sollte ich schon in der Stadt sein, aber ich hielt es für angebracht, die ausgesprochen herzliche Atmosphäre zwischen dem Beamten und mir noch ein wenig zu hegen: „Wahrscheinlich sind’s die Analdrüsen! Lassen Sie sie demnächst einmal ausdrücken.“ erklärte ich freundlich.

„Ah, die Analdrüsen! Vielen Dank für den Rat, Herr Doktor!"

„Bitte, bitte, keine Ursache! Darf ich jetzt weiterfahren?" lächelte ich gewinnend.

Er lächelte zurück: „Ein Momenterl, Herr Doktor! Zuerst darf ich Sie bitten, für einen kleinen Alkotest auszusteigen!"

Ich fiel aus allen Wolken: „Was! Einen Alkotest? Jetzt?"

„Natürlich", nickte der freundliche Inspektor, „ich hab' ja schon g'sagt, daß ich Ihre Bücher gelesen hab, und wenn das stimmt, was Sie schreiben, so mit den Schnapserln und den Cognacs, dann müssen Sie ja öfters einen beträchtlichen Restalkohol im Blut haben! Und das möchte ich jetzt überprüfen!"

Verbittert kletterte ich aus dem Auto. Nicht nur, daß mir der hinterfotzige Kerl mit seinem Geplauder die Zeit stahl, nein, er hatte sogar die Stirn, sich Gratistips von mir zu holen, und ich Trottl gab sie ihm auch noch!

Vor lauter Wut über so viel Falschheit pustete ich in das Vortestgerät, als würde es sich dabei um eine der Posaunen von Jericho handeln!

Erwartungsfroh entwand mir mein Freund und Helfer das Gerät! Als er das Meßergebnis ablas, bekam er einen Gesichtsausdruck, als hätte er selbst Probleme mit den Analdrüsen: „Na so was!" rief er frustriert. „Null komma null Promill! Na, dann sind die restlichen G'schicht'n in den Büach'ln sicher aa net wahr!"

Die Enttäuschung über mich als Alkoholiker und wahrscheinlich ab nun auch als seriöser Autor stand ihm ins Gesicht geschrieben! Nicht einmal die fünfundfünfzig Euro, die er mir wegen der Geschwindigkeitsübertretung abknöpfte, konnten ihn sichtlich aufheitern.

Ich war nahe dran, ihm aus Mitleid einen Zehner Trinkgeld zu geben!

Seither ist mir jetzt auch klar, warum viele Bücher mit autobiographischen Zügen erst nach dem Ableben des Autors erscheinen, und aus diesem Grund verabschiede ich mich jetzt solange!

Prost!